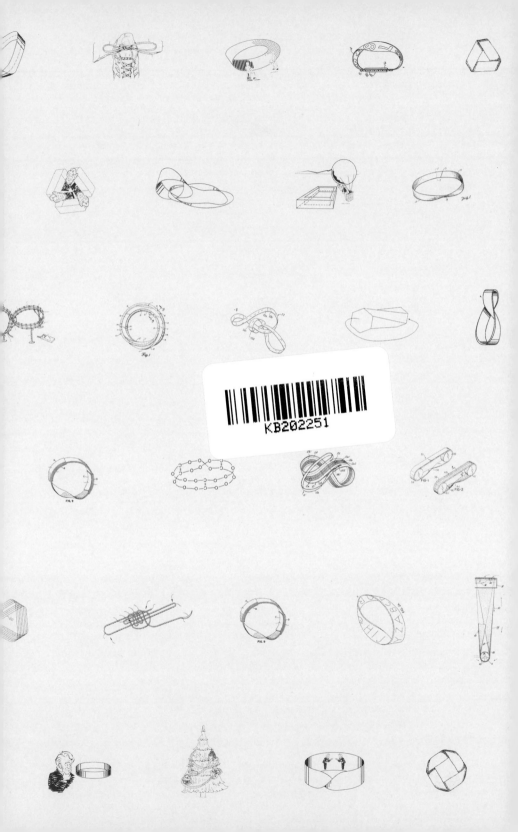

KB202251

뫼비우스의 띠

THE MÖBIUS STRIP
Dr. August Möbius's Marvelous Band in Mathematics, Games,
Literature, Art, Technology, and Cosmology
by Clifford A. Pickover

수 학 과 예 술 을 잇 는 마 법 의 고 리

뫼비우스의 띠

클리퍼드 픽오버 | 노태복 옮김

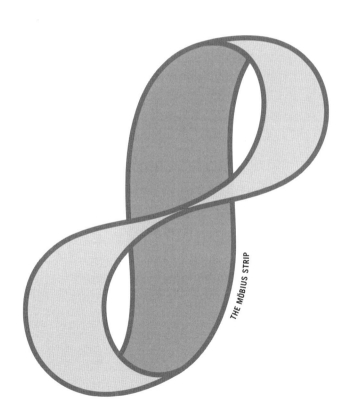

THE MÖBIUS STRIP

사이언스북스
SCIENCE BOOKS

감사의 말

뫼비우스는 몰입형 연구자의 전형이었다. 수줍음을 잘 타는 비사교적인 성격인 데다가, 열쇠나 자기의 분신처럼 들고 다녔던 우산을 잃어버리지 않으려고 온갖 대책을 강구해야 할 만큼 자기 생각에 몰두해 있었다.

그가 이룬 가장 눈부신 업적인 유명한 뫼비우스의 띠와 같은 한쪽 곡면의 발견은 70세가 거의 다 되어서 이루어졌으며, 사후에 발견된 연구 자료에서 드러난 모든 업적에도 뫼비우스의 띠와 마찬가지로 형식의 아름다움과 내용의 심오함이 동시에 담겨 있었다.

— 이사크 모이세에비치 야글롬(Isaak Moiseevich Yaglom),
『펠릭스 클라인과 솝후스 리(*Felix Klein and Sophus Lie*)』

어떤 이론에 따르면, 우주는 뫼비우스의 띠처럼 영원히 뒤틀리며 시작점으로 되돌아오는 구조라고 한다. 뫼비우스 곡면 위를 따라가는 여행은 정말 근사한 여행이 되리라.

— 에피소드 401 "아무도 답을 내놓지 못한 질문에 던지는 답",
「진 로든버리의 안드로메다」

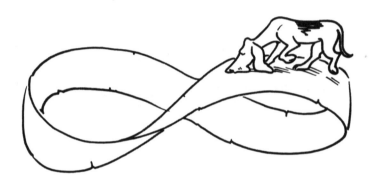

각 장을 시작할 때 나오는 미국 특허는 4장에서 상세히 다룬다. 이 특허들은 전부 뫼비우스의 띠를 핵심 아이디어로 삼고 있다. 이 책에 나와 있는 몇몇 아이디어는 내 개인 홈페이지인 '픽오버 싱크 탱크(Pickover Think Tank)'에서 다룬 내용이기도 하다. 홈페이지 주소는 http://groups.yahoo.com/group/CliffordPickover/이다.

그 아이디어들에 대해 진지하게 토론하고 의견을 주신 회원 여러분께 감사드린다. 또한 **그림 2.7**에 있는 세잎 매듭 조각 옆에 서서 사진 촬영에 응해 준 조각가 존 로빈슨(John Robinson)과 수학 교수인 로니 브라운(Ronnie Brown)께 감사드린다. 이들의 웹 사이트 www.popmath.org.uk, www.JohnRobinson.com, www.BradshawFoundation.com에 가면 더 많은 정보를 얻을 수 있다. 벨기에의 컴퓨터 아티스트이자 수학자인 조스 레이스(Jos Leys)는 매듭과 한쪽 곡면에 관한 컴퓨터 그래픽을 제공해 주었다.(www.JosLeys.com) 이외에도 컴퓨터 그래픽을 제공해 준 분들로는 앤드루 립슨(Andrew Lipson), M. 오스카르 반 데벤터르(M. Oskar van Deventer), 캐머런 브라운(Cameron Brown), 니키 스티븐스(Nicky Stephens), 크리스티안 디트리히부체커(Christiane Dietrich-Buchecker), 장피에르 소바주 (Jean-Pierre Sauvage), 롭 샤린(Rob Scharein), 톰 롱틴(Tom Longtin), 헨리 르체파(Henry S. Rzepa), 데이비드 왈바(David Walba), 데이브 필립스(Dave Phillips, www.ebrainygames.com), 조지 베인(George Bain), 테자 크라섹(Teja Krasek), 라이너스 롤로프스(Rinus Roelofs), 도널드 시매넥 (Donald E. Simanek) 등이 있다. **그림 7.31~7.33**의 모자이크 퍼즐 조각 구성을 위해서 톰 롱틴은 조너선 셰우척(Jonathan Shewchuk)의 트라이앵글 (Triangle) 프로그램(www.es.cmu.edu/~quake/triangle.html)을 이용했다.

여러 조언과 제안으로 도움을 준 데니스 고든(Dennis Gordon), 닉 홉슨(Nick Hobson), 커크 젠슨(Kirk Jensen), 조지 하트(George Hart), 마크 낸더(Mark Nandor), 그레이엄 클레벌리(Graham Cleverley)께 감사드린다. 아울러 이 책 여러 군데에 실린 멋진 '만화'를 그려 준 브라이언 맨스필드(Brian Mansfield, www.brianmansfield.com)께도 감사드린다. 에이프릴 페더슨(April Pedersen)은 6쪽에 있는 뫼비우스의 띠 위를 걸어 다니는 개를 그려 주었다.

아우구스트 페르디난트 뫼비우스(August Ferdinand Möbius)에 대해서 자세히 알고 싶으면 존 포벨(John Fauvel), 레이먼드 플러드(Raymond Flood), 로빈 윌슨(Robin Wilson)이 공동 편집한 『뫼비우스와 그의 띠: 19세기 독일의 수학과 천문학(*Möbius and His band: Mathematics and Astronomy in Nineteenth-Century Germany*)』을 살펴보길 권한다. 이 책에는 19세기 독일의 수학자와 천문학자 들이 어떻게 해서 세계적인 학자로 우뚝 설 수 있었는지 설명하고 있다.

『수학 마술 쇼(*Mathematical Magic Show*)』를 비롯한 마틴 가드너

(Martin Gardner)의 수많은 저서는 뫼비우스의 띠와 위상 기하학의 세계로 안내해 준 훌륭한 동반자였다. 뫼비우스의 띠에 관한 정보를 담고 있는 많은 웹 사이트들을 참조했으며, 특히나 수학 관련 소설에 관한 정보를 담고 있는 알렉스 카스먼(Alex Kasman)의 웹 사이트 http://math.cofc.edu/faculty/kasman/MATHFICT/default/html가 꽤 흥미로웠다. 웹 백과사전인 위키피디아(http://en.wikipedia.org)와 에릭 와이스스타인(Eric W. Weisstein)의 웹 사이트인 http://mathworld.wolframe.com은 수학 정보의 보물 창고와도 같은 곳이다.

「참고 문헌」에는 여러 흥미로운 웹 사이트와 기술 및 예술 관련 정보, 추천 도서 목록을 함께 실었다.

각 장을 시작할 때 나오는 그림들은 다음 특허에 실린 도면이다. 미국 특허 3,648,407(1972년, 여행을 시작하며), 미국 특허 4,919,427(1990년, 2장), 미국 특허 4,384,717(1983년, 3장), 미국 특허 4,640,029(1987년, 4장), 미국 특허 3,758,981(1973년, 5장), 미국 특허 4,253,836(1981년, 6장), 미국 특허 5,411,330(1995년, 7장), 미국 특허 3,953,679(1976년, 8장), 미국 특허 3,991,631(1976년, 여행을 마치며), 미국 특허 6,779,936(2004년, 해답), 미국 특허 396,658(1998년, 부록).

기분이 좋아지는 뫼비우스 오행시

한 젊은이, 그 이름은 뫼비우스(꽤 영리함)

종이 띠 한 장을 잘라서

매듭을 짓네.

라스베이거스에서 영원히 머물려는

계책의 일환.

— 폴 클레버리

네 살배기 피터에게 어머니가 이르시길,

"뫼비우스 거리를 지나갈 수는 없단다."

하지만 사뿐사뿐 몇 걸음을 떼고

한 블록을 빙글 돌고 나니

위업이 성취되었네.

— 척 게이도스

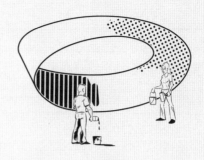

트렌트 출신의 한 사나이가

뫼비우스 피라는 식물과 대화를 나누었네.

끊임없이 횡설수설하며

이런저런 이야기를 주고받았지.

내심의 의도를 뫼비우스의 띠처럼 뒤튼 채.

— 퀸 타일러 잭슨

개미가 친구들에게 말했다. 아뿔싸! 이런!

이건 정말 혼란스럽기 짝이 없군.

우린 돌고 또 돌았건만

발견한 것이라곤 고작

다른 쪽 면은 존재하지 않는다는 사실뿐!

— 캐머런 브라운

* 이 오행시들은 이 책을 쓰면서 내가 후원한 '뫼비우스 오행시 공모전'에서 수상한 작품들이다.

여행을 시작하며

아우구스트 페르디난트 뫼비우스(August Ferdinant Möbius)는 1790년 11월 17일에 태어나서 1868년 9월 26일에 죽었다. 그가 살아 있는 동안 독일의 수학은 큰 변모를 겪었다. 1790년경까지는 세계적 수준의 독일 수학자가 전무하다시피 했지만, 뫼비우스가 죽을 때쯤엔 독일이 세계 수학계의 본고장이자 수학 교육의 산실이 되어 있었다.

― 존 포벨,
「작센 수학자(A Saxon Mathematician)」,『뫼비우스와 그의 띠』

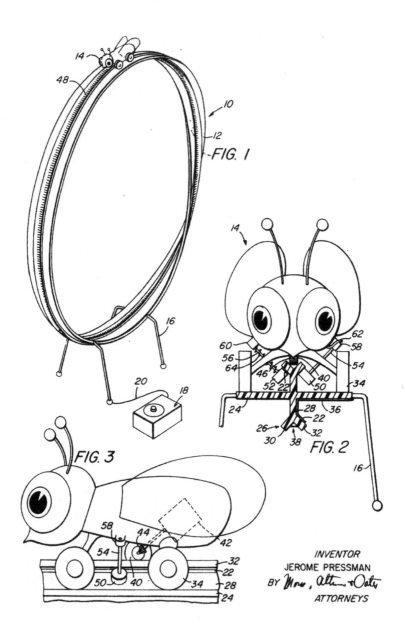

14

48

10

12

FIG. 1

16

20

18

14

62
58
60
56
54
64
46
40
34
52 22
50
24
28 36
22
26
32
30 38 FIG. 2

16

FIG. 3

58
44
54
42
50 40
32
22
34
28
24

INVENTOR
JEROME PRESSMAN
BY Mow, Altun Oats
ATTORNEYS

구멍 속의 구멍을 통과하는 구멍

우주의 언어를 배워 그 언어를 이루는 개별 문자들에 친숙해지기 전에는 결코 우주의 언어를 파악할 수 없다. 우주는 수학이라는 언어로 기술되어 있고, 그 언어의 문자로는 삼각형, 원, 그리고 다른 기하학적인 형태들이 있다. 우리에게 이러한 문자들이 없다면 우주라는 언어를 구성하는 단 하나의 단어조차 파악할 수 없다.

— 갈릴레오 갈릴레이(Galileo Galilei),
『황금 계량자(*Il Saggiatore*)』(1633년)

내가 학생들에게 기하학적 형태 및 그 형태들 사이의 관계에 관한 학문인 위상 기하학에 대해 이야기할 때는, 여러 가지 단순한 형태들을 잡아 늘여 보여 줌으로써 학생들의 생각까지 늘여 준다. 도넛 모양, 프레첼 모양, 목이 긴 뒤틀린 병 모양을 보여 준 후, 학생들에게 질문을 하나 던진다. "구멍을 통과하는 구멍을 상상할 수 있습니까?"

그러한 모양은 불가능하다는 대답이 거의 대부분이다. 빙긋 웃으면서 나는 이렇게 대답한다. "과연 그럴까요? 구멍 속에 있는 구멍보다 훨씬 더 멋진 모양을 지금 보여 드리죠. 구멍 속에 있는 구멍, 이 구멍 속에 있는 구멍을 보여 드리죠!" 분필을 휘돌려서 **그림 I.1**에 있는 그림을 스케치하면 학생들은 너나없이 놀라면서 신기해한다. 신기한 내용들을 가득 모아 놓은 이 책의 첫 장부터 마지막 장까지 기하학의 신비를 만끽하기 바란다.

위상 기하학은 여러 차원을 총망라해 공간 사이의 관계 및 신비로운 여러 형태를 연구하는 학문이다. 수학계의 만물상인 셈이다. 때때로 위상 기하학은 고무 종이 기하학이라고 불리기도 하는데, 잡아당기거나 마구 변형을 가해도 변하지 않는 형태의 속성에 관한 연구이기 때문이다. 남녀노소를 막론하고 사람들을 위상 기하학에 반하도록 만드는 데는 뫼비우스의 띠 — 180도 뒤틀린 간단한 고리(**그림 I.2**) — 가 단연 최고다.

그림 I.1 신나게 뛰어놀던 개가 구멍 속의 구멍을 통과하는 구멍에 뼈다귀를 잃어버린다.(그림: 에이프릴 페더슨)

그림 I.2 뫼비우스의 띠.

뫼비우스 박사의 유골

> 사람들에게 거의 알려지지 않은 위대한 수학자가 있다. 뫼비우스가 떠난
> '탐험'은 늘 그의 머릿속에만 머물러 있었던지라, 몇몇 수학자만이 관심을
> 기울였다.
>
> — 마틴 가드너,
> 『스타니스와프 울람의 모험(*The Adventure of Stanislaw Ulam*)』(1976년)

이 책에서 가끔씩 범위를 넓혀 뫼비우스의 띠 및 위상 기하학과 관
련된 여러 다른 주제도 다룰 생각인데, 대부분 수학 관련 책에서는 접
하기 어려운 내용들이다. 예를 들면 이 책을 쓰기 바로 몇 달 전에 나
의 영웅 아우구스트 페르디난트 뫼비우스의 두개골을 직접 볼 기회가
있었다. 그는 자신의 이름을 딴 뫼비우스의 띠를 처음 발견한 수학자

그림 I.3 아우구스트 페르디난트 뫼비우스의 두개골(위쪽)과 루트비히 판 베토벤의 두개골(아래쪽). 존 포벨과 레이먼드 플러드, 로빈 윌슨이 편저한 『뫼비우스와 그의 띠』 17쪽에 나오는 사진으로 이 사진의 원래 출처는 뫼비우스의 손자 파울 뫼비우스의 『선집』 7권 「강의 칠판 III」이다. 파울은 이 이상한 사진을 만들려고 할아버지의 무덤을 파헤치기도 했다.

다. 뫼비우스의 손자가 1905년에 출간한 책 『선집(*Ausgewahlte werke*)』에 두개골 위쪽 부분이 나온 사진이 있다.(그림 I.3)

　뛰어난 신경 생리학자이기도 했던 뫼비우스의 손자 파울 뫼비우스(Paul Möbius)는 몇몇 특이한 생각을 품고 있었다. 그 가운데 하나는, 해부학자 프란츠 갈(Franz Gall) 박사가 '수학 기관'이라고 명명한 왼쪽 전두 안와 돌출부(fronto-orbital bump)가 아우구스트 뫼비우스는 특별히 크다는, 조금은 케케묵은 아이디어였다. 오늘날에는 물론 갈 박사의 골상학적 발상을 그리 진지하게 받아들이지 않는다. 아우구스트 뫼비우스의 사진을 들여다봐도 머리에 그러한 돌출 부분이 있는지 분간할 수 없지만, 수학자의 머리를 두고 방대한 연구를 행했던 파울 뫼비우스는 산 사람들과 죽은 사람들의 실제 두개골 데이터를 수집해 연구 논문에 관련 사진들을 싣기도 했다. 그의 과제는 수학 능력이 머리의 돌출 부분과 밀접한 관련이 있음을 증명하는 일이었다.

많은 두개골을 떠올리는 일만으로도 나는 소름이 끼친다. 어쨌든 라이프치히에 있는 공동묘지의 무덤 발굴 때 파울은 다행스럽게도 유골 발굴 허가를 얻어서 할아버지의 두개골을 요모조모 관찰했다고 한다.

뫼비우스의 띠는 어디에나 존재한다!

수학자는 화가나 시인처럼 형상을 만들어 내는 사람이다. 수학자가 만들어 낸 형상이 화가나 시인들이 찾아낸 형상보다 더 영구히 지속되는 까닭은 그 형상 속에 개념이 들어 있기 때문이다.

— G. H. 하디(G. H. Hardy),
『수학자의 변명(*A Mathematician's Apology*)』(1941년)

뫼비우스의 띠는 19세기에 뫼비우스가 발견해 수학적 관심사의 하나로 발표한 이후, 줄곧 수학자뿐만 아니라 보통 사람들의 마음도 사로잡아 왔다. 세월이 흐름에 따라 그 인기와 응용의 범위도 함께 커져서 오늘날에는 수학, 마술, 과학, 예술, 공학, 문학, 음악 전 분야에 뫼비우스의 띠가 등장한다. 또한 변화, 낯섦, 순환, 부활 등의 상징으로 쓰이기도 한다. 사실 오늘날 뫼비우스의 띠는 쓰레기를 유용한 자원으로 변환시키는 재활용을 상징하는 세계 공용 로고이기도 하다.(그림 I.4)

재활용 로고에서는 꼭짓점 부분이 둥글게 표현된 뒤틀린 3개의 화살표가 삼각형 모양을 이루고 있다. 뫼비우스의 띠의 상징적 의미가 지금 이해되지 않더라도, 이 책을 계속 읽어 나가면 차츰 이해가 될 것이다. 뫼비우스가 미래를 내다보는 능력이 있어서 자신이 발견한 고리의 가장 빈번한 용도가 쓰레기 재활용이란 사실을 알게 된다면 어떤 기분이 들까? 재활용 로고는 로스앤젤레스에 있는 서던캘리포니아 대학교의 학생이었던 게리 앤더슨(Gary Anderson)이 1970년에 디자인했다. 그는 미국 컨테이너 주식회사(Container Corporation of America)가 후원하는 전국 공모전에서 이 로고를 제출해 상을 탔다.

그림 I.4 재활용을 상징하는 세계 공용 로고.

오늘날 뫼비우스의 띠가 없는 곳이 없으니, 참으로 마법과도 같은 흡인력을 지닌 형상이 아닐 수 없다! 뫼비우스의 띠(Möbius strip)로는 3만 8000개, 뫼비우스의 밴드(Möbius band)로는 7,000개, 뫼비우스의 고리(Möbius loop)로는 1만 1000개의 웹 사이트가 검색되는 등 여러 이름으로 이 멋진 형상에 대한 관심이 나날이 높아지는 추세다. 물론 구글(google)에서 검색된 웹 사이트의 개수를 그대로 받아들일 필요는 없다. 종종 뫼비우스 록 그룹의 이름이나 뫼비우스가 아닌 물체에 관한 웹 사이트도 포함되어 있으니 말이다.

나는 이 책에서 분자 구조와 금속 조각상에서 우표, 문학, 건축 구조 및 전체 우주 모형에 이르기까지 뫼비우스의 띠가 등장하는 여러 분야를 두루 다룰 작정이다. 뫼비우스의 띠는 수많은 기술 특허에도 등장하는데, 이 특허에 관한 도면으로 대부분의 장을 시작한다. 4장에서는 뫼비우스 관련 특허에 관해서도 간략히 설명하고자 한다.

오늘날 뫼비우스의 띠는 보석에도 흔히 쓰이는데, 유명한 것으로는 성경에 나오는 히브리 어 문구가 새겨진 황금 펜던트가 있다. 뫼비우스의 띠는 《뫼비우스: 더 저널 오브 소셜 체인지(Möbius: The Journal of Social Change)》의 로고이다. 산타크루즈 캘리포니아(Santa Cruz California)라는 유화 보존 및 복구 전문 회사의 상호이기도 하다. 2004년에는 타우린, 인삼, 카페인 및 티아민 성분이 함유된 뫼비우스 맥주가 사우스캐롤라이나 주의 찰스턴에서 판매되기 시작했는데, 모든 맥주병에 뫼비우스의 띠 문양이 부착되어 있었다. 그 회사의 광고 문구가 걸작이다. "뫼비우스 맥주와 함께 영원히 돌고 도는 밤을!" 심지어 칼슘 보조 식품인 칼트레이트(Caltrate)에도 포장지에 커다란 보라색 뫼비우스의 띠가 그려져 있다.

뫼비우스는 또한 어떤 시 문학지의 잡지명이기도 한데, 이 문학지의 로고 또한 뫼비우스의 띠이다. '뫼비우스 플립(flip)'은 프리스타일 스키 선수들이 공중에서 공중제비를 하면서 한 번 몸을 뒤트는 기술이 들어가는 공중 묘기의 이름이기도 하다. 콜로라도 스키 박물관에서는 '뫼비우스 플립'이라는 제목이 붙은 30분짜리 비디오테이프를 구입할 수 있는데, 이 비디오의 빙하 스키 장면은 참으로 장관이다. 게다가 다양한 수상 스키 스포츠에 '뫼비우스 기술'이 등장하고 수중 날개 수상 스키에서는 뫼비우스 기술을 바탕으로 한 역회전 기술도 나온다.

내가 취미 삼아 만든 명예의 전당에는 뫼비우스의 띠 형상의 물건들이 많이 소장되어 있다. 예를 들면 네덜란드 화가 에스허르(M C. Escher)의 「뫼비우스의 띠 II」라는 나무 조각은 내가 가장 아끼는 뫼비우스 관련 목판화 작품이다. 여기에는 뫼비우스의 띠 표면 위를 기어다니는 불개미들이 새겨져 있다. 내가 아끼는 뫼비우스의 띠 조각상은 스위스 태생 예술가인 막스 빌(Max Bill)의 「끝없는 리본」인데, 이 작품은 화강암으로 만들어졌으며 1950년대 초에 조각 공원에 전시되었다. 뫼비우스의 띠가 등장하는 영화로 내가 가장 좋아하는 작품은 구스타보 모스케라(Gustavo Mosquera) 감독의 「뫼비우스(Möbius)」와 미셸 공드리(Michael Gondry) 감독의 「이터널 선샤인(Eternal Sunshine of the Spotless Mind)」이다. 8장과 이 책의 결론 부분에서는 문학 작품과 영화에 등장하는 뫼비우스 구조를 다룬다.

요즘 들어 뫼비우스의 띠는 영원성을 표상하는 하나의 상징으로도 쓰이는지라, 뫼비우스의 띠와 거의 비슷한 기하학적 형상들 이외에도, 불완전하기는 하지만 대중적이고 색다른 여러 가지 뫼비우스적 은유에 대해서도 다루고자 한다. 문학 작품과 신화 속에서 뫼비우스 은유는 주인공이 이전과는 다른 관점을 지닌 채 어떤 특정 시간대나 장소로 되돌아올 때 사용되는데, 그 까닭은 표면을 따라 이동하게 되면 물체의 특성이 반대가 되어 버리는 뫼비우스의 띠의 교묘한 속성 때문이다. 이러한 기하학적 반전에 대해서는 6장에서 명확히 설명한다.

요즘의 현대 사회에서 뫼비우스의 띠가 가장 흔히 사용되는 사례는 **어떤 식으로든** 기이하게 반복되는 행동 방식을 암시할 때이다. 심지어 작가 존 포벨은 다음과 같이 지적한다. "뫼비우스의 띠라는 개념이 문화 전반에 침투했음이 분명하다. 왜냐하면 몇몇 다른 인기 있는 수학적 은유와 마찬가지로 뫼비우스의 띠도 부적절한 여러 가지 경우에 죄다 사용되기 시작했으니 말이다." 각 장의 맨 뒷부분에, 이와 관련한 재미있는 표현들을 소개했다.

잡동사니

기하학은 고유하고 영원하며 하느님의 마음속에서 빛나고 있다. 인간이 이 기하학에 대한 지식을 공유하고 있다는 사실이야말로 주님이 하느님의 모습을 띠고 계심을 증명하고 있다.

— 요하네스 케플러(Johannes Kepler),
『별에서 온 전령과 나눈 대화
(*Conversation with the Sidereal Messenger*)』(1610년)

이전에 나온 나의 다른 책들에서와 마찬가지로 독자는 잡동사니 주제들 중에서 몇 가지를 골라서 선택하면 된다. 때때로 나는 어떤 한 정의를 계속 반복하곤 하는데, 그렇게 하면 가장 관심을 끄는 부분을 찾기가 수월해지기 때문이다. 대부분의 장은 어떤 주제에 대한 감을 잡기에 적당하도록 되도록이면 간략한 분량으로 구성했다. 특정 주제에 대해 더 깊이 파헤치고 싶은 독자는 「참고 문헌」에서 추가 정보를 얻을 수 있다. 독자의 참여를 유도하기 위해 직접 풀어 보는 문제는 👁 기호로 표시했고, 「해답」은 책의 뒷부분에 마련했다. 친구들이나 동료들에게 그 문제들을 내서 이 책이 담고 있는 정신을 모쪼록 널리 퍼뜨려 주길 바란다. 록, 전자 음악, 실험적 음악을 추구하는 서부 매사추세츠 주 출신의 3인조 그룹인 뫼비우스 밴드(Möbius Band)의 음악을 함께 듣고 있을 때가 그런 문제를 내기엔 적격이다.

이 책에 나와 있는 몇 가지 특이한 모양들과 기이한 우주 모형들이 실제로 가능한지 믿기 어렵다 해도, 내가 제기하는 위상 기하학적 유추는 우리가 이 세계를 바라보는 방식에 관한 의문을 갖게 하고 우주를 바라보는 사고 방식도 그런 관점을 따르게 한다. 예를 들면 한쪽 면만을 갖는 물체를 마음속에서 시각적으로 떠올려 보는 일이나, 우주 공간에 있는 방향 반전 경로를 지나가는 일이 무엇을 의미하는지 훨씬 잘 이해하게 될 것이다.

이 책을 다 읽고 나면 이런 변화를 체험할 것이다.

- '파라드로믹 고리', '우주 생성에 관한 에크피로틱 모형' 같은 불가사의한 개념을 이해하게 된다.

- 슐포르타, 위상 동형 사상, 구의 반전, 비방향성 곡면, 보이 곡면, 크로스 캡, 로만 곡면, 실사영 평면, 뫼비우스 함수 $\mu(n)$, 1을 제외한 완전 제곱수로 나눌 수 없는 수, 메르텐스의 추측, 어디에나 등장하는 $\frac{\pi^2}{6}$ 의 비밀, 헥사플렉사곤, 뫼비우스의 지름길, 뫼비우스 테트라헤드라, 솔레노이드, 알렉산더의 초승달형 구, 프리즘 도넛, 무게 중심 계산법, 보낭-지네르 클라인 병과 같은 용어를 사용해 친구에게 깊은 인상을 심어 준다.
- 뫼비우스의 띠를 소재로 한 과학 소설을 훨씬 더 멋지게 쓸 수 있다.
- 대부분의 사람들은 공간과 형태에 관해 매우 제한적 관점을 지녔다는 걸 깨닫게 된다.

어쩌면 뫼비우스 형태의 뒤틀림을 소재로 한 외젠 이오네스코(Eugene Ionesco)의 「대머리 여가수」 무대를 보러 가거나 내 소설 『로보토미 클럽(*Lobotomy Club*)』을 읽게 될지도 모른다. '대뇌 뫼비우스의 띠'라고 불리는 뇌세포의 신비로운 재배치를 소재로 한 소설이다. 아니면 애크미 클라인 보틀(Acme Klein Bottle) 사의 웹 사이트에서 최신형의 초대형 클라인 병을 구입하게 될지도 모를 일이다.

기하학과 상상력

나는 어쩌면 우물 안 개구리인 줄도 모르고 무한한 우주의 제왕이라도 된 줄 착각하고 있는 건 아닐까?

— 윌리엄 셰익스피어(William Shakespeare),
『햄릿(*Hamlet*)』(1603년)

교사나 일반인에게서 수학에 관한 메일을 받다 보니, 사람들이 특이한 성질을 지닌 기하학적 형상들에 무척 관심이 크다는 사실을 알게 되었다. 우리의 우주가 도넛 모양으로 되어 있다든지 더 높은 차원을 포함하고 있다는 발상에 사람들은 무척이나 매료되는 듯하다. 기적과도 같은 4차원 클라인 병을 볼 때나 뫼비우스의 띠 위에서의 생활과 같은 주제를 골똘히 생각할 때는 모든 학생이 꽤나 즐거운 모습들이었다.

애석하게도 고등학생들은 대부분 위상 기하학을 접할 기회가 없다. 아우구스트 페르디난트 뫼비우스와 그의 뫼비우스의 띠에 관한 이 책이 학교에서나 심지어 기술 관련 직종에서도 삼각 측량법 이상을 접해 보지 못한 사람들에게 미지의 세계를 보여 주는 안내자 역할을 톡톡히 하기를 바란다. 위상 기하학이 원래 뫼비우스의 띠처럼 단순한 물체에 관한 의문들을 해결하려는 시도에서 발달하기 시작했는데도, 요즘의 위상 기하학자들이 이론 수학의 진창에서 고군분투하고 있다는 점은 꽤 의아할 정도다. 사실 위상 기하학을 연구하는 친구들은 몇몇 시각적으로 표시되어야만 이해가 되는 정리에 의심의 눈초리를 보낸다. 마틴 가드너는 『헥사플렉사곤 및 다른 수학적 변환(Hexaflexagons and Other Mathematical Diversions)』에서 다음과 같이 말하고 있다.

수학에 꽤나 관심을 기울이는 사람들이 보기에도 위상 기하학자는 뫼비우스의 띠나 다른 위상 기하학적 모형들이나 변환하면서 시간을 허비하는 수학계의 한량처럼 보이기도 한다. 하지만 위상 기하학에 관한 최신 교과서를 한번 펼쳐 본다면 위상 기하학자가 얼마나 대단한지 알게 된다. 각

쪽마다 온갖 수학 기호들로 가득 차 있을 뿐, 이해하기 쉬운 그림이나 도형은 좀처럼 보기 어려우니 말이다.

이 책에서 나는 수학 공식은 거의 쓰지 않고서 위상 기하학에 나오는 고차원 세계, 기묘하게 뒤틀린 형태들의 묘미를 독자들에게 전해 주고 싶다. 위상 기하학은 특이하고 멋진 형태들을 끊임없이 생겨나게 하는 분수와 같기에, 수년 동안 나는 교육적 가치도 다분한 이 위상 기하학이라는 취미에 흠뻑 빠져 있다. 아주 단순한 형태의 모양에 대해 생각해 보는 일도 상상력을 한껏 확장시킨다. 좀 더 일반적으로 말하면, 우주선을 만들어서 우주의 구조에 대해 탐사하는 중에 외계인과 처음으로 의사 소통을 시도할 일이 생기면 수와 기하학을 이용해야 할 것이다. 심지어 이 지구가 너무 춥거나 뜨거워져서 우리가 살고 있는 우주 밖으로 탈출을 시도해야만 하는 그러한 사태가 닥친다면, 그때도 위상 기하학과 고차원 세계에 대한 지식이 요긴하게 쓰일 것이다. 그렇게 된다면 모든 시공간을 우리 삶의 터전으로 삼을 수도 있을 것이다.

오늘날 수학은 과학 연구의 모든 분야에 스며들었으며 생물학, 물리학, 화학, 경제학, 사회학, 공학 등에 지대한 역할을 하고 있다. 수학을 이용하면 노을의 색깔이나 인간 뇌의 구조에 대한 설명이 가능해진다. 수학의 도움으로 초음속 항공기와 롤러코스터를 만들어 내고, 지구에 있는 천연 자원의 흐름을 모의 실험하고 아원자 입자의 양자 역학적 현상들을 발견해 낼 뿐만 아니라 멀리 떨어진 은하를 볼 수도 있다. 수학은 우주를 보는 관점을 바꾸어 놓았다.

뫼비우스의 띠에 얽힌 한마디

수학자는 커피를 공식으로 변환시키는 기계다.

— 파울 에르되시(Paul Erdös),
폴 호프만(Paul Hoffman)의 『우리 수학자 모두는 약간 미친 겁니다
(*The Man Who Loved Only Numbers*)』에서

나는 책벌레인 까닭에 매일 눈에 띄는 멋진 구절들을 스크랩해서 모아 놓는다. 신문이나 잡지, 내가 읽는 책들에서 뽑아서 모아 놓은 것들이 많다. 각 장의 마지막 부분에는 뫼비우스의 띠에 대한 독특한 은유를 담고 있는 자료들에서 골라낸 작은 인용 구절들이 있다. 이 구절들은 시기적절하게, 가끔은 조금 엉뚱한 방식으로 등장하는데 💬 기호로 표시되어 있다. 다음 쪽과 같은 방식이다. 독자들도 이 구절들에 흥미를 느껴 뫼비우스 인용 구절을 직접 찾아내서 알려 주기를 고대한다. 뫼비우스의 띠와 함께 즐거운 여행을 떠나 보자!

하지만 신에게는 살갗도 피부도 없다. 왜냐하면 신의 바깥쪽이란 존재하지 않으니 말이다. 어느 정도 똑똑한 아이라면 나는 위의 진리를 뫼비우스의 띠를 이용해 설명해 줄 수 있다.

— 앨런 왓츠(Alan Watts),
『책: 자신이 누구인지 알게 됨을 금기시하는 것에 대해
(The Book: On the Taboo Against Knowing Who You Are)』

뫼비우스의 띠와 마찬가지로 신의 안쪽과 바깥쪽은 동일하다.

— 프랑크 피오르(Frank Fiore),
『크로스토퍼에게: 아버지가 아들에게
(To Christopher: From a Father to His Son)』

오직 유태인만이 하느님의 의지와 인간의 의지가 서로 조화를 이루고 있음을 이해할 수 있다. 다른 사람들이 이 말을 들으면 광분할지도 모르겠다. 하여튼 그것은 뫼비우스의 띠와 같다. 안과 밖 그리고 위와 아래가 함께 있다.

— 로버트 아이젠버그(Robert Eisenberg),
『두건을 쓴 보이칙: 하시디즘 내부로의 여행
(Boychiks in the Hood: Travels in the Hasidic Underground)』

차례

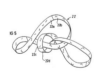

6장 | 우주, 실제, 초월 209

7장 | 게임, 미로, 미술, 음악, 건축 265

1장 | 뫼비우스 마술 쇼

뫼비우스는 위상 기하학적인 형태로 된 간단한 물체 덕분에 최소한 수학 분야에서만큼은 귀에 익은 이름이다. 하지만 아우구스트 뫼비우스는 수학의 여러 분야에 영향을 미쳤다. '그가 현대에 남긴 유산'은 오늘날의 주류 수학의 거대한 한 부분을 차지하고 있다.

— 이언 스튜어트(Ian Stewart),
「뫼비우스가 현대에 남긴 유산(*Möbius's Modern Legacy*)」,
『뫼비우스와 그의 띠』

뫼비우스의 띠 자르기

초등학교 3학년 때, 마술 쇼를 선보이는 이웃집의 생일 파티에 간 적이 있다. 길고 검은 모자를 쓴 어떤 마술사가 내게 고리를 하나 건네주었다. 반짝이는 끈의 양쪽 끝을 붙여서 만든 그 고리는 긴 리본 모양 같았다. 그런 고리가 3개 있었는데, 하나는 빨간색, 다른 하나는 파란색, 또 다른 하나는 보라색이었다. 마술사의 이름은 매직 씨(Mr. Magic)였다. 마술사의 원조다운 멋진 이름!

매직 씨는 활짝 웃으며 각 고리의 한가운데를 따라 검은 선을 그렸다. 차도의 한가운데에 칠해진 점선처럼 보이는 그 띠(**그림 1.1**)를 그리고서는 관객들에게 살짝 보여 주었다. 한 꼬마가 덥석 낚아채려 하자 매직 씨는 "조금만 참으렴!"이라고 말하는 듯한 눈치를 보냈다.

나는 수줍고 얌전한 아이였다. 매직 씨는 내가 맘에 들었는지 가위를 내게 건넸다. "꼬마야, 점선을 따라 띠를 잘라 보지 않겠니?" 그러고선 점선을 따라 자르는 시늉을 해 보였다.

잔뜩 호기심에 사로잡혀 빨간 띠를 따라 쭉 자르다 보니 처음 자르던 데로 되돌아왔다. 빨간 고리가 탁 분리되면서 완전히 동떨어진 2개

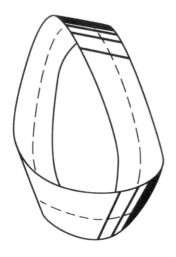

그림 1.1 가운데에 점선을 그린 뫼비우스의 띠.

의 고리가 생겼다. "와! 멋지다."라고 소리치긴 했지만 그리 대단한 감동은 아니었다. 내심 무언가 더 신기한 일이 일어났으면 하는 마음이었다.

"자, 그럼 다른 고리들도 잘라 보자꾸나."

고개를 끄떡이고 파란 고리를 잘라 보니 원래 길이의 2배인 긴 고리가 하나 생겼다. 박수를 보내는 관객도 있었다. 마지막으로 보라색 고리를 건네받았다. 잘라 보니 서로 사슬처럼 얽힌 고리 2개가 나타났다.

색깔마다 완전히 다른 결과가 나타나는 그 신기함이란! 각각의 고리는 성질이 완전 딴판이었는데도, 처음 슬쩍 볼 때는 완전히 똑같아 보였다. 몇 년 뒤에 내 친구 한 명이 그 신비로운 마술에 대해 설명해 주었다. 빨간색, 파란색, 보라색의 이 3가지 띠는 리본의 양 끝을 붙이는 방식이 서로 다르다. 빨간 리본으로 된 고리는 가장 단순하다. 뒤틀지 않은 단순한 고리로 보통의 컨베이어 벨트나 두꺼운 고무 밴드와 비슷하다. 하지만 파란 고리는 그 유명한 뫼비우스의 띠로서 리본 끝을 붙이기 전에 한쪽 끝을 180도 뒤튼다. 이것을 보통 '반 뒤틀림(half twist)'이라고 부른다. 보라색 고리는 양쪽 끝을 붙이기 전에 360도를 뒤튼다.

요즈음 마술사들은 종종 이 묘기를 "아프간 밴드(Afghan Band) 기술"이라고 부르는데, 그 이름의 유래는 알 길이 없다. 공연에서 이 이름의 기술이 쓰인 때는 1904년경으로 거슬러 올라간다.

마틴 가드너의 책 『수학, 마술 그리고 신비(*Mathematics, Magic and Mystery*)』에 따르면, 뫼비우스의 띠가 실내 마술로 사용되었음을 보여 주는 최초의 문헌은 1881년 파리에서 첫 출간된 가스통 티상디에(Gaston Tissandier)의 『취미 과학(*Les Recreations Scientifiques*)』 1882년 영어판이다. 온갖 마술 장치를 만드는 업자였던 미국인 칼 브레마(Carl Brema)는 1920년에 아프간 밴드 기술을 종이 대신 빨간 모슬린 옷감에 사용해 선보였다. 1926년에 제임스 넬슨(James A. Nelson)은 종이 1장을 2번 잘랐을 때 서로 얽혀 있는 **3**개의 고리가 생기는 방법을 공개했다.(그림 1.2)

스탠리 콜린스(Stanley Collins)라는 마술사는 1948년에 '1번 뒤틀림'이 있는 띠와 다른 1개의 고리로 이루어진 또 다른 환상적인 마술을 보여 주었다. 조그만 금속 고리를 종이나 옷감으로 만들어진 띠 위에 올려놓고선 그 띠를 3번 뒤튼 다음에 양 끝을 붙여서 폐곡선 띠를 만들었다. 여느 때와 마찬가지로 그 마술사는 띠의 한가운데를 따라 잘랐다.(도로의 중앙선을 따라 자르는 것처럼.) 자르다 보니 첫 시작점으로 되

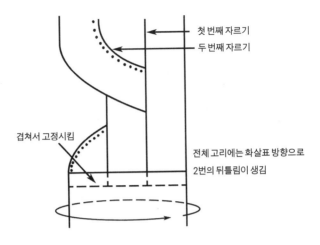

첫 번째 자르기
두 번째 자르기

겹쳐서 고정시킴

전체 고리에는 화살표 방향으로
2번의 뒤틀림이 생김

그림 1.2 2번 자르면 서로 얽힌 3개의 고리가 생기는 '마술' 종이 고리를 만드는 제임스 넬슨의 방법.(마틴 가드너의 『수학, 마술 그리고 신비』에서)

돌아 왔는데, 놀랍게도 매듭이 진 큰 띠 하나가 그 금속 고리와 얽혀 있지 않는가!

직업 마술사인 데니스 레글링(Dennis Regling)은 요즘도 주일 학교와 성경 캠프에서 '복음 마술'을 공연하고 있는데, 하느님에 대한 믿음을 고양시키려는 목적으로 뫼비우스의 띠 마술을 활용한다. 데니스도 복음의 마술적 표현을 위해 매직 씨와 마찬가지로 그 고리를 이용하기 전에 일단 관객 가운데서 3명의 지원자를 모은다. 그런 다음에 그 큰 고리를 지원자들의 머리에 씌우고는, "하느님은 우리를 어떻게 만드셨을까요? 우리 모두 서로 비슷해 보이기는 하지만, 주님께서는 우리 한 명, 한 명 독특한 재능을 주셨습니다. 하느님의 눈에는 우리 각자가 다 고유한 존재인 셈이죠."라고 말한다. 그러고선 3개의 고리를 하나씩 가위로 자르는데, 어김없이 이전에 설명했던 대로 서로 다른 3가지 결과가 나타난다.

복음 마술을 직업으로 삼고 있는 또 한 명의 마술사인 에릭 리머 (Eric Reamer) 또한 3개의 고리를 이용해 신앙심을 북돋운다. 에릭은 시각적 형상을 이용한 학습과 광학적 환상 효과를 이용해 구원의 손길이 필요한 온 세상에 '예수 그리스도 복음의 진리'를 퍼뜨릴 목적으로 조직된 전국 복음 전도회의 회원이기도 하다. 우선 그는 관객들에게 뒤틀림이 없는 고리를 보여 주고서는, "저는 원이 참 좋습니다. 아주 멋져 보이거든요. 시작도 끝도 없으니 하느님을 떠올리게 합니다!" 이어서 예수가 어떻게 그와 비슷하게 영원한지를 설명하고서는, 평범한 종이 띠를 하나 꺼내더니 가운데를 따라 잘라서 2개의 동일한 띠를 만들어 냈다. 이 2개의 띠는 성부와 성자를 상징한다.

그다음에 360도 뒤틀어 붙인 띠를 들고 나와서는 "성경 말씀에 따르면, 하느님께서는 자신의 모습을 따라 인간을 창조하셨습니다. 하느님이 예수님을 보낸 까닭은 예수님을 우리의 마음속에 영접해 하느님과 영원히 함께하도록 하려는 뜻입니다."라고 설명하고서는 그 띠를 탁 자른다. 그러면 2개의 서로 얽힌 띠가 생긴다.

이제 에릭은 비장의 마지막 카드로 반 뒤틀림이 있는 뫼비우스의 띠를 들고 나와서는, "하느님께선 우리를 너무나 사랑하셔서 그의 독생자를 보내셨습니다. 그렇지 않나요?"라고 질문하며 하느님의 사랑이 얼마나 큰지 관객들에게 생각해 볼 시간을 준다. 이렇게 뜸을 들인 후 뫼비우스의 띠를 잘라서 띠의 길이가 2배로 늘어났음을 보여 준다. "이 마술을 딱 보기만 해도 순종과 결혼에 대한 교훈이 저절로 샘솟고 말고요."라고 에릭은 덧붙인다.

다음 장에서 이 마술을 좀 더 깊이 생각해 보기로 하고 훨씬 더 희한한 모양도 탐험해 보겠다. 하지만 지금 단계에선, 1세기 전에 수학계에 소개된 뫼비우스의 추상적인 논문 한 편이 어떻게 어린이들을 신비감에 사로잡히게 했는지 그리고 어떻게 사람들을 예수에게로 다가가게 해 신앙심을 북돋우는 데 이용됐는지를 생각해 보는 일도 흥미로울 듯하다.

이 수수께끼에서는 뫼비우스 박사가 성공한 이색 발명가라고 가정하자. 독일의 작센 주를 여행하는 동안 그는 **그림 1.3**에 나와 있는 운동 기구를 발명한다. 자신은 물론 상속자도 이 독창적인 기계 덕분에 많은 돈을 벌게 되길 내심 바라고 있다. 하지만 실제로 작동이 되기는 할까? 뫼비우스 박사가 달리면 러닝 머신은 회전을 시작할까? 아니면 벨트가 얽히는 바람에 뫼비우스 박사를 가장자리 바깥으로 밀어내 바닥에 내동댕이치게 될까? 8자 모양 벨트는 기구의 작동에 어떤 영향을 미치는 것일까? 이 8자 모양 벨트를 반 뒤틀림이 있는 컨베이어 벨트 고리 뫼비우스의 띠로 대체하면 기구의 작동이 달라질까? 이 기구가 작동하지 않으면 어떻게 고쳐야 할까? 모든 벨트에 뒤틀림을 가하면 이 기구의 기능이 달라질까?(답은 「해답」에)

그림 1.3 8자 모양의 벨트를 뫼비우스의 띠로 대체해도 뫼비우스 박사의 러닝 머신은 제대로 돌아갈까?(그림: 브라이언 맨스필드)

위상 기하학과 관련된 특기 덕분에 뫼비우스의 이름이 널리 알려지게 된 점은 역사의 우연일 뿐이다. 하지만 누구라도 발견할 수 있을 만큼 단순한지는 몰라도 2000여 년 동안, 뫼비우스와 거의 동시에 리스팅이 발견한 것은 빼고는, 어느 누구도 발견하지 못한 사실을 뫼비우스가 알아냈다는 것만은 사실이다.

— 이언 스튜어트,
「뫼비우스가 현대에 남긴 유산」, 『뫼비우스와 그의 띠』

2장 | 매듭과 문명

웃음을 파는 무희, 희대의 여인,
이름은 버지니아, 벗는 순식간에!
하지만 과학 소설을 읽다가 그만
온몸이 쪼그라들어 죽어 버렸네.
감히 도전하다니, 뫼비우스 스트립에.

— 시릴 콘블러스(Cyril Kornbluth),
『불행한 위상 기하학자(*The Unfortunate Topologist*)』(1957년)

FIG 3

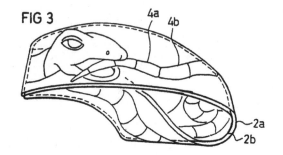

4a 4b

2a
2b

12

12

FIG 4

12a

12b

12c

22

22a 22b

FIG 5

22c

22d

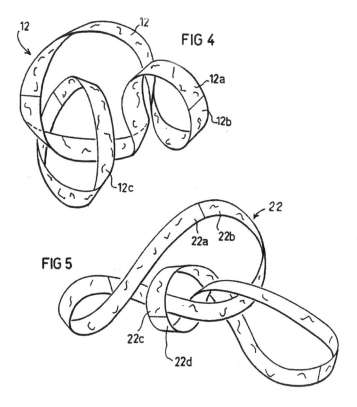

구 안에 있는 개미들

개미 한 마리가 들어 있는 속이 빈 구를 보면 그 구에는 2개의 서로 다른 면이 있음을 쉽게 알 수 있다. 구의 안쪽 면을 따라 걷는 개미는 결코 바깥쪽 표면에 다다를 수는 없으며, 그 반대도 마찬가지다.

사방으로 무한대에 펼쳐져 있는 평면 또한 면이 2개라 할 수 있기에, 한쪽 면을 기어 다니는 개미는 다른 면에 도달할 수가 없다. 심지어 유한한 평면, 예를 들면 이 책에서 찢어 낸 종이 한 장도 종이의 가장자리 선을 넘어갈 수 없다고 가정한다면 면이 2개라고 생각할 수 있다. 콜라 캔도 면이 2개다. 인간이 발견해 내고 그 성질을 조사해 본 최초의 한쪽 곡면은 뫼비우스의 띠이다. 1800년대 중반까지는 한쪽 면만을 갖는 곡면에 대해 지구상의 어느 누구도 설명한 적이 없다는 말이 꽤 억지스러운 듯도 하지만, 과학과 수학의 역사에서 그러한 관찰의 기록은 전무하다.

뫼비우스의 띠(고리)는 단지 한쪽 면과 한쪽 가장자리만을 지닌 매혹적인 곡면이다. 앞 장에서 말했듯이, 그 띠를 만들려면 긴 종이 띠의 양 끝을 서로에 대해 180도 뒤튼 다음 그냥 갖다 붙이기만 하면 된다.

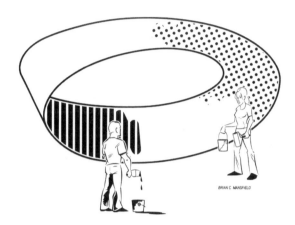

그림 2.1 뫼비우스의 띠 색칠하기. 이 두 사람은 한 면을 빨간색으로 다른 면을 초록색으로 칠하려고 하면서 혼란에 빠진다. 이러한 혼란은 8장에서 논의되는 「A. 보츠와 뫼비우스의 띠」라는 한 희비극의 핵심 요소이다. 이 작품에 나오는 한 사람은 뫼비우스 벨트의 한쪽 '면'만 거듭 색칠하려고 한다.

그 결과로 나오는 모양은 한쪽 면만을 갖는 곡면으로서, 벌레가 그 위의 어느 지점에서 출발하든 간에 가장자리를 건너는 일 없이 다시 자기 자리로 되돌아오게 된다. 이와는 대조적으로, 뒤틀림 없이 그냥 양쪽 끝을 갖다 붙이면 종이의 너비에 따라 원통 또는 반지 모양의 띠가 생긴다. 원통에는 2가지 면이 있기 때문에 한 면은 빨간색으로 다른 면은 초록색으로 칠할 수 있다. 크레용으로 뫼비우스의 띠를 칠해 보자. 한 면은 빨간색, 다른 면은 초록색, 이렇게 칠하기는 불가능하다. 왜냐하면 한 면만 있으니까.(**그림 2.1**) 이것은 또한 뫼비우스의 띠 상에 가장자리를 넘어가지 않고서도 임의의 두 점을 연결하는 선을 그릴 수 있다는 뜻이 된다.

뫼비우스의 띠를 직접 만들어서 책상 위에 놓아 보자. 손가락 하나를 한쪽 가장자리에, 다른 손가락을 '다른' 가장자리에 두어 보자. 한쪽 손가락은 띠를 따라 움직이게 하고 다른 손가락은 그냥 가만히 정지된 채로 두자. 움직이는 손가락은 곡면 위의 모든 점을 따라 움직이다가 결국에는 정지된 손가락과 맞닿게 된다. 이 띠에는 분명히 한 면만이 존재한다. 사실 '반 뒤틀림'을 홀수 번 행한 종이 띠는 항상 단지 한 면과 한 가장자리만을 가지므로 뫼비우스의 띠와 같은 특성을 나타낸다.

띠 분리하기

뫼비우스의 띠에는 환상적인 특징들이 꽤 많다. 띠의 가운데를 따라 자르면 1장에서 마술을 소개하면서 설명했듯이, 따로 떨어진 띠가 2개 생기는 대신에 '반 뒤틀림'이 2번 있는 긴 띠만 하나 달랑 남는다. 이 새로운 띠의 가운데를 따라 자르면 서로 얽힌 2개의 띠가 생긴다. 즉 자르기를 2번 하면 연결된 2개의 고리가 생긴다는 말이다.

또 다른 성질로는 뫼비우스의 띠에서 가장자리에서부터 3분의 1 지점을 따라 자르면 2개의 띠가 생기는데, 하나는 좁은 뫼비우스의 띠이고, 다른 하나는 '온 뒤틀림'이 2군데 있는 긴 띠가 나온다. 이 상황을 눈에 보이도록 나타내 보자. 우리가 배운 바에 따르면, 뫼비우스의 띠의 **가운데**를 따라 잘랐을 때는 띠 중간의 첫 시작점으로 되돌아온다. 되돌아오기까지 띠를 1바퀴 도는 셈이다. 한편 가장자리에서부터 3분의 1 되는 지점에서 자르기 시작하면, 뫼비우스의 띠를 2바퀴 돌아야 첫 시작점으로 되돌아올 수 있다. 왜냐하면 두 번째 자를 때에는 잘리는 지점이 처음 잘리던 선으로부터 폭의 3분의 1 되는 거리만큼 떨어져 있기 때문이다.

달리 말하면, 자르기 시작하는 점으로 되돌아왔을 때, 2개의 띠를

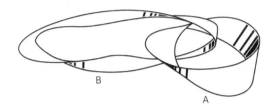

그림 2.2 뫼비우스의 띠를 따라 자를 때 가장자리에서부터 3분의 1지점을 따라 자르면 2개의 띠가 생기는데, 하나는 작은 뫼비우스의 띠이고 다른 하나는 반 뒤틀림이 4번 있는 긴 띠이다.

얻으려면 뫼비우스의 띠를 2바퀴 돌아야 한다.(**그림 2.2**) 그렇게 해서 생긴 2개의 띠를 각각 A 띠와 B 띠라고 하자. 띠 A는 폭이 원래의 3분의 1인 점만 제외하고는 원래 뫼비우스의 띠와 동일하다. 사실 이것은 원래 뫼비우스의 띠의 가운데에 위치한 3분의 1 크기의 뫼비우스의 띠다. A 띠는 **그림 2.2**에 나와 있는 띠 가운데 작은 것이다. A 띠는 B 띠와 얽혀 있는데, B 띠의 길이는 A 띠의 2배이다. 따라서 뫼비우스의 띠를 3등분하면 하나의 작은 뫼비우스의 띠 A 띠(한쪽 곡면)와 이와 얽혀

그림 2.3 그림 2.2에 나와 있는 띠들로 만든 3배 두께의 뫼비우스의 띠.

있는 '반 뒤틀림'이 4번 있으면서 두 쪽 곡면인 B 띠가 생긴다.

『수학 마술 쇼』에서 마틴 가드너는 **그림 2.2**의 얽힌 두 띠를 교묘히 조작하면 **그림 2.3**에 나와 있는 3배 두께의 뫼비우스의 띠를 만들 수 있음을 보여 주었다. 검게 칠해진 부분은 A 띠의 가장자리이다.

이 3배 두께의 물체를 좀 더 자세히 살펴보자. 이처럼 멋지게 겹쳐 놓으면, 양쪽에 있는 2개의 '띠'는 뫼비우스의 띠를 빙 둘러가면서 샌드위치처럼 감싸고 있기에 서로 분리된 듯이 보인다. 가드너에 따르면, 3개의 똑같은 띠를 연결해 이와 동일한 구조를 만들 수 있는데, 그렇게 하려면 띠 3개를 한꺼번에 잡고서 반 뒤틀림을 준 다음, 가장자리를 각각 붙이면 된다. 이 3배 두께의 띠 '바깥쪽'을 파란색으로 칠할 때, 뫼비우스의 띠 양쪽에 있는 두 띠의 위치를 서로 바꾸면 큰 띠의 파란색 면이 안쪽으로 들어가게 되어 '바깥쪽'이 하얀색이 될 수도 있다.

또 다른 자르기 실험을 생각해 보자. 반 뒤틀림이 3번 있는 '부모' 뫼비우스의 띠의 가운데를 따라 자르면 '자식' 뫼비우스의 띠가 생기는데, 이것은 반 뒤틀림이 8군데 있는 커다란 자식 띠이다. 자르기 실험을 수없이 많이 상상해 볼 수도 있지만, 일반화를 시도해 보도록 하자. 예를 들면 자식 띠에 있는 반 뒤틀림의 수를 계산하려면, '부모 띠의 반 뒤틀림 횟수 × 2 + 2'를 하면 된다.

뫼비우스는 직접 여러 가지 변형 형태의 뫼비우스의 띠를 고려하고 그림으로 그렸다. **그림 2.4**는 뫼비우스의 미 출간 저작에서 발견된 그림인데, 뫼비우스의 띠 및 여러 가지 유사한 뒤틀린 형태들이 나와 있다. 종이 띠에는 반 뒤틀림의 횟수가 짝수이면 두 쪽 곡면, 홀수이면 한쪽 곡면이 나타난다.

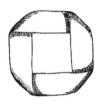

그림 2.4 뫼비우스의 띠와 여러 가지 유사한 뒤틀린 형태들, 뫼비우스의 미 출간 저작에서.
(출처:『뫼비우스 총서 2권』520쪽,『뫼비우스와 그의 띠』122쪽)

수학적인 표기법을 쓰면 뒤틀린 띠의 자르기 성질을 좀 더 일반화시킬 수 있다. 종이 띠의 어느 한쪽 끝 부분에다가 다른 쪽 끝 부분과 붙이기 전에, m번의 반 뒤틀림을 가했다고 하자.($m\pi$ 또는 $m \times 180$도 뒤틀림) 만약 m이 짝수이면 2개의 면과 2개의 모서리를 가진 1개의 띠가 생긴다. 모서리 사이의 가운데를 따라 자르면, 다시 여기서 2개의 띠가 생기는데, 그 각각은 반 뒤틀림이 m군데 있고 $\frac{1}{2}m$번 서로 얽혀 있다. 만약 m이 홀수이면, 하나의 모서리만을 갖는 한쪽 곡면이 생긴다. 가운데 선을 따라 자르면 1개의 띠가 생기는데 반 뒤틀림이 $2m + 2$번 나 있다. 그리고 m이 1보다 크면, 자른 후 나온 띠들은 매듭이 져 있다.

간단한 샌드위치 뫼비우스의 띠

아주 희한한 뫼비우스식 조각 중 하나로 샌드위치 뫼비우스의 띠가 있는데, 종이 띠 2개면 만들 수 있다. 핑크 플로이드의 음악을 몇 시간씩 들으면서 관찰해 보아도 무슨 모양인지 통 감을 못 잡을 수도 있다. 자, 그럼 우선 띠 한 장을 다른 띠 위에 올려놓자. 마치 샌드위치에 있는 두 조각의 빵처럼 말이다. 그 상태로 반 뒤틀림을 주고선 하나의 뫼

비우스의 띠를 만들 때처럼 양 끝을 붙이자.(**그림 2.5**)

　두 겹으로 된 띠를 손으로 잡아 보자. 일단, 접하고 있는 면을 따라 서로 맞붙어 있는 포개진 뫼비우스의 띠 한 쌍을 만들었다는 생각이 든다. 하지만 우리의 창조물을 어떻게 하면 제대로 파악할 수 있을까? 첫 번째로 이쑤시개를 들고 면밀히 살펴보도록 하자. 이쑤시개를 띠 사이에 슬쩍 끼워 보자. 띠를 따라 천천히 움직여 보면 첫 시작점으로 되돌아온다. 두 띠가 서로 확실히 분리되어 있다. 둘 사이에 빈틈이 쭉 나 있으니 말이다.

　자, 그럼 빨강 크레용을 들어서 뫼비우스의 띠 하나를 칠해 보자. 쭉 돌아서 전부 다 칠하자. 시작점으로 되돌아오려면 샌드위치 뫼비우스의 띠를 2번 돌아야 하기에, 2개의 띠가 서로 겹쳐져 있는 것이 아니라 한쪽 곡면만을 갖는 1개의 뫼비우스의 띠라는 말이 된다. 마지막 의외의 반전이 하나 더 남아 있다. 두 띠를 살짝 떼어 놓고 보면, 엉뚱하게도 반 뒤틀림이 4번 있는 1개의 커다란 띠가 나타난다.

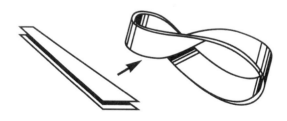

그림 2.5 2개의 종이 띠로 만들어진 샌드위치 뫼비우스의 띠에는 놀라운 성질이 숨어 있다.

류블랴나 리본, 자폐성, 소용돌이 매듭

한 슬로베니아 인 친구가 정치적 교훈을 담고 있는 마술처럼 보이는 어떤 자르기 방법을 보여 주었는데, 그것도 앞에 설명한 내용과 비슷한 결과를 나타냈다. 특별히 그 친구는 반짝이는 진홍색 리본을 들고 있었는데, 그것을 자르면 세잎 매듭으로 변하고, 그 각각의 매듭마다 3개의 교점이 있다.(**그림 2.6**) 이 기술의 원래 목적은 원래 유럽 연합을 구성하기 위해 유럽 각국들이 합치면 각 나라에 어떤 혜택이 돌아갈지를 보여 주려는 의도였다.

류블랴나 리본(Ljubljana Ribbon)이라고 불리는 그 진홍색 리본은 보통 반 뒤틀림이 1번 있는 뫼비우스의 띠와 달리 반 뒤틀림이 3번 있었다. 길이 방향으로 그 리본을 분리하면 세잎 매듭으로 변했다. 신기하게도 앞에서 설명한 규칙과 딱 맞아떨어진다. 즉 만약 m이 홀수면 자르는 띠에서 단 1개의 띠가 생기는데, 여기에는 반 뒤틀림이 $2m + 2$번 있고, 최종 모양은 매듭 형태이다.

수학자들은 1900년대 초기부터 세잎 매듭을 광범위하게 연구해 오

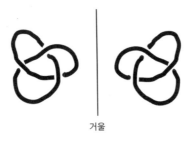

거울

그림 2.6 세잎 매듭. 이 매듭의 거울 이미지는 서로 동일하지 않다. 어떠한 방법으로 비틀거나 옮기거나 두 매듭 중 하나를 변형시켜 보아도 매듭 하나를 잘라서 다시 연결하지 않는 한 서로 동일하게 만들 수 없다.

그림 2.7 웨일스 대학교의 로니 브라운 교수와 조각가인 존 로빈슨이 로빈슨의 세잎 매듭 조각인 「불멸성(Immortality)」 앞에 서 있다. 이 작품은 뱅거에 있는 웨일스 대학교 수학 학부의 상징물로 선정되었다.(이미지 제공: 제네바의 에디톤 리미테(Editon Limiteé))

고 있고. 이 매듭의 거울 이미지는 서로 합동이 되지 않는다는 걸 1914년 독일 수학자 막스 덴(Max Den, 1878~1952년)이 처음으로 증명했다. 덴은 1907년에 위상 기하학에 관한 체계적인 논문을 최초로 작성했다.(그는 1904년에 나치의 탄압을 피해 탈출해 미국의 블랙 마운틴 대학교에서 강의하는 최초의 외국인 교수가 되었다.)

그림 2.6에 있는 매듭은 어떤 식으로 잡아늘이거나 움직여 변형시켜도 한 매듭을 다른 매듭으로 변환시킬 수 없다. 이 단순한 매듭의 이름은 트리폴리움(Trifolium)이라는 복상엽 식물에서 유래했다. 이 매듭은 수많은 조각과 로고의 기본 형태로 쓰이고 있다. 예를 들면 카익사 게랄 드 데포지토스(Caixa Geral de Depósitos, 포르투갈의 최대 은행)의 로고에도 쓰이고 영국 서머싯에 있는 로빈슨 스튜디오의 공원에도 존 로빈슨의 세잎 매듭 조각이 설치되어 있다.**(그림 2.7)** 로빈슨의 매듭은 오

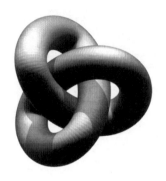

그림 2.8 세잎 매듭 컴퓨터 그래픽.(조스 레이스 작품)

직 한쪽 곡면만을 갖도록 특별히 제작되었다. 세잎 매듭은 유명한 화가인 M. C. 에스허르의 판화인 「매듭」에도, 사실적인 명암 처리로 유명한 조스 레이스의 컴퓨터 아트에도 등장한다.**(그림 2.8)**

　세잎 매듭 같은 매듭에 대한 연구는 뒤틀린 폐곡선 고리를 다루는 방대한 수학 연구 분야의 일부이다. 수세기 동안 수학자들은 매듭처럼 보이기는 하지만 사실은 단순히 연결된 가짜 매듭을 진짜 매듭과 구별하는 방법 및 매듭을 종류별로 구별하는 방법에 대해 연구하고 있다. 예를 들면 **그림 2.9**에 있는 두 가지 모양은 75년 동안이나 서로 다른 매듭으로 알려져 있었다. 1974년에 와서야 한 수학자가 한 매듭의 모양을 살짝만 바꾸면 다른 매듭과 똑같아질 수 있음을 알아냈다. 오늘날에는 "페르코 쌍 매듭(Perko pair knots)"이라고 불린다. 19세기 이후의 많은 매듭 목록에 이 두 가지가 서로 다른 매듭으로 올라와 있지만, 뉴욕의 변호사이자 부업으로 위상 기하학을 연구하는 케네스 페르코(Kenneth Perko)가 밧줄 고리를 응접실 바닥에 놓고 이리저리 움

그림 2.9 페르코 쌍 매듭. 이 두 매듭은 같을까? 다를까?

직여 보고서는 두 매듭이 사실상 동일함을 증명해 냈다.

두 매듭이 동일하려면 둘 중 하나를 자르지 않고서 여러 가지 조작을 가해 동일하게 할 수 있으면 된다. 단, 이때 위쪽 교차와 아래쪽 교차도 일치해야 한다. 여러 가지 다른 특징 가운데서도 특히 배열 형태, 교차점의 개수, 거울 이미지의 특정한 성질이 구분의 기준이 된다. 더 정확하게 말하면 매듭은 다양한 '매듭 불변(knot invariant)'이라는 기준에 따라 구별되는데, 그 기준에는 대칭성, 교차점, 거울 이미지의 성질 등이 있다. 뒤얽힌 곡선이 실제로 매듭인지 아니면 비매듭인 두 고리가 단지 서로 얽혀 있을 뿐인지를 판별하는 일반적이고 실질적인 알고리듬은 존재하지 않는다. 그냥 한 고리를 어떤 평면에 투사시켜 바라본다고 해서 — 위쪽과 아래쪽 교차를 확실히 한 후 — 구별이 쉽게 되지는 않는다.(비매듭 고리는 교차점이 없는 원과 다를 바가 없다.) 예를 들면 **그**

그림 2.10 '불가사의한 비매듭', 이것은 매듭일까?

림 2.10에 나와 있는 '불가사의한 비매듭'을 살펴보자. 마음속으로 고리를 이리저리 움직여 매듭이 아님을 알아낼 수 있을까? 수십 명의 동료들에게 물어보았는데, 대부분 그저 바라보아서는 매듭인지 아닌지를 구별할 수가 없었다. 자폐성의 경향이 있는 학자나 아스퍼거 증후군을 지닌 사람이라면 마음속으로 답을 알아낼 수 있을까? 자폐 아동들이 때로는 여러 가닥의 끈, 실로 만든 알록달록한 공들 내지는 고무 띠와 같이 흔하지 않은 장난감을 갖고서 정신없이 놀고 있을 때가 있다. 어떤 아이들은 끈으로 무작정 매듭만 줄곧 만들고 있기도 한다.

내가 살펴본 사람들 중에, 그냥 탁 보고서 이것이 매듭이 아닌 줄 알아낸 한 여인이 있는데, 그 여인은 뜨개질을 한 적이 있었다. 아스퍼거 증후군이 있는 한 여성도 30초 만에 이 문제를 풀 수 있었다. 그녀는 머릿속으로 이 끈을 풀어내는 과정(원 모양이 나오기까지 계속 풀어내는 방법)을 설명해 주기까지 했다.

현재 어바나샴페인에 있는 일리노이 대학교의 볼프강 하켄(Wolfgang Haken)은 1961년에 평면상에 위쪽과 아래쪽 교차를 그대로 유지한 채

그림 2.11 세잎 매듭(왼쪽) 및 8자 매듭(오른쪽).

투영된 매듭이 실제로는 매듭이 아닌 고리임을 판별하는 알고리듬을 고안해 냈다. 하지만 그 과정이 너무나 복잡해서 아이디어만 나왔을 뿐 실제로 구현되지는 않았다. 《수학 동향(*Acta Mathematica*)》이라는 잡지에 실린 알고리듬 설명 논문은 무려 130쪽에 달한다.

세잎 매듭과 8자 매듭이 가장 단순한 매듭에 해당하는데, 각 교차점의 수는 3개, 4개이다.**(그림 2.11)** 이처럼 적은 교차점을 가진, 서로 다른 매듭 종류를 그리기는 불가능하다. 수십 년이 넘도록 수학자들은 서로 다른, 적어도 겉보기엔 달라 보이는 매듭들을 끊임없이 쏟아 내고 있다. 지금까지 교차점의 개수가 16개 내지 이보다 더 적으면서, 서로 다른 매듭은 무려 170만 개 이상 확인되었다.

세잎 매듭이나 8자 매듭과 같은 단순한 매듭들은 우연히도 원자에 관한 초기 '끈 이론' 연구의 바탕이 되었는데, 이 분야에 대한 연구가 19세기에 시작되었다니 놀라운 일이 아닐 수 없다. 수학자이자 물리학자였던 윌리엄 톰슨 켈빈(William Thomson Kelvin, 1824~1907년) 경이 원자 모형에 관한 연구에 도전하면서 한편으로는 수학적인 매듭 이론 연

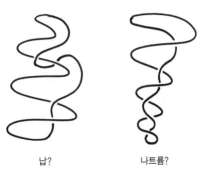

납?　　　　　　　나트륨?

그림 2.12 19세기가 막 끝나갈 무렵, 어떤 과학자들은 각각의 원자는 에테르 속에서 결합된 각자 다른 매듭에 해당한다고 믿었다.

구에도 매진했는데, 그가 제안한 원자 모형들은, 당시 공간에 퍼져 있는 물질로 여겨지던 에테르 속에서 결합된 여러 가지 다른 형태의 매듭들이었다. 그가 제안한 바에 따르면 원자는 사실 아주 작게 매듭이 져 있는 끈이고, 그 매듭의 종류가 원자의 종류를 결정한다.(그림 2.12) 그 시대의 물리학자와 수학자 들은 원소들의 목록을 구성한다는 믿음에서 서로 다른 매듭 목록을 만드는 일에 착수했다. 켈빈 경이 매듭에 관해 내린 정의는 위상 기하학자들의 정의와 일치했다. 매듭이란 자기 자신을 가로지르지 않으며 단순 고리로 바뀔 수 없는 하나의 폐곡선이다. 매듭이 갖는 위상 기하학적인 안전성과 다양성이 물질의 안전성 및 화학 원소의 다양성을 설명해 준다고 여겼다.

과학자들은 약 20년간 켈빈 경의 '소용돌이 원자' 이론을 진지하게 받아들였다. 심지어 유명한 물리학자인 제임스 클러크 맥스웰(James Clerk Maxwell, 1831~1879년)조차도, "다른 원자 모형이 지금껏 고려해 온 어떤 조건들보다도 더 많은 조건을 만족시키는 이론이다."라고 그 이론을 평가했다. 켈빈 경의 소용돌이 이론에 감명을 받은 스코틀랜드 물리학자 피터 타이트(Peter Tait, 1831~1901년)는 두 매듭이 실제로 다른지 구분하기 위해 광범위한 연구를 수행해 목록을 만들었다. 하지만 에테르가 공간 속에 존재하지 않는다는 사실을 과학자들이 밝혀내자 매듭 이론에 관한 열정도 갑작스레 사그라졌고, 슬프게도 매듭에 관한 관심도 수십 년 동안이나 사장되다시피 했다.

켈빈의 시대 이후 화학은 많은 발전을 거듭해 왔다. 오늘날 화학자들은 실제로 '매듭 분자'들을 합성하는 어려운 작업을 수행할 수 있는데, 이 분자들은 세잎 매듭 형태로 되어 있다. 이런 분자 몇 가지는 4장에서 다시 소개하겠다.

과학자들은 또한 DNA 세잎 매듭 및 8자 매듭도 만들어 냈다. 플라스미드(Plasmid)와 같은 폐곡선 형태의 DNA 분자들은 매듭 형태가 될수 있고 여러 가지 다른 DNA 매듭들이 겔 전기 영동법, 즉 전류를 흘리면 분자들이 겔 형태의 띠를 따라 건너가도록 하는 기술을 통해 실험적으로 분리될 수 있다. 분자의 성질에 따라 얼마나 빨리 전기장이 분자를 겔화된 매질 속으로 이동시킬 수 있는지가 결정된다. 교차점의 개수가 다른 매듭들은 겔 속에서의 이동 속도 또한 달라져서 서로다른 겔 띠를 형성한다.

오늘날에는 매듭 이론만을 주제로 하는 전문 학술 회의도 열린다. 과학자들이 매듭을 연구하는 분야로는 DNA 고리의 실체를 파헤치는 데 유용한 학문인 분자 유전학 및 기본 입자의 근본 성질을 밝히려고 시도하는 입자 물리학 등이 있다. 스위스 로잔 대학교의 포비 호이든(Phoebe Hoidn)과 안제이 스타시악(Andrzej Stasiak)과 애머스트에 있는 매사추세츠 대학교의 로버트 쿠스너(Robert Kusner)는 특정 매듭의 수학적 복잡성과 전자와 같은 기본 입자의 성질과의 관련성을 설명해 줄지도 모르는 신이론 연구에 매달리고 있다.

호이든과 스타시악의 연구를 이해하려면, 우선 알아야 할 기본 지식이 있다. 만약 무게를 무시할 수 있는 긴 비단 섬유 고리가 전하를 띠고 있다고 할 때(예를 들면 문지르기 등을 통해서) 이 고리를 그냥 자연스럽게 두면(이상적으로는 무중력 상태와 같은 환경 속에서) 고리는 원형을 유지하게 된다. 원이 에너지가 가장 적게 드는 균형 잡힌 상태이기 때문이다. 놀랍게도 세잎 매듭을 대전시키면 잎을 가장 크게 활짝 펼친 형태를 유지하지 않고 그 대신에 아주 조그만 영역으로 줄어든 채로 완전한 원을 이룬다. 이처럼 수축되는 성질은 다른 매듭에도 마찬가지로 나타난다. 이러한 수축 현상을 방지하려는 일환으로 수학자들은 언젠가는 전자의 성질 파악에 유용할 수도 있는 모형들을 개발하고 있다. 그 모형들은 때로는 전하를 띤 작은 고리 형태이거나 심지어는 매듭이 진 고리 형태이기도 하다. 여러 가지 매듭 군 가운데서, 호이든과 스타시악은 원자 차원에서 발견되는 성질인 에너지 양자화(서로 다른 매듭마다 서로 다른 준위의 에너지를 가지는 현상)를 관찰하기도 했다.

단백질을 연구하는 생리화학자들 또한 거대한 생체 분자들 속에 숨어 있는 매듭들에 매혹을 느끼고 있다. 2000년에 영국의 수리 생물학자 윌리엄 테일러(William R. Taylor)는 단백질 백본(단백질을 이루는 뼈대)에 있는 매듭들을 찾아내는 알고리듬을 개발했는데, 단백질 데이터베이스에 저장된 좌표를 활용했다. 특히 단백질 데이터 뱅크(the Protein Data Bank, 3차원 생물학 미세 분자 구조 데이터를 모아 놓은 세계적인 저장소)에 저장

되어 있는 서로 다른 단백질 구조를 3,000개 이상 조사했다.

테일러는 연구를 통해 8자 매듭을 찾아냈다. 이 매듭들 대부분은 단순한 세잎 매듭들이다. 단백질 내에서 발견된 여러 매듭들은 그전까지는 매듭으로 여겨지지 않았다. 아세토하이드록시산과 아이소머로레덕타아제라는 효소에서 생긴 매듭 하나는 단백질 백본에서 멀리 떨어져 포개진 단백질로서, 깊숙한 곳에 위치해 있으면서 고도로 복잡한 8자 매듭 형태를 띠고 있는 까닭에 흥미를 끌고 있다. 테일러가 2000년에《네이처》에 기고한 논문에 소개된 단백질 겹침 과정을 통해 그처럼 특이한 매듭 형성에 대한 전모가 밝혀졌다. 단백질 매듭을 찾아내기 위해 테일러는 정밀한 계산을 거쳐 단백질 백본의 양 끝을 붙잡아 '고정시켜' 놓고 매듭 모양이 분명히 나타날 때까지 다른 부분을 서서히 줄여 나갔다.

세잎 매듭과 8자 매듭은 수세기 동안 사람들에게 영감을 주었다. 트리퀘트라(triquetra)라고 불리는 세잎 매듭의 평면 형태는 켈트 그리스도 교회에서 삼위일체를 상징하는 데 이용되었다. 그 기호는 실제로 기독교 전래 이전에 켈트 종교에서 세 여신(메이든(Maiden), 마더(Mother), 크론(Crone))의 상징이었다. 또한 미국 신비주의 쇼 프로그램인 「참드(Charmed)」의 상징이기도 한데, 이 프로에서는 켈트 매듭을 종종 검은 고양이의 목걸이에 달린 장식품으로 선보이기도 하고, 하나로 뭉쳐 활약하는 아름다운 할리웰 세 자매가 나오기도 한다. 1970년대로 되돌아가 보면, 트리퀘트라는 레드 제플린(Led Zeppelin)의 4번째 앨범 표지에 등장하면서 유명해졌다.

장식용 매듭의 걸작은 800년경에 한 켈트 승려가 쓴 복음서인 『켈스의 서(*the Book of Kells*)』에 정교한 무늬로 잘 나타나 있다. 이 책은 중세에도 온전히 보전된 가장 화려한 그림책 가운데 하나이다. 이 책에는 문자, 동물 및 사람들이 온통 뒤틀려 있거나 복잡한 매듭 형태로 표현되어 있다.**(그림 2.13)** 총총히 수놓인 고리와 매듭, 특이하고 교묘한

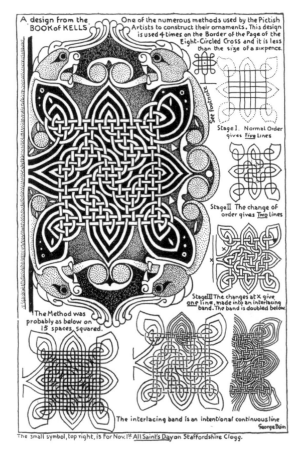

그림 2.13 조지 베인의 『켈트 미술: 구성 방법론(*Celtic Art: The Methods of Consenction*)』(뉴욕, 도버, 1971년)에 실린 『켈스의 서』에 나오는 디자인.

나선이 책 구석구석 빼곡하다. 컴퓨터 아티스트인 조스 레이스는 켈트 디자인에 감명을 받아 **그림 2.14**에 나오는 모양과 같은 다양한 컴퓨터 연출을 실험했다. 레이스는 타일을 이용해 매듭을 만드는데, 타일 위에 길고 꼬불꼬불한 파이프 모양의 선을 배열한다. 그다음 타일들을 격자 위에 정렬하면(체스판에서처럼) 교묘한 매듭을 담고 있는 모자이크 모양이 형성된다. 마지막으로 타일로 이루어진 파이프 모양의 선을 제거하고 나면 매듭 형태가 선명히 드러난다. 7장에서 수학과 예술의 경계 사이에서 실험을 하고 있는 수학자들이 창조해 낸 훨씬 더 멋진 매듭 작품들을 소개할 예정이다.

　서로 얽힌 형태의 고리에는 보로메오 고리(Borromean Ring)라는 것도 있다. 수학자와 화학자가 흥미로워하는 고리이다. 이 고리는 3개의 고리가 서로 얽혀 있으며, 이 문양을 처음으로 사용한 르네상스 시기

그림 2.14 켈트 디자인에 영감을 얻어 완성한 컴퓨터 그래픽 버전의 복잡한 매듭.(조스 레이스 작품)

그림 2.15 보로메오 고리.

의 이탈리아 가문의 이름에서 보로메오라는 이름이 생겨났다. 발란틴 맥주(Ballantine Beer)도 로고에 이 모양을 사용한다.(그림 2.15)

보로메오 고리에서는 어느 두 고리도 서로 얽혀 있지 않다. 그런 까닭에 셋 중 하나만 잘라내도 전체가 서로 분리된다. 어떤 역사학자의 추론에 따르면, 고대의 고리 모양은 상호 간의 결혼을 통해서 적절한 동맹을 형성했던 비스콘티(Visconti), 스포르차(Sforza), 보로메오(Borromeo) 가문을 나타낸다.

요즘의 수학자들이 알아낸 바로는, **평면**의 원으로는 보로메오 고리를 실제로 구성할 수는 없으며, 철사를 가지고서 서로 얽힌 고리를 만들면 이 모양을 직접 볼 수 있기는 하지만, 변형되거나 뒤틀릴 수밖에 없다. 평면에 놓인 원으로는 보로메오 고리를 구성하기는 불가능하다는 정리에 대해 1987년에 마이클 프리드먼(Michael Freedman)과 리처드 스코라(Richard Skora)가 「구면상에 있는 집합들의 특이한 형태」라는 기사에 그 증명을 기재했다.(《차등 기하학 저널》[25(1)-98]) 베른트 린트스트룀(Bernt Lindström)과 한스올로프 제터스트룀(Hans-

Olov Zetterström)이 작성한 「보로메오 원의 불가능성(Borromean Circles are Impossible)」이라는 논문에도 나와 있다.(1991년《미국 월간 수학》[98(4): 340-341])

　2004년에 캘리포니아 대학교 로스앤젤레스 캠퍼스의 화학자들은 숨을 멎게 할 정도로 환상적인 보로메오 미학을 창조해 냈다. 무슨 말인가 하면, 서로 얽힌 보로메오 고리 형태의 분자를 합성하는 쾌거를 이루어 냈다. 보로메오 고리 분자 복합체의 각 분자들의 내부에는 폭이 2.5나노미터이고 부피가 0.25세제곱나노미터인 빈 공간이 있으며, 12개의 산소 원자와 일직선을 이루고 있다. 그 고리에는 절연성 유기 격자 속에 금속 이온 6개가 들어 있다. 연구자들은 최근에 분자 보로메오 고리를 활용할 여러 가지 방법을 모색하고 있는데, 그 가운데에는 스핀 역학(전자가 갖는 스핀과 전하를 이용하는 최신 기술) 및 의료용 영상 처리와 같은 생물학 관련 분야도 있다.

매듭, 그리고 문명의 승리

　문명의 발전에 매듭이 결정적인 역할을 하고 있다는 말은 결코 과장이 아니다. 옷을 뜨거나 무기를 몸에 장착하거나 임시 보호 시설을 만들거나 항해술 및 세계 곳곳을 개척하는 일에도 매듭이 사용된다. 신석기인들이 돌무덤에 새겨 놓은 매듭 형태들이 발견되었다. 잉카 인들은 매듭을 보관용 책으로 이용하거나 결승문자(quipu)라고 알려진 '표기문자'를 매듭 형태로 적어 놓았다. 고대 중국인들도 매듭을 묶는 데뿐만 아니라 기록 및 포장에 사용했다. 유명한 중국의 판창(Pan-ch'ang) 매듭은 연속 고리의 일부분인데 연속성 및 만물의 시도라는 불교

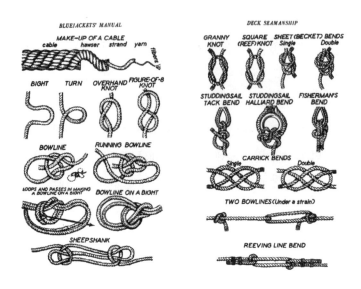

그림 2.16 미국 해군의『수병 매뉴얼』중 두 쪽.

적 관념을 상징한다. 현대의 몇몇 매듭은 중세 시대에 그 기원을 두고
있는데, 그 시기에 매듭은 물건들을 들거나 내리는 복합 도르래에 이
용되었으며, 그 물건들 또한 적절한 매듭에 묶여 있었다.

선원들도 매듭을 만들어서 돛대에 끈을 묶거나 끈들을 서로 묶거나
물건들을 들어 올리는 데 사용했다. **그림 2.16**은 한 세기가 넘도록 사용
되고 있는 미국 해군의『수병 매뉴얼(Bluejacket's Manual)』의 1943년
판에서 두 쪽을 인용한 자료이다. 이 매뉴얼에는 1,000쪽이 넘게 매듭
묶기, 신호 깃발 및 선박 조종술 등이 담겨 있다. 1902년에 리들리 매
클린(Ridley McLean) 중위가 선원들의 바이블인 위의 매뉴얼을 처음 썼
을 때, 그는 그것이 해군이라면 항해사부터 함대 사령관까지 전부 읽
어야 할 필독 매뉴얼이라고 자랑했다.

오늘날에는 매듭 이론이 생물학, 화학, 물리학 등에 침투했으며 여러 분야에서 괄목할 만한 발전을 이룬지라 매듭의 가장 심오한 응용 방법을 이해하는 일은 한낱 인간에게는 너무나 버거운 과제가 되고 말았다. 매듭 이론에 관한 요즘의 책들을 펼쳐 보면 다음과 같은 인상적인 어휘 목록들과 마주치게 된다. 콘웨이 다항식, 로웨이의 실타래 관계식, 홈플라이 다항식, 존의 다항식, 스핀 모형, 카우프만 받침대, 유한 차수 불변량, 주변 등방성, 바실리에프 불변량, 가우스 다이어그램, 크노체비치 정리, 양 백스터 양자 방정식, 아틴의 끈 집합 관계식, 헥케 연산자 대수, 위상 기하학적 양자장 이론(TQFT) 및 템펄리-립 대수 등등. 수백만 년 전에는 바위에 새겨진 한낱 장식에 불과했던 매듭이 이제는 우주의 실제 구조를 밝히는 모형으로 변모했다.

2050년, 아우구스트 뫼비우스의 손자인 파리스 뫼비우스와 그의 여자 친구 니콜은 뉴욕 5번가를 여기저기 구경하는 중이다. 갑자기 곤충 모습의 외계인 한 무리가 둘을 에워싼다. 외계인 중 하나가 파리스를 가리킨다.

"아, 안 돼!"라고 말하는 파리스의 긴 금발이 햇빛에 반짝인다. "어떻게 해야 하지?"

외계인 중 가장 키가 큰 녀석이 파리스에게 다가와서는 바닥에 놓인 고리 모양의 끈을 가리킨다.(그림 2.17) 그러고는 파리스와 니콜의 눈을 가린 후 파리스에게 묻는다.

그림 2.17 고리 모양의 끈. 이 끈이 매듭져 있을 가능성이 있을까?

"바닥에 놓인 이 끈이 매듭이 져 있다고 생각하는가?"

니콜은 주먹을 불끈 쥐었다. "어쩌다가 이런 어처구니없는 상황이 벌어진 거야?"

파리스는 손을 뻗어 니콜의 손을 잡는다. "니콜, 걱정 마. 내가 바닥을 슬쩍 보기만 해도 끈의 어느 부분이 어느 부분을 지나는지 금세 파악해서 매듭져 있을 확률을 정확하게 맞힐 수 있어. 정확한 답을 외계인에게 줄 수 있다고."

당신이 만약 도박사라면 '매듭져 있다.' 쪽에 걸겠는가?(답은「해답」에)

일종의 뫼비우스 변형체라 할 수 있는 대문을 통해 그 사람을 집 안으로 넣기 위해서 우리는 '그것'을 구부려서 이상한 모양으로 만들어야만 했다. '그것'은 개의치 않았다. 그의 몸은 어쩌면 초유동체였으리라.

— 제프 눈(Jeff Noon),
『버트(*Vurt*)』

그 여자의 주위엔 온통 괴상한 물건들이 가득했다. 머리를 돌려 보니 자신이 어찌 된 영문인지 아주 거대한 방에 있음을 알게 되었다. 각각의 튜브에는 자동차의 팬 벨트처럼 보이는 물체가 있었는데, 그것은 뒤틀린 모양으로 영원히 움직이는 뫼비우스의 띠 모양이었다.

— 로저 레어(Roger Leir),
『케이스북: 외계인 이식(*Casebook: Alien Implants*)』

올가미, 그 올가미는 아직도 예전 그대로일까? 뫼비우스 연속체의 반대편에 존재하는 스타사이드(Starside)라고 불리는 외계 흡혈 세계에서 그것은 최소한 '올가미'라고 불린다.

— 브라이언 럼리(Brian Lumley),
『네크로스코프 5권: 죽은 알(*Necroscope V: Deadspawn*)』

3장 | 뫼비우스의 생애

대담성, 창의성, 재능을 두루 갖추고 있으면서도 뫼비우스가 일상생활에서
겸손하고 심지어 수줍음 많은 성격이었다는 점은 꽤 역설적이다. 그리고 대
부분의 수학자들이 지닌 수학적 재능은 나이가 들어 감에 따라 빛이 바랬지
만, 세월도 뫼비우스의 재능만큼은 어쩌지 못했다.

— 이사크 모이세예비치 야글롬,
『펠릭스 클라인과 숍후스 리』

내 손에 쥐고 있는 이 조약돌을 던지기만 해도 우주의 중력이 달라진다는 것
은 엄연한 수학적 사실이다.

— 토머스 칼라일(Thomas Carlyle),
『의상 철학 3권(*Sartor Resartus III*)』

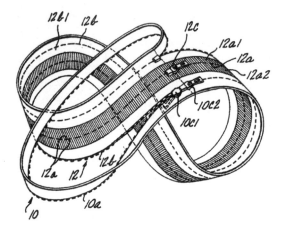

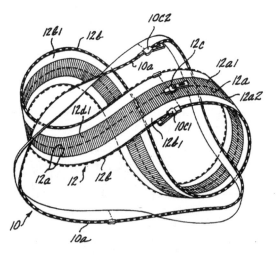

불행하게도 영어로 된 뫼비우스의 일생에 관한 문헌들은 매우 드물다. 이 주제에 관한 뛰어난 입문서로는 『뫼비우스와 그의 띠』에 실려 있는 존 포벨의 「작센 수학자」가 있다. 포벨은 뫼비우스가 살던 시기의 독일 수학자와 천문학자의 지위에 관한 흥미로운 부수적 자료들도 소개하고 있다.

뫼비우스의 어머니가 마르틴 루터(Martin Luther)의 후손이어서 뫼비우스 가계도의 일부를 재구성할 수 있었다. 이 작업을 위해 루터 자손들 7,900여 명의 출생일과 이름이 기록된 목록을 조사했다. 이 오래된 족보 기록 덕분에 뫼비우스의 후손들을 확인할 수 있었다.

간략히 살펴본 아우구스트 뫼비우스의 일생

뫼비우스 가계에는 훌륭하고 유명한 사람이 여럿 있었다. 뫼비우스 가계에는 뛰어난 인물을 낳는 특별한 유전자가 있다고 봐야겠다. 이 유전자가 아우구스트 페르디난트 뫼비우스(1790~1868년)에서 진가를 드러내어 그는 마침내 라이프치히 대학교의 저명한 교수직에 오르게 되었다.(그림 3.1) 아니면 그 유전자는 그의 아내인 도로테아 크리

그림 3.1 아우구스트 페르디난트 뫼비우스(1790~1868년).

스티안 요한나 로테(Dorothea Christiane Johanna Rothe)에게서 왔는지
도 모르는데, 그녀는 완전히 두 눈을 잃었는데도 딸 에밀리에(Emilie)
와 두 아들 아우구스트 테오도르(August Theodor), 파울 하인리히
(Paul Heinrich)를 길러 냈다.**(그림 3.2)** 아우구스트 테오도르 뫼비우스
는 아이슬란드와 스칸디나비아 문학에 정통한 세계적인 전문가가 되
었다. 손자인 마르틴 아우구스트 뫼비우스(Martin August Möbius)는 프
랑크푸르트 대학교의 식물학 교수이자 프랑크푸르트 식물원의 총감
독이 되었다. 증손자인 한스 파울 베르너 뫼비우스(Hans Paul Werner
Möbius)는 뷔르츠부르크에 있는 율리우스 막스밀리안 대학교의 전통
고생물학 교수였다.

　뫼비우스의 손자인 파울 율리우스 뫼비우스(1853~1907년)는 「여행
을 시작하며」에서 이미 소개한 인물로, 위대한 신경 생리학자이자 정

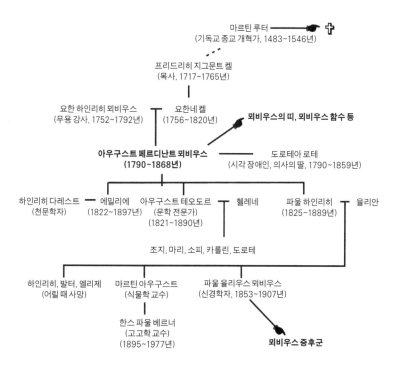

마르틴 루터 ✝
(기독교 종교 개혁가, 1483~1546년)

프리드리히 지그문트 켈
(목사, 1717~1765년)

요한 하인리히 뫼비우스   요한네 켈   뫼비우스의 띠, 뫼비우스 함수 등
(무용 강사, 1752~1792년)   (1756~1820년)

아우구스트 페르디난트 뫼비우스   도로테아 로테
(1790~1868년)   (시각 장애인, 의사의 딸, 1790~1859년)

하인리히 다레스트   에밀리에   아우구스트 테오도르   헬레네   파울 하인리히   율리안
(천문학자)   (1822~1897년)   (문학 전문가)   (1825~1889년)
                                (1821~1890년)

조지, 마리, 소피, 카롤린, 도로테

하인리히, 발터, 엘리제   마르틴 아우구스트   파울 율리우스 뫼비우스
(어릴 때 사망)   (식물학 교수)   (신경학자, 1853~1907년)

한스 파울 베르너
(고고학 교수)
(1895~1977년)   뫼비우스 증후군

그림 3.2 아우구스트 페르디난트 뫼비우스의 가계도.

신과 의사였다. 파울이 이룩한 여러 업적을 기리는 차원에서 후대의 내과 의사들은 뫼비우스라는 이름을 여러 증상이나 질병에 붙이기도 했다. 그 예로 '뫼비우스 증상' '뫼비우스 증후군' '뫼비우스 병' 등이 있다. 파울의 천재성에도 불구하고, 『여성의 생리학적 정신적 단점(The Physiological Mental Weakness of Woman)』이란 소책자를 쓴 일로 비난을 받기도 했다. 그 소책자를 계속 발간하는 바람에 여성 혐오자로 낙인 찍힌 결과 신경 과학 분야에서 남긴 주요 공헌들도 의심의 눈초리를 샀다.

나는 어린이가 웃지 못하게 되는 병인 뫼비우스 증후군을 연구하는 동안에 파울 뫼비우스라는 이름과 마주치게 되었다. 짐작하다시피, 이 병은 얼굴 기형으로 인해 삶에 큰 어려움이 뒤따른다. 오늘날 몇몇 외과 의사는 웃음을 되찾아 주기 위해 '미소 작업'이라는, 신경과 혈관을 재배치시키는 복잡한 미세 수술을 시행하기도 한다. 뫼비우스 증후군은 안면 근육 마비가 주증세인 아주 희귀한 유전자 질병으로서, 안구의 움직임과 얼굴 표정을 제어하는 2개의 뇌신경의 손실이나 미성숙으로 인해 발생한다. 갓난아기에게서 나타나는 첫 번째 증상은 젖을 빨 수 없다는 것이다. 침을 줄줄 흘리기나 사시(눈이 모이는 증세)가 생길 우려도 있다. 가끔씩 뫼비우스 증후군에 걸린 사람들은 웃거나 음식을 삼킬 수가 없으며 어떨 때는 혀와 턱에 기형이 나타나기도 하고, 손가락의 일부가 없거나 물갈퀴가 달리기도 한다. 어떤 사람들은 눈을 좌우로 움직이거나 깜박이지를 못한다. 뫼비우스 증후군에는 피에르 로빈 증후군이 동반되기도 하는데, 이 병에 걸린 사람의 턱은 아주 비정상적으로 작다.

　수학자 뫼비우스는 일찍이 두 학기 동안 괴팅겐에서 카를 프리드리히 가우스(Karl Friedrich Gauss, 1777~1855년)와 함께 이론 천문학을 연구했으며 1848년에는 라이프치히 천문대의 대장이 되었다. 뫼비우스가 살던 당시에는 그의 이름을 딴 수학적 발견보다는 천문학을 대중화시킨 사람으로 아마 더 잘 알려졌을 것이다. 한쪽 곡면 뫼비우스의 띠는 그의 사후에 유명해졌으니 말이다.

　뫼비우스는 작은 삼각형 조각들을 여러 가지 방식으로 붙여 만든 곡면들을 가지고서 보다 광범위한 기하학 연구에 몰두하고 있었다. 예를 들면 그는 한쪽 곡면 고리를 만들기 위해 삼각형들을 일렬로 쭉 배열한 뒤 뒤틀고 양 끝을 연결하는 연구를 했다. 뫼비우스의 노트에 보면, 그는 이 개념을 1858년 9월에 발전시켰다고 한다. 오늘날 뫼비우스의 띠라고 불리는 이 발견은 1865년에 그가 발표한 논문 「다면체의 부피 결정에 관해(On the Determination of the Volume of a Polyhedron)」에 실렸다. 이 논문에서 뫼비우스는 다면체(12면체처럼 여러 개의 면을 갖는 물체)를 부피가 0인 물체로 여길 수 있다는 점도 증명해 냈다.

나는 가끔씩 1800년대 중반으로 돌아가서 뫼비우스를 만나 그의 띠가 앞으로 얼마나 유명해질지를 알려 주고 싶을 때가 있다. 1858년은 여러 이유로 유럽에 아주 특별한 해이다. 뫼비우스가 뫼비우스의 띠를 처음 고안했을 뿐만 아니라, 다윈이 진화론을 발표을으며 프리드리히 니체가 뫼비우스의 출생지이기도 한 슐포르타의 우등생 예비 학교에서 장학금을 탔다. 그리고 한 가지만 더 이야기하자면, 필라델피아에 살던 하이만 립맨(Hyman L. Lipman)이 지우개가 달린 연필로 특허를 받은 해이기도 하다.

과학과 수학 분야에서의 다른 많은 업적과 마찬가지로, 뫼비우스는 뫼비우스의 띠를 동시대 학자인 독일 수학자 요한 베네딕트 리스팅(Johann Benedict Listing, 1808~1882년)과 동시에 발견했다. 따로 독자적으로 연구했던 리스팅은 1858년 7월에 그 곡면을 처음 생각해 냈고 그의 발견을 1861년에 발표했다. 하지만 뫼비우스는 리스팅에 비해 훨씬 더 그 개념을 깊이 연구해 뫼비우스 유형의 곡면들과 관련된 방향성이라는 개념에까지 심화시켜 갔다. 방향성에 대해서는 다음 장에서 논의하고자 한다. 뫼비우스는 다른 종류의 한쪽 곡면들도 많이 고려해 보았는데, 그의 말에 따르면 그 곡면들은 부피가 없는 '아주 이상한' 물체다. 내가 뒤져 본 수많은 문학 작품에서도 뫼비우스와 리스팅 이전에는 한쪽 곡면에 대한 언급을 전혀 찾을 수 없었다. 그 띠의 단순성으로 보자면 충분히 그 전에 있었을 법도 한데, 참으로 놀라운 일이 아닐 수 없다.

아이작 뉴턴(Issac Newton, 1642~1727년)과 독일 수학자 고트프리드 빌헬름 라이프니츠(Gottfried Wilhelm Leibniz, 1646~1716년)가 미적분학을 동시에 발견했던 것처럼 뫼비우스와 리스팅이 뫼비우스의 띠를 동시에 발견했다는 사실을 알고 나니, 왜 그토록 많은 발견들이 따로 연구하는 학자들 사이에서 동시에 이루어지는지 궁금해졌다. 예를 더 들자면, 찰스 다윈(Charles Darwin, 1809~1882년)과 앨프리드 월리스(Alfred Wallace, 1823~1913년)는 둘 다 진화론을 독자적으로 개척하고 있었다. 1858년에 다윈이 그의 이론을 논문에 발표했을 때, 자연 선택의 이론을 연구 중이었던 자연주의자 월리스도 논문에서 그 이론을 동시에 발표했다. 또 다른 예로는 수학자 야노시 보여이(János Bolyai, 1802~1860년)와 니콜라이 로바체프스키(Nikolai Lobachevsky, 1792~1856년)가 쌍곡선 기하학을 따로 연구하다 동시에 들고 나왔다.

자연 과학의 역사는 동시 발견의 예들로 가득 차 있다. 예를 들면 1886년에 광물 방정석을 이용해 알루미늄을 정제하는 전기 분해 과정은 미국의 찰스 마틴 홀(Charles Martin Hall, 1863~1914년)과 프랑스의 폴 에루(Paul Héroult, 1863~1914년)가 각각 독자적으로 동시에 발견했다. 순수한 알루미늄을 복합물과 격리시키는 저비용 방식은 산업 발전에 큰 영향을 미쳤다.

아마도 그러한 발견이 일어날 즈음까지 인류의 지식이 축적되어 온 결과 때가 무르익자 그러한 동시 발견이 가능했으리라. 한편, 신비주의자들은 그러한 동시성에는 더 깊은 의미가 숨겨져 있다고 은근슬쩍 말한다. 오스트리아의 생물학자 파울 카메레르(Paul Kammerer, 1880~1926년)는 이렇게 말했다. "우리는 바야흐로 세상만사가 끼리끼리 모이는 시대에 살고 있다. 수없이 뒤섞였지만 비슷한 것들끼리는 한데 모이기 마련이다." 이 생물학자는 이 세상의 사건들을 따로따로 출렁이고 있는 수많은 파도들의 꼭지 부분에 비유했다. 논쟁거리가 될 만한 그의 이론에 따르면, 우리 눈에는 서로 떨어져 있는 파도 꼭지 부분밖에 안 보이지만 그 파도 아래에는 어떤 종류의 연결 메커니즘이 작용해 모든 것이 하나로 뭉쳐져 있다고 한다.

뫼비우스: 수학계의 완벽주의자

아우구스트 페르디난트 뫼비우스는 1970년에 작센(지금의 독일) 지역의 슐포르타에서 태어났다. 유럽 중부에서 라이프치히와 예나라는 두 도시 사이에 위치한 슐포르타(그림 3.3)는 번성하는 교육 도시였으며 뫼비우스의 아버지는 그곳에서 무용을 가르치고 있었다. 작센은 1815년에 프로이센 령이 되었다.

뫼비우스는 대변혁의 시기에 태어났다. 빈에서 교향곡들을 작곡하고 있던 볼프강 아마데우스 모차르트(1756~1791년)는 뫼비우스가 태어난 직후에 세상을 떠났다. 루트비히 판 베토벤(1770~1827년)은 그때 20세로 비올라를 연주하고 있었다. 시인이자 희곡 작가 겸 소설가였던 요한 볼프강 폰 괴테(1749~1832년)는 1790년에 이르기까지 이탈리아를

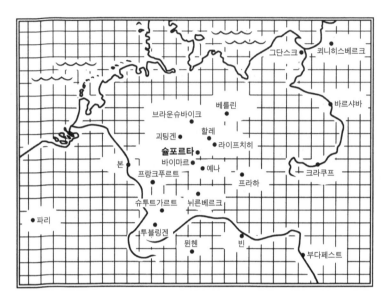

그림 3.3 뫼비우스가 태어난 슐포르타.(그림: 브라이언 맨스필드)

여러 차례 여행했는데, 이 여행에서 얻은 시적 영감이 『타우리스 섬의
이피게니(*Iphigenie auf Tauris*)』(1787년)와 『타소(*Toquato Tasso*)』(1790년)
와 같은 희곡으로 승화되었다. 1790년은 유럽에서 대서양 너머 미국
의 벤저민 프랭클린이 죽은 해이기도 하다.

뫼비우스의 어머니는 종교 개혁을 고취시킨 독일 신학자 마르틴 루
터의 후손이었다. 뫼비우스의 아버지 요한 하인리히 뫼비우스는 아우
구스트가 세 살쯤 되었을 때 세상을 떠났다. 요한 뫼비우스의 출생 연
도는 1792년인지 1793년인지 불확실하다.

뫼비우스는 어릴 적부터 수학에 흥미를 느끼긴 했지만 열세 살이
되기 전까지는 집 밖에서 정식 교육을 받지 못했다. 열여섯 살 때 프랑

스 군대가 예나 전투에서 이겨 프로이센과 작센을 꺾었다. 1806년의 이 수치스러운 패배가 비록 충격적이긴 했지만, 이로 인해 독일 문화는 부흥기를 맞는다. 존엄과 영광을 되찾기 위해 독일은 자기 반성의 시간을 가지면서 경제와 교육 프로그램을 개혁하기 시작했다. 학교와 교사가 사회의 중심이 되었다. 고등학교 교사들은 당시 최고로 인정받던 직업이었다. 수학 교육이 특별히 중요한 위상을 갖게 되었다.

1809년에 뫼비우스는 예비 대학교를 졸업하고 유서 깊은 독일 대학교인 라이프치히 대학교의 학생이 되었다. 오늘날의 많은 가정에서와 마찬가지로 뫼비우스의 집안에서도 뫼비우스가 가장 권위 있는 학문인 법학을 연구하기를 원했다. 뫼비우스는 집안의 뜻을 받들어 처음 1년간 법학을 공부했지만, 그 후에는 수학, 천문학, 물리학에 대한 열정이 그를 사로잡고 말았다. 그래서 가족을 기쁘게 하기보다는 자신의 가슴에서 들려오는 말을 따르기로 작정했고, 그는 얼마 지나지 않아 유능한 수학자이자 천문학자가 되었다.

1813년에 뫼비우스는 괴팅겐으로 여행을 떠났는데, 그곳에서 온 세상이 다 아는 유명한 수학자인 카를 프리드리히 가우스 밑에서 천문학을 연구하게 된다. 캘빈 클로슨(Calvin Clawson)이 지은 『수학의 신비(*Mathematical Mysteries*)』에 따르면, 가우스는 뫼비우스를 아주 재능 있는 학생으로 여겼다고 한다.

순수 수학이 꽃피기 전에는 천문학이 훨씬 더 사회적으로 인정받는 과학 분야였기 때문에, 뫼비우스 당시의 위대한 수학자들은 대부분 천문학자이기도 했다. 뫼비우스의 박사 학위 논문의 주제는 '고정된 별들의 식 현상(The Occultation of Fixed Stars)'이었고(식은 행성이나 달과 같이 움직이는 물체가, 더 멀리 있는 또 다른 행성이나 별에서 오는 빛을 막는 현상이다.) 박사 후 과정 논문의 주제는 '삼각 방정식(Trigonometrical Equations)'이었다. 이 무렵에 하마터면 프로이센 군대에 징집될 뻔했다. 이에 발끈한 그는 "징집이라는 발상 자체와 자기를 징집하겠다는 결정은 여태껏 들어 본 적이 없던 참으로 끔찍한 조치"라는 편지를 징집 담당자에게 보냈다. 이 편지에서 그는 어느 누구라도 감히 자기를 징집하려고 벼르다가는 날카롭고 날쌘 자기의 단검이 가만두지 않겠다며 겁을 잔뜩 주었다. 이렇게 생짜를 부려 징집에서 벗어날 수 있었다.

뫼비우스는 열정적으로 연구에 매달려 1816년에 라이프치히 대학교에서 천문학과 고등 역학의 교수직에 임명되었다. 애석하게도 교수로서는 수학자만큼 뛰어난 능력을 발휘하지 못한 까닭에 전임 교수로의 승진은 계속 늦어졌다. 1820년에 결혼했고, 이후 세 자녀를 낳았다.

『펠릭스 클라인과 숩후스 리』의 저자인 이사크 모이세예비치 야글롬에 따르면, 뫼비우스는 평생의 대부분을 한 도시와 한 건물에서 보냈다. 괴팅겐에서 연구한 적이 한 번 있었고 젊은 시절에 두어 번 독일의 이곳저곳을 잠시 다녀 본 것이 '나들이'의 전부였다. 군대에 대한 강한 거부감을 제외하면, 뫼비우스는 대체로 조용하고, 사려 깊고 내성적인 사람이어서 수학에 관한 토론을 할 때도 차분한 편이었다. 세심한 것들에 무척 신경을 썼는데, 그런 성격은 일정 관리와 건망증 방지에 도움을 주는 다양한 대책들을 강구한 데서 잘 드러난다. 예를 들면 산책을 나가기 전에 그는 독일어 공식 '3S와 Gut'을 암기하곤 했는데, 이것은 지니고 다녀야 할 다음 물건들의 첫 글자를 나타낸다. Schlüssel(열쇠), Schirm(우산), Sacktuch(손수건), Geld(돈), Uhr(시계),

Taschenbuch(공책). 뫼비우스의 일생은 규칙성 그 자체였다. 매일 밤 과학 일기를 썼는데 이 일기를 통해서 뫼비우스가 무슨 생각을 했는지 그 자취를 더듬어 볼 수 있다.

뫼비우스의 연구 습관, 성격 및 사생활은 수학자로서의 경력에 큰 영향을 미쳤다. 예를 들면 교수 능력은 형편없는 터여서 돈을 내고 수업을 들으려는 학생이 거의 없었다. 울며 겨자 먹기로 무료 수업을 열어서 학생들을 받아야 할 처지였다. 그러고 보니 선생으로는 아주 형편없었던 다른 위대한 과학자들이 떠오른다. 아이작 뉴턴도 케임브리지에서 강의를 열었을 때 수업을 듣겠다는 학생이 가뭄에 콩 나듯 해서 뉴턴은 종종 벽을 보고 강의해야 할 판이었다. 어쨌든 1844년에 라이프치히 대학교는 뫼비우스에게 천문학 교수직을 제의했다.

뫼비우스는 가정적인 사람이었다. 삶의 중심은 연구와 가족이었다. 이렇게 가족에 관심을 쏟다 보니 독창적인 논문을 발표했지만 그 논문을 읽는 사람은 거의 없었다. 그러다 보니 가끔씩 똑같은 연구가 있었던 줄도 모르고 뫼비우스가 발표한 지 몇 년 후에 다른 사람들이 동일한 발견을 했다고 밝히는 일이 생기기도 했다.

정말로 뫼비우스는 수학계의 완벽주의자로서 아주 천천히 그리고 체계적으로 연구를 했다. 그가 내놓은 모든 수학적 발상들은 정교히 들어맞도록 작동하는 기어 부품과 같았다. 『아우구스트 뫼비우스 총서』의 편집자였던 전기 작가 리처드 발처(Richard Baltzer)는 다음과 같이 말했다.

뫼비우스는 연구에 대한 영감의 대부분을 자신의 독창적이고 풍부한 의

식의 샘에서 건져 올렸다. 통찰력 있고 독창적인 문제 제기와 그 해법 등에서 그의 비상한 천재성을 읽을 수 있다. 그는 서두르지 않고 천천히 연구했다. 주변 물건들을 제자리에 정돈하고 문을 걸어 잠근 채. 그런 준비를 마친 후 연구를 완성시켜서 발표했다.

뫼비우스의 연구 업적

뫼비우스는 1827~1831년 해석 기하학, 투영 변환, 그리고 요즘에는 유명한 주제가 된 '뫼비우스 그물' '뫼비우스 함수' '뫼비우스 통계' '뫼비우스 변환' '뫼비우스 반전 공식' 등의 수학의 묵직한 주제들을 연구했다. 「연속체의 반전에 관한 특수 기술에 관해(Uber eine besondere Art von Umkehrung der Reihen)」라는 논문에서 그는 -1, 0, 1, 이 세 수와만 관련된 뫼비우스 함수를 소개했는데, 이 함수는 아직도 수학자들의 마음을 사로잡고 있다. 5장에서 아주 상세히 이 함수에 대해 논의할 것이다.

뫼비우스가 1840년에 제기한 사소한 문제를 살펴보면, 지도 색칠 문제에도 관심이 있었음을 알 수 있다. 이 문제는 다음과 같다. 옛날에 다섯 아들을 둔 왕이 살았다. 왕은 유언으로 자신이 죽고 나면 왕국을 다섯 부분으로 나누어서 각 부분이 나머지 네 부분과 이웃하도록 지시했다. 이 유언에 나오는 내용이 실현될 수 있을까? 답은 '아니오.'이다. 어떤 유명한 수학책에는 뫼비우스가 최초로 4색 가설을 내놓았다고 한다. 그 가설에 따르면 평면상에 있는 어떤 지도라도 분명한 형태를 띠고 있는 한, 4가지 색깔로 충분히 색칠할 수 있다고 한다. 하지만 '다섯 아들 문제'는 그냥 보기에도 4색 추측과는 별 관련이 없다. 만약 위의 질문에 대한 답이 '예.'라면, 4색 추측이 틀렸다는 말이 된다.

5장에서 뫼비우스가 수학계에 기여한 업적들을 다양하게 살펴볼 것이다. 이미 천문학에서의 업적, 예를 들면 '고정된 별들의 식 현상'과 같은 연구는 몇 가지 살펴보았다. 아래에 그가 발표한 몇 가지 수학 논문의 제목을 소개한다.

- 1815년 삼각 방정식의 특이 성질에 관한 해석 논고
- 1827년 무게 중심 계산법
- 1829년 선형 기하학 분야에서의 측량과 관련된 제반 문제들
- 1829년 미스터 찰스가 발견한 통계학의 새로운 정리에 대한 증명
- 1831년 자유 강체에 가해지는 힘 사이의 평형 조건에 대한 연구
- 1833년 공간에 있는 물체 사이의 이중 분배의 특수 유형에 관해
- 1837년 비평형력의 중심에 관해
- 1838년 무한 극소 회전의 구성에 관해
- 1840년 통계학을 기하학적 관계성에의 응용
- 1847년 원뿔 곡선에 내접한 육면체에 관한 파스칼의 정리를 일반화시키기
- 1848년 특이점이 없는 구형 곡선의 형태에 관해
- 1849년 결정체의 대칭성에 관한 법칙 및 이 법칙을 결정체의 계층 분류에 응용시키기에 관해
- 1850년 힘의 평형사변형법 증명에 관해
- 1851년 대칭적 물체에 관해
- 1852년 수치 방정식의 해에 관한 이론에 관한 기고문

- 1853년 평면 물체 사이의 새로운 관계에 관해
- 1853년 평면에서의 점 대합(involution)에 관해
- 1854년 보렌밀러 정리의 순수 기하학적 증명 두 가지
- 1855년 순수 기하학적 구성에서의 원형 변환의 이론
- 1856년 평면 내지 공간에서 점의 쌍에 대한 동일선상 대합에 관해
- 1857년 허원(imaginary circle)에 관해
- 1858년 켤레원(conjugate circle)에 관해
- 1862년 무한히 가는 광선 다발의 특성에 관한 기하학적 연구
- 1863년 기본 관계식들에 관한 이론
- 1865년 다면체의 부피 결정에 관해

뫼비우스가 사망한 후 발표된 연구: 다면체 이론과 기본 관계식들에 관해, 대칭 물체들에 관한 이론, 음성 문제에 관해, 생명 보험 회사의 예비 기금 계산에 관해, 기하학적 합과 곱에 관해.

뫼비우스의 죽음

뫼비우스가 살던 시기(1790~1868년)에 수학 연구 및 수학에 대한 인지도는 독일에서 급상승했다. 뫼비우스가 어렸을 때는 독일에 명망 있는 수학자가 거의 없었지만, 뫼비우스가 죽을 때쯤에는 수학 및 유명한 수학자에 관해서라면 독일이 단연 선두였다. 이러한 독일 수학의 부흥은 프로이센이 독일 내에 있던 다수의 자치 도시들을 합병하면서 촉진되었다. 그 도시들 중 일부는 서로 반목과 전쟁을 겪기도 했다. 최고 전성기일 때 프로이센은 북 독일 고원을 넘어 프랑스, 벨기에, 네덜

란드 서쪽 국경까지 영토를 확장시켰으며, 급기야 리투아니아 지역 및 지금의 폴란드 동부에까지 진출했다.

뫼비우스는 라이프치히 대학교에서 50년간 교수로 재직한 공로를 축하받은 뒤에 세상을 떠났다. 시각 장애인이었던 아름다운 아내 도로테아는 9년 전에 죽었다.

그의 사후에 과학 역사가들은 과학 아카데미(Academie des Science)에 남긴 뫼비우스의 유작을 재발견했는데, 이 유작에는 뫼비우스가 1858년에 발견한 한쪽 곡면의 성질에 관한 연구가 포함되어 있었다. 뫼비우스는 결코 자기의 이름이 그 조그만 뒤틀린 종이 띠 덕분에 수많은 영역에서 영원히 불멸의 지위를 얻게 되리라고는 상상도 하지 못했으리라.

아우구스트 페르디난트 뫼비우스 연표

다음은 뫼비우스의 생애 중 중요한 사건들이다.

- 1790년 작센의 슐포르타에서 출생
- 1793년 아버지 사망
- 1809년 라이프치히 대학교의 학생이 됨
- 1813년 괴팅겐에 여행. 가우스와 함께 연구함
- 1815년 고정된 별들의 식 현상에 관한 박사 논문 완성
- 1816년 라이프치히 대학교의 천문학 객원 교수로 임명됨
- 1818~1821년 라이프치히 천문대 주임을 맡음
- 1820년 도로테아 로테와 결혼

- 1821년 아들 아우구스트 테오도르 출생

- 1822년 딸 에밀리에 출생

- 1825년 아들 파울 하인리히 출생

- 1827년 베를린의 과학 아카데미 회원이 됨

- 1827년 「무게 중심 계산법」 발표

- 1831년 뫼비우스 함수를 소개하는 논문 발간

- 1834~1836년 대중 천문학 논문을 씀

- 1837년 통계학에 관한 교과서 집필(전2권)

- 1844년 라이프치히 대학교의 정교수로 임명됨

- 1848년 라이프치히 천문대의 대장으로 임명됨

- 1853년 손자 파울 율리우스 뫼비우스 출생

- 1859년 아내 도로테아 사망

- 1868년 아우구스트 뫼비우스 라이프치히에서 사망

가짜 효시 동물

이 책은 내 관심사인 여러 가지 아이디어를 모아 놓은 책인지라, 약간 주제를 벗어나서 저명한 독일 동물학자이자 해양 생물학자였던 카를 아우구스트 뫼비우스(1825~1908년)라는 뫼비우스 가의 인물을 살펴보면서 끝맺고자 한다. 아우구스트 페르디난트 뫼비우스의 많은 후손들은 의학과 자연 과학 쪽의 직업을 가졌다. 식물학 교수인 마르틴, 고고학자였던 한스, 신경학자 파울, 해양 생물학자 카를 이들 모두는 마치 쌍둥이처럼 같은 해에 태어났다. 하지만 내 생각에 카를은 수학자인 뫼비우스의 기질을 물려받은 것 같지는 않다. 과학계의 다른 뫼비우스 후손들도 그렇기는 하지만, 독일에서 카를 뫼비우스가 보여준 지도적인 역할은 뫼비우스란 이름에 매력을 느끼는 나 같은 사람들을 사로잡기에 충분하다. 뫼비우스란 이름은 이제 뛰어난 뇌를 일컫는 대명사가 되었다. 카를 아우구스트는 수레바퀴 제작자였던 아버지 고트로브 뫼비우스와 어머니 소피 카프스 사이에서 태어난 아들이었는데, 독일 최초의 대중 수족관을 짓는 책임을 맡은 인물이었다. 그는 또한 고래 해부 및 진주 성장에 관한 세계적인 전문가 중 한 사람이었다. 하지만 에오조온 카나덴세(*Eozoon canadense*)의 진상을 밝혀낸 공로 덕분에 명성을 얻게 되었다. 에오조온은 오랫동안 생명체로 여겨져 왔지만, 사실은 광물 집합체에 지나지 않음을 증명해 냈다. 오늘날에는 에오조온처럼 불가사의한 미생물 형태의 집합체를 일컬어 '가짜 효시 동물'이라고 부른다.

많은 사람이 에오조온 카나덴세에서 나타난 생명체처럼 보이는 특징에 속고 말았다. 예를 들면 1864년에 영국 고등 과학 협회의 대표 취임사에서 찰스 라일 경은 에오조온 카나덴세 화석을 일컬어 "당시의 가장 위대한 지질학적 발견 중 하나"라고 평했다. 찰스 다윈도 『종의 기원』의 4판(1866년 간행)에서 생명이 단순한 단세포 생물에서부터 복잡한 다세포 동식물로 진화해 가는 첫 번째 화석 증거로 에오조온 카나덴세를 인용하게 되어서 기쁨을 금할 수 없다고 적고 있다.

1800년대 중반의 선구적인 지질학자 중 한 명이었던 존 윌리엄 도슨 경이 에오조온은 실제로 단세포 원시 생물의 껍질로서, 세포 내에 여러 기관 및 이들을 연결하는 통로가 완벽히 갖춰져 있으며, 당시까지 발견되었던 어떤 원시 생명체보다 수백 배에 달하는 큰 생물이라고 공식적인 결론을 내린 후부터 에오조온 스캔들이 시작되었다. 급기야 그는 1865년에 이 논란이 많던 화석에 에오조온 카나덴세, 즉 '카나다의 효시 동물'이라는 공식 명칭을 붙이기에 이른다. 에오조온은 무생물이며 단지 대리석 광물들이 겹겹이 쌓인 결과일 뿐이라고 주장하는 사람들도 간혹 있었다. 10여 년 동안 격렬한 논쟁이 거듭되었다. 결국 1879년에 카를 뫼비우스가 에오조온은 결코 생명체가 아니며 원시 생물로서의 특징이란 눈을 씻고 보아도 없음을 증명했다. 몇 년 지나자 사실상 아무도 그 효시 동물을 믿는 사람은 없어졌고 이 논쟁은 역사의 뒤안길로 사라지고 만다.

에오조온 이야기를 보면, 과학사에서 과학적 발견도 시간을 따라 뒤틀리는 뫼비우스의 띠와 같다는 생각이 든다. 지식이라는 것도 영원히 뒤틀리는 뫼비우스의 띠를 따라 돌고 돌며 부침을 겪는다. 매번 돌때마다, 이전 이론들이 사라지고 새로운 이론이 생기는 덕에 새로운 관점으로 자연을 바라보게 된다. 어떤 과학적 법칙들은 오랫동안 받아들여지지만 이후에 수정되거나 일시 자격 상실을 겪기도 한다. 사실, 이론과 법칙이 결코 완전하지 않다는 점이 오히려 과학 발전의 동력이 되기도 한다. 뉴턴의 중력 법칙에 따라 탄환과 포탄의 운동을 예측할 수 있다. 하지만 그 이론으로는 지구를 지나가는 광선의 휨 현상을 정확하게 예측할 수 없다. 이러한 사실로 인해 뉴턴의 중력 법칙을 일반화시킨 아인슈타인의 일반 상대성 이론이 태어나게 된다. 이렇게 볼 때, 과학 법칙은 그 법칙이 태어난 당대 사람들의 일반적 세계관일 뿐이다. 실제 현상의 인과 관계를 파악하는 데 법칙이 중요한 역할을 한다. 하지만 과학적 법칙은 유화와 마찬가지여서, 화가가 처음에 어떠

한 의미를 마음에 품고 시작하지만 이런저런 붓질이 더해지게 마련이다. 붓질이 더해지지 않는다면 과학 발전도 멈춘다. 내 생각에 아이작 아시모프가 자서전『아이작 아시모프 회고록(*I. Asimov: A Memoir*)』을 쓸 때, 지식의 미래에 관해 제대로 파악하고 있었던 듯하다. 그는 "나는 과학 지식이 프랙털 같은 성질을 갖는다고 믿는다. 아무리 많이 배운다 해도 미지의 영역은 남을 수밖에 없고, 아무리 단순한 과학 지식이라도 복잡한 연구의 밑거름이 될 수 있다. 그것이 바로 이 우주의 비밀이리라."라고 자서전에 적었다.

어린 시절부터 지금까지 수천 개의 미로를 살펴보았는데, 내가 가장 좋아하는 미로는 데이브 필립스가 지은 『마음을 뒤틀리게 하는 미로들(*Mind Boggling Mazes*)』에 나오는 '뫼비우스 미로'이다.(**그림 3.4**) 아무 벌레나 한 마리 택해서 시작해 곡면 경로를 따라 기어서 다른 벌레를 찾으면 된다. 곡면 경로의 어느 쪽 면을 따라가는지 잘 살펴보되, 가장자리 너머로 떨어지지 않도록 조심해야 한다. (답은 「해답」에)

그림 3.4 뫼비우스 미로. 데이브 필립스의 『마음을 뒤틀리게 하는 미로들』(뉴욕, 도버, 1979년)에서. 데이브 필립스의 웹 사이트는 www.ebrainygames.com이다.

🗨 뫼비우스의 띠와 몸의 미학

뫼비우스의 띠에서는 일종의 뒤틀림 내지 반전을 통해서 한쪽 면이 다른 쪽 면으로 변하므로 마음의 변화가 몸으로, 몸의 변화가 마음으로 드러나는 과정을 보여 주기에 안성맞춤이다. 이 모형은 근본적인 정체성이나 핵심 요소 보여 주기가 아니라 어느 한쪽을 다른 쪽으로, 내부의 심리 전개, 방향성, 혹은 어찌할 수 없는 방향을 외부로 그리고 다시 외부를 내부로 뒤트는 과정을 보여 줌으로써, 그 주체의 내부와 외부 사이, 심리적 내면과 육체적 외면 사이의 관계를 다시 생각하고 문젯거리로 삼는 방법을 제공해 준다.

— 엘리자베트 그로스(Elizabeth Grosz),
『휘발성 육체: 몸의 페미니즘을 향하여
(Volatile Bodies: Toward a Corporeal Feminism)』

극단의 길은 지혜의 궁전으로 통한다. …… 그리고 그 길은 뫼비우스의 띠다.

— 바나 위트(Bana Witt),
『뫼비우스 스트리퍼(Möbius Stripper)』

모든 제어의 고삐가 풀리자 온갖 표정, 말, 행위, 상상이 쏟아져 나왔고 2개의 육체가 뫼비우스의 띠처럼 서로 뒤틀린 채로 엉켜있는 모습이 보였다. 그 모습이 뿜어내는 강력한 분위기에 온통 사로잡혀서 "도대체 저게 뭐야?"라고 말하기조차 조금은 당혹스러워졌다. 마치 부엌에서 맛있는 과자를 먹을 때 아무 말도 않고 정신없이 먹을 때처럼 말이다.

— 로버트 알터(Robert M. Alter), 제인 알터(Jane Alter),
『나의 영혼은 얼마나 오래 온전할 수 있을까?: 행복한 여행으로 이끄는 100개의 출구
(How Long Till My Soul Gets It Right?: 100 Doorways on the Journey to Happiness)』

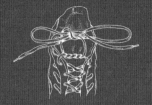

4장 | 장난감과 특허에 이르기까지

AB 모서리를 고정시킨 채, AB′와 평행한 가운데 선을 축으로 띠를 180도 비
틀어 AB 모서리과 B′A′ 모서리를 서로 붙여라.

— 아우구스트 뫼비우스,
「한쪽 다면체(One-Sided Polyhedra)」, 『선집』

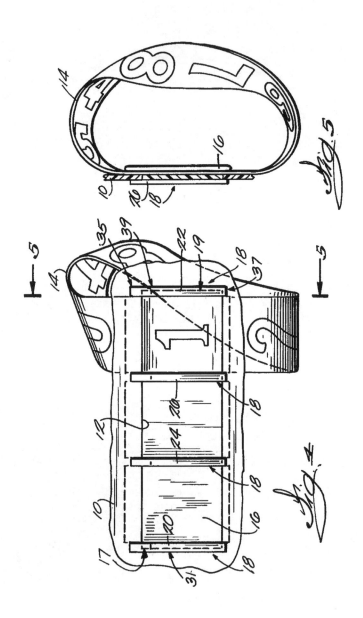

Fig. 5

Fig. 4

로저 젤라즈니(Roger Zelazny)의 소설 『모래 속의 문(Doorways in the Sand)』에 나오는 주인공은 '레니우스 기계'와 마주치는데, 이 기계는 뫼비우스의 띠 모양처럼 생긴 외계의 장치다. 처음엔 그것이 무엇에 쓰이는지 불분명했지만, 아마도 어떤 물체를 그 장치에 나 있는 구멍으로 통과시키면, 왼쪽과 오른쪽, 위와 아래, 안과 밖이 바뀌게끔 변형시키는 장치 같았다. 외계인과의 기술 교류를 통해 인류는 그 기계를 입수하게 된다.

　바닥에서 1미터쯤 뜬 채로 나는 매달려 있었다. 내 발 아래 양 옆으로는 레니우스 기계가 윙윙대고 있었다. 반시계 방향으로 천천히 돌고 있는 큰 원판 위에 집처럼 생긴 칠흑같이 검은 구조물 3개가 일렬로 놓여 있었다. 각 구조물마다 양 끝에 각각 하나씩 2개의 축을 뻗고 있었는데, 하나는 수평 방향 다른 하나는 수직 방향이었다. 그 축을 따라 폭이 거의 1미터에 달하는 뫼비우스 벨트가 돌아가고 있었다.

　10여 년 전에 레니우스 기계에 관해 처음 읽었을 때, 실제로 뫼비우스의 띠가 기계 장치에 이용되는지 궁금했다. 미국 특허 목록을 샅샅이 검색해 보니 아니나 다를까 뫼비우스의 띠가 현대 산업 기술에 헤아릴 수 없을 만큼 많이 이용되고 있었다. 이번 장은 젤라즈니가 그려낸 공상의 레니우스 장치에 대해 가졌던 관심이 계기가 되어, 요즘 시대의 산업 장치에 뫼비우스의 띠가 이용되는 주요 사례들을 꾸준히 수집한 결과를 소개하겠다.

수학 특허

《이코노미스트(*Economist*)》에 실린 최근의 기사에 따르면, 미국 특허 상표청(PTO)에 접수되는 특허 출원 수는 매년 6퍼센트 정도 증가하고 있다. 특허 심사에 소요되는 시간은 보통 27개월 정도인데 고급 기술과 관련된 복잡한 특허 출원일 경우에는 훨씬 시간이 더 걸린다. 미국 특허 상표청에 2003년에 약 35만 건의 특허가 출원되었고, 2004년에는 무려 50만 건의 특허가 심사 대상이었다. 다른 나라에서도 마찬가지로 출원 건수가 상당히 증가하고 있다. 예를 들어 2001년 중국의 특허 출원 건수는 1991년에 비해 5배나 증가했다.

수학 공식이나 기하학적인 모양은 특허 대상이 아니다. 하지만 수학과 기하학을 응용한 어떤 것이 새롭고, 유용하고, 독특한 특징이 있으면 특허를 받을 수 있다. 또한 어떤 모양이 예술적 가치가 있으면서 이미 알려진 다른 모양과 다르다면, 그 모양을 만든 사람은 의장 특허(Design Patent)를 획득할 수 있다. 의장 특허권은 그 모양을 변형시켜 이용하면 특허 침해가 되지 않을 수 있다는 점에서 조금 제한적이기는 하다.

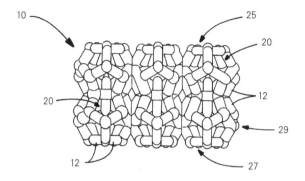

그림 4.1 인공뼈를 만드는 데 이용되며 생물학적으로 호환 가능한 자율 지지형 다공성 구조물의 3차원 기하학 구조.

수학적인 형상에 관한 특허는 상당히 보편화된 데다가 현재 증가 일로에 있다. 예를 들면 12면체(5각형 모양의 면이 12개 있는 물체)의 새로운 응용에 관한 특허만 수십 건에 달한다. 장난감, 항공기용 중성자 분광 검출기, 인공뼈를 만드는 데 이용되며 생물학적으로 호환 가능한 자율 지지형 다공성 구조물(미국 특허 6,206,924. 2001년) 등에 이르기까지 다양하다.**(그림 4.1)**

군사용 안테나(미국 특허 6,255,998. 2001년)에서부터 아기 재우기 용으로까지 쓰이는 8자 모양의 쌍엽 곡선인 소위 렘니스케이트 (Lemniscate)에 관한 특허들도 있다.**(그림 4.2)**

다이아몬드 형태의 아스트로이드 곡선이 롤러 클러치용 캠 레이스 (미국 특허 4,987,984. 1991년)에 쓰였고, 다양한 종류의 다면체가 골프공의 오목한 부분(미국 특허 6,749,525. 2004년)은 물론 접시형 반사 안테나 지지 장치(미국 특허 4,295,709. 1981년)에까지 이용된다.**(그림 4.3)**

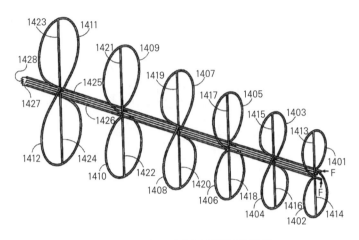

그림 4.2 렘니스케이트 안테나 구성 부분에 관한 특허.

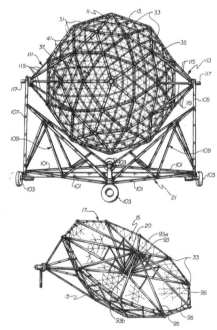

그림 4.3 반사체 표면을 형성하는 복수의 삼각형 반사 조각들이 특수한 기하학적 형태를
이루는 골격으로 지지되고 있는 접시형 반사 안테나 특허.

수학이 특허에 이용되는 아주 흥미로운 사례로 뢸로 삼각형 (Reuleaux Triangle)의 다양한 응용 예가 있다. 이 삼각형은 특이한 곡선형의 세 변으로 이루어져 있는데, 이 책의 결론 부분에 자세한 설명이 나와 있다. 이 특허는 정사각형 구멍을 뚫을 수 있는 드릴 날에 관한 것이다. 거의 정사각형에 가까운 구멍을 뚫는 드릴이라는 개념 자체가 어쩐지 상식과 어긋나는 듯하다. 회전하는 드릴 날이 어떻게 원형 이외의 구멍을 뚫을 수 있단 말인가? 하지만 그러한 드릴 날이 분명히 존재하며, 그 날의 절단면은 유명한 기계 공학자 프란츠 뢸로(Franz Reuleaux, 1829~1905년)의 이름을 따서 뢸로 삼각형이라고 불린다. **그림 4.4**는 "정사각형 구멍 드릴"이라는 미국 특허에 나오는 도면이다. 뢸로 삼각형은 다른 종류의 드릴 날 특허에도 등장할 뿐만 아니라, 참신한 병, 롤러, 음료수 통, 양초, 회전 선반, 기어 상자, 가구 등에서도 볼 수 있다.

　수학에 관심이 많은 독자라면, 뢸로 삼각형을 만들기는 쉬운 일이

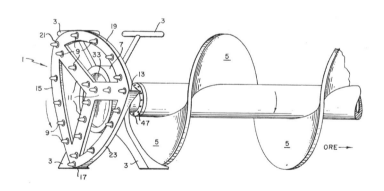

그림 4.4 1978년 특허(미국 특허 4,074,778)에 나오는 도면. 뢸로 삼각형을 응용해 정사각형 구멍을 뚫는 드릴 날에 관한 설명.

다. 먼저 변의 길이가 r인 정삼각형을 그린다. 그다음에 각 꼭짓점 위에 컴퍼스의 중심축을 올려놓고서는 남은 두 꼭짓점을 지나는 짧은 원호를 각각 그린다. 뢸로 삼각형의 곡선은 이 3개의 원호가 연결된 결과이며, **그림 4.4** 제일 왼쪽에 있는 곡선형 삼각형과 유사하다.

많은 수학자들이 뢸로 삼각형을 연구한 덕분에, 그 특성에 대해 꽤 잘 알려져 있다. 그 면적은 다음과 같다.

$$A = \frac{1}{2}(\pi - \sqrt{3})r^2$$

그리고 이런 종류의 드릴 날로 생긴 구멍의 넓이는 실제 정사각형 넓이의 0.9877003907만큼에 해당한다. 약간의 차이가 생기는 까닭은 뢸로 드릴 날이 만드는 정사각형의 모서리에 미세한 곡선 부분이 존재하기 때문이다.

뫼비우스의 띠는 특허계의 만물상

뫼비우스의 띠는 기술, 화학, 공학에 헤아릴 수 없을 정도로 많이 응용되고 있다. 장난감이나 전자 장치에서부터 양쪽 면이 균등하게 마모되도록 설계된 컨베이어 벨트에도 뫼비우스의 띠가 특허의 한 요소를 이루고 있다.

가장 초창기의 특허 중 하나로 양쪽 '면'에 소리를 녹음할 수 있는 뫼비우스의 띠 테이프 특허(리 데 포레스트의 1923년 미국 특허)가 있다. 이와 유사한 개념이 이후에도 테이프 녹음기에 응용되어 보통의 테이프보다 재생 시간이 2배나 긴 뒤틀린 형태의 테이프가 나왔다.

뫼비우스 특허는 1940년대 후반과 1950년대 초반에 본격적으로 나오기 시작했는데, 그 계기는 1949년에 오웬 해리스(Owen H. Harris)의 마모 벨트에 관한 특허(미국 특허 2,479,929. **그림 4.5**)였다. 이 특허는 마찰용 및 마모용 벨트의 표면적을 획기적으로 증대시켰다. 해리스의 설명에 따르면 마모용 표면을 가진 뫼비우스 벨트는 보통 부싯돌, 석류석, 강옥 내지는 실리콘 카바이드 도금으로 만들어지는데, 벨트의 양쪽면 모두가 마찰되기에 벨트를 교환할 필요가 없다. 그 벨트는 마찰 면적이 넓기 때문에 통상 긴 벨트로 하던 일을 짧은 마찰 벨트로 할 수 있어서, 마모용 기계의 부피를 줄이는 효과도 있다고 발명자는 칭찬을

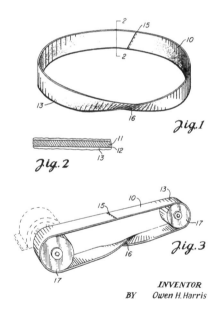

그림 4.5 1949년 오웬 해리스의 특허에 나오는 그림. 마찰 면적을 크게 증가시킨 뫼비우스 마찰 벨트.

늘어놓는다. 이 발명으로 인해 해리스는 벨트 길이는 그대로 둔 채 마찰면의 넓이는 넓혔으니 벨트의 수명 연장을 이룬 셈이기도 하다. 그는 이렇게 적었다. "특정한 마찰 면적을 필요로 하는 많은 장치들에 절반 길이의 벨트를 이용할 수 있다. 왜냐하면 그 벨트를 쓰면, 벨트 안팎을 교체하지 않고도 마찰면이 2배가 되기 때문이다."

마찰면이 양쪽이기 때문에 뫼비우스의 띠는 내구성이 훨씬 큰 컨베이어 벨트에 많이 사용된다. B. F. 굿리치(The B. F. Goodrich) 회사는 재래식 벨트보다 2배나 오래 사용 가능한 뫼비우스의 띠 형태의 컨베이어 벨트에 관한 특허를 받았다. 1957년에 이 회사에 일했던 제임스 트링클(James O. Trinkle)은 타다 남은 석탄이나 주물용 모래와 같은 뜨거운 재료들을 운반하는 데 이용되는 가변 뫼비우스의 띠 컨베이어 벨트에 관한 특허를 취득했다. 특허 문서에 트링클이 설명해 놓은 바에 따르면, 그 벨트는 뜨거운 재료에 노출되는데도 수명이 길다. 도르래를 한 번 지나갈 때마다 벨트의 위아래가 뒤집히는데, 이때 교대로 반대편에 있던 내열 표면이 위로 올라와서 뜨거운 재료를 운반한다. **그림 4.6**에는 트링클 컨베이어 벨트의 측면도가 나와 있다. 뫼비우스 뒤틀림은 35로 표시된 지점에서 일어나며, 이 지점은 33과 34의 길잡이 롤러의 지지를 받는다.

1960년대에는 드라이클리닝 기계에서부터 전자 부품 등에 이르기까지 뫼비우스 특허가 훨씬 더 다양한 분야에 확산됐다. 예를 들면 1964년에 리처드 데이비스는 뫼비우스의 띠 비반응 저항(미국 특허 3,267,406. 1966년. **그림 4.7**)을 발명했다. 특허권은 데이비스가 고용되어 있던 미국 원자력 에너지 협회에 귀속되었다. 이 기관은 제2차 세계 대

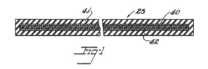

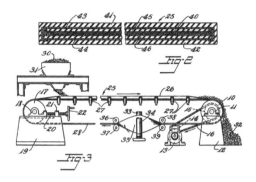

그림 4.6 제임스 트링클의 특허에 나오는 그림. 뜨거운 재료를 운반하는 데 이용되는 가변 뫼비우스의 띠 컨베이어 벨트.

전 직후 평화로운 시기에 원자력 과학과 기술 발전을 통제하기 위한 목적으로 설립되었다. 데이비스는 전기 펄스가 금속막을 따라 두 방향으로 흐르면 그 띠에는 흥미로운 전기적 특성이 일어나는 현상을 발견했다. 이 현상이 고전압, 고주파 회로, 특히 레이더와 같은 펄스 응용 장치에 유용하리라고 데이비스는 직감했다. 그도 그럴 것이 이러한 장치들의 설계와 작동에 '회로 부품 내부 또는 부품들 사이의 원치 않는 상호 작용에서 기인하는 미확인 유도 저항'이 늘 골칫거리였으니 말이다.

1967년에는 제너럴 모터스 사에 근무하던 제임스 제이콥스가 드라이클리닝 기계용 뫼비우스 자동 세척 필터에 관한 특허를 받았다.(미국 특허 3,267,406. **그림 4.8**) 드라이클리닝 기계의 작동 성능은 순환하는 드라이클리닝 용제에서 생기는 불순물을 제거하는 필터의 효율에 달려 있다. 제이콥스는 필터에 장착된 벨트에 반 뒤틀림을 가함으로써 벨트 모든 부분에 순차적으로 흡수와 배수가 이루어지게 했다. 용제에서 생긴 불순물은 뫼비우스 필터를 거치면서 일차적으로 여과된 후 다른 장치들을 통해 제거된다. 제이콥스가 설계한 구조 덕분에 뫼비우스 필터 벨트 양쪽 면에서 때와 실 부스러기들을 세척하기가 훨씬 수월해진다.

1986년에 토머스 브라운은 뫼비우스 축전기에 관한 특허를 취득했다.(미국 특허 4,599,586) 브라운은 데이비스의 뫼비우스 저항을 축전기의 내부 구조에 이용했다. 특별히, 뫼비우스 저항으로 구성된 매끄러운

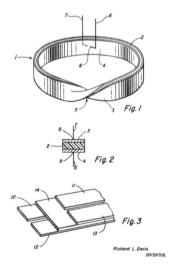

그림 4.7 뫼비우스의 띠 전기식 저항에 관한 리처드 데이비스의 1966년 특허.

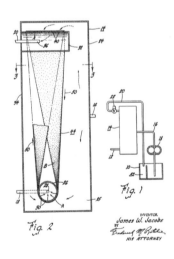

그림 4.8 드라이클리닝 기계용 뫼비우스 자동 필터 벨트에 관한 제임스 제이콥스의 1967년 특허.

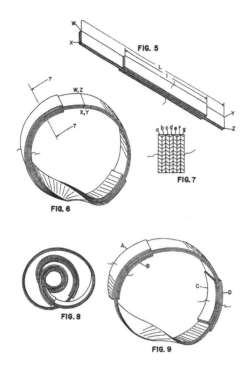

그림 4.9 뫼비우스 축전기에 관한 토머스 브라운의 1986년 특허.

전도면을 2차 유전체로 일단 겹친 다음에, 이것의 위아래 각각에 서로 분리된 두 전도면을 겹쳐서 **그림 4.9**의 9번 그림과 같이 원의 지름 방향의 양 끝에 서로 놓인 구조를 만들었다.

오늘날 뫼비우스의 띠는 수많은 장난감과 맞추기 조각 및 많은 종류의 기술 발전에서 필수 요소이다. 뫼비우스의 띠는 재밌는 구슬 미로 찾기(미국 특허 6,595,519. 2003년), 동력 전달 벨트(미국 특허 3,995,506. 1976년), 일정한 저항이 유지되는 소형 회로 보관 장치(미국 특허 4,766,514. 1988년)에 중요한 역할을 할 뿐만 아니라, 심지어 생명을 구하는 데도 이용될 수 있다. 한 가지 예로 2004년에 미국 매사추세츠 주에 있는 애플 메디컬 사에 근무하던 존 풀포드와 마르코 펠로시는 뫼비우스의 띠를 장착한 복부 수술용 견인기에 관한 특허를 얻었는데, 뫼비우스 고리가 수술 시 견인기를 조정하는 데 필요한 특수한 유형의 회전 동력을 제공하는 역할을 했다.

특허 명칭에 '뫼비우스'가 등장하는 것만 수십 개에 달한다. 이중에는 장난감 퍼즐 장치, 고리형 톱날, 내구성이 큰 타자기용 리본, 심지어는 전극 가속용 입자도 있다. 다양한 발명 분야를 보여 주려는 뜻에서 여러 장의 특허 도면이 이 책 전체에 걸쳐 소개되어 있다. 뫼비우스 응용 발명의 다양성 및 그 발명자들의 천재성을 조금 더 깊이 이해할 수 있도록 1971~2004년 뫼비우스 특허 목록을 추려 보았다.

- 미국 특허 6,779,936(2004년), 코네티컷에 사는 로스 마르틴이 고안한 "뫼비우스의 띠의 한쪽 곡면 인쇄 및 제작". 발명자는 꿰맨 자국이 남지 않고 간편하게 뫼비우스의 띠를 제조하는 방법을 기술하고 있다. 이 뫼비우스의 띠는 다양한 소매 기념품 및 "순환 형태를 기본 모티브"로 하는 물품을 제조하려는 회사에 영업 수단으로 이용될 수 있다고 한다.
- 미국 특허 6,607,320(2003년), 캘리포니아의 대니얼 봅브로우가 고안하고 제록스 사에 특허권이 양도된 "종이 공급 시스템에서 뒤집기 및 되돌리기 경로의 뫼비우스 조합." 뫼비우스 구성은 여러 인쇄 기술에 사용된다.
- 미국 특허 6,474,604(2002년), 텍사스의 제리 칼로가 고안한 "유체 역학적 박막용 뫼비우스식 결합 구조". 뫼비우스 형태는 항공기 구조 및 관련 구조에도 응용된다.

- 미국 특허 6,445,264(2002년), 버지니아의 제프리 폰드 고안 및 미 육군에 특허권이 양도된 "뫼비우스 공명 장치와 필터". 뫼비우스 구성은 전기 회로에 이용되는데, 좀 더 일반적으로는 전자기 분야에 이용된다.

- 미국 특허 6,217,427(2001년), 뉴저지의 크리스토퍼 케이스가 고안하고 에이저 시스템 사에 특허권이 양도된 "선형 CMP 툴을 위한 뫼비우스 벨트". 발명자는 연마용 뫼비우스 벨트에 대해 기술하고 있다. 특별히 그 발명품은 "집적 회로 제조에 이용되는 실리콘 웨이퍼 기판을 화학적 기계적으로 연마"하는 공정에 이용된다. 그 벨트는 고무처럼 잘 휘도록 만들어진 우레탄 소재 뫼비우스의 띠로 구성되어 있다.

- 미국 특허 5,557,178(1996년), 뉴욕의 리처드 탤먼이 고안하고 코넬 연구 재단에 특허권이 양도된 "뫼비우스 뒤틀림이 나 있는 원형 입자 가속기". 발명자는 이 원형 입자 가속기의 특정 부위에 뒤틀림을 가해서 특별한 여러 가지 성질이 생기는 과정에 대해 기술하고 있다. 발명자는 이렇게 말한다. "입자를 원하는 에너지 상태로 되돌리려면 고리를 뒤틀 필요가 있습니다. 그래서 이 가속기를 뫼비우스 가속기라고 합니다."

- 미국 특허 5,411,330(1995년), 러시아 연방의 유리 아루튜노프가 고안하고 특허권이 노테콘 테크놀로지 사에 양도된 "뫼비우스 형태의 혼합 부속품". 뫼비우스 형태의 혼합용 날이 축에 탑재되어 있다. 뫼비우스 형태의 혼합용 날의 거울 이미지가 바로 옆의 2차 축에 탑재되어 있다.

- 미국 특허 5,324,037(1994년), 조지아의 유얼 그리손이 고안한 "뫼비우스의 띠 퍼즐". 이 발명자는 여러 개의 횡과 열을 갖고 있는 뫼비우스의 띠 형태의 퍼즐 게임에 대해 기술하고 있다. 그 퍼즐에 대한 해답은 배열되어 있는 글자들 중에서 뽑은 단어나 문장으로 구성되어 있거나, 아니면 배열

된 색깔 내지 기호들을 이용해서 미리 정해 놓은 패턴으로 구성되어 있다.

• 미국 특허 4,968,161(1990년), 일본 다나 시의 구니토미 요시오가 고안하고 특허권이 시티즌 와치 사에 양도된 "뫼비우스 리본의 세로 방향으로 절반만 다시 잉크를 재주입하는 리본 필름 통". 끊임없이 잉크가 재주입되는 뫼비우스 리본이 인쇄술에 이용된다.

• 미국 특허 4919427(1990년), 이스라엘 텔아비브의 이츠학 카이다가 고안한 "뫼비우스의 띠 퍼즐". 이 퍼즐에는 뒤틀린 고리 형태로 된 잘 휘어지는 띠가 들어 있다.

• 미국 특허 4,766,514(1988년), 캘리포니아의 켈빈 존슨이 고안한 "유사 뫼비우스적 정전기 방지 회로 보관 용기". 뫼비우스의 띠는 전자 회로를 차폐하는 데 이용된다.

• 미국 특허 4,640,029(1987년), 위스콘신의 리처드 혼블레이드가 고안하고 DCI 마케팅 사에 특허권이 양도된 "뫼비우스의 띠와 이를 이용한 디스플레이 장치". 발명자는 뫼비우스의 띠 형태로 된 평평하고 연속적인 테이프를 이용하는 디스플레이 장치에 대해 기술한다.

• 미국 특허 04599586(1986년), 뉴욕의 토머스 브라운이 고안한 "뫼비우스 축전기". 발명자는 뫼비우스 형태의 축전기와 더불어 입력 신호의 전압이나 위상차를 측정하거나 전류를 감소시키는 필터 역할을 하는 전자 부품들에 대해 기술한다.

• 미국 특허 04384717(1983년), 워싱턴의 대니얼 모리스가 고안한 "뫼비우스의 띠 퍼즐". 발명자는 참신한 방식으로 연결된 다중 뫼비우스의 띠를 이용한 퍼즐에 대해 기술한다.

• 미국 특허 04253836(1981년), 미주리의 조지프 미란티가 고안하고 데이

코 사에 특허권이 양도된 "뫼비우스 벨트와 이를 만드는 방법". 겹쳐서 연결하지 않은 뫼비우스의 띠를 재료로 전력 전송 벨트를 만든다.

• 미국 특허 04189968(1980년), 미주리의 조지프 미란티가 고안하고 데이코 사에 특허권이 양도된 "뫼비우스의 띠 띠톱 날". 발명자는 뫼비우스의 띠 형태의 띠톱 날에 대해 기술한다.

• 미국 특허 04058022(1977년), 뉴욕의 해리 픽번이 고안한 "뫼비우스 동력 벨트 고정 장치". 뫼비우스 동력 벨트와 뫼비우스 동력 벨트 고정 장치는 도르래 사이의 전력 전송에 이용된다. 뫼비우스 고정 장치 덕분에 벨트가 여러 가지 방식으로 회전할 수 있다.

• 미국 특허 04042244(1977년), 메릴랜드의 토머스 카코비치가 고안한 "뫼비우스 장난감". 이 휴대용 장난감은 손의 감각을 발달시키기에 좋고 정신 집중에 도움이 된다. 이 장난감에는 굴러다니는 공이 지나갈 경로를 결정하기 위해 양쪽 면에 홈이 나 있는 긴 밴드로 만든 뫼비우스 고리가 들어 있다. 그 밴드에는 한쪽 출구가 막혀 있는 구멍이 하나 있는데, 이로 인해 공을 선택적으로 그 퍼즐의 양쪽 면으로 보낼 수 있다.

• 미국 특허 3,991,631(1976년), 노스캐롤라이나의 J. 레만 캡이 고안한 "끊임없이 뒤틀린 꿰맨 자국이 없는 벨트와 뫼비우스의 띠 제작". 발명자는 제조 공정과 재료 취급 과정에 사용되는 뫼비우스 벨트에 대해 기술한다. 이 벨트는 접촉면이 넓어서 마모 문제를 개선했다는 특징이 있다.

• 미국 특허 3,953,679(1976년), 캘리포니아의 닐 부글루비츠가 고안하고 본 메이트 사에 특허권이 양도된 "뫼비우스 고리 형 기동 스위치를 이용한 전화 자동 응답 장치". 전화 자동 응답 장치가 재래식 테이프 녹음기와 뫼비우스 고리 형태로 된 무한정 반복되는 녹음 테이프를 사용한다.

- 미국 특허 3,758,981(1973년), 콜로라도의 리처드 흘라스니체크가 고안한 "뫼비우스의 띠 형태의 오락 장치". 발명자는 뫼비우스의 띠 위에 장착된 투명한 관이 들어 있는 장난감에 대해 기술한다. 강철로 된 공이 관 내부를 돌아다닌다. 발명자의 말에 따르면, "관 속에 들어 있는 공이 돌아다니면서 흥미로운 소리를 내서 이 장치를 다루는 사람의 관심을 배가시킬 수 있다."라고 한다.

- 미국 특허 3,648,407(1972년), 매사추세츠의 제롬 프레스맨이 고안한 "역동적인 뫼비우스의 띠". 발명자는 뫼비우스의 띠 형태의 트랙과 "한쪽 곡면의 위상 기하학적 성질을 시범적으로 보여 주기 위해" 트랙 주위를 돌아다니는 자기 추진 차량을 함께 기술하고 있다.

- 미국 특허 3,621,968(1971년), 미시간의 니콜라스 콘더 주니어가 고안하고 버로 사에 특허권이 양도된 "리본에 뫼비우스 고리가 달려 있는 리본 카트리지". 이 발명자는 뒤틀지 않고서 리본의 유효 길이를 2배로 증가시킨 뫼비우스 잉크 리본에 대해 기술한다. 리본은 인쇄 기계 위의 구동 롤러를 통해 움직인다.

매듭 특허: 신발 끈에서 외과 수술까지

여러 가지 다양한 분야에서 다양한 매듭이 새로 만들어졌고 그중에는 특허를 받은 것도 있다. **그림 4.10**에는 "부분적으로 연결된 수술용 매듭"이라는 특허가 소개되어 있다. 이 매듭을 만든 사람에 따르면, 이 매듭은 수술 부위가 매우 제한적인 경우에 "수술 부위에 생길 수 있는 상해를 최소화시키는 데" 유용하다고 한다.

미국 특허 5,997,051에는 스니커즈, 구두, 부츠 등에 사용되는 신발

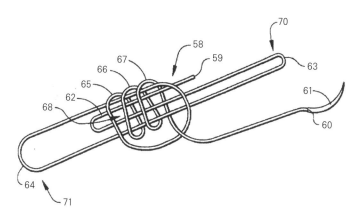

그림 4.10 부분적으로 묶이는 수술용 매듭, 미국 특허 5,893,592.

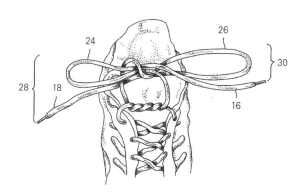

그림 4.11 신발 끈 묶는 법, 미국 특허 5,997,051.

끈 묶는 방법에 대한 설명이 나와 있다.**(그림 4.11)** 1999년에 부여된 이 특허에 대해 폴과 머조리 키스너는 "웬만해서는 저절로 풀리지 않고, 풀려고 하면 쉽게 풀 수 있는" 신발 끈 묶는 법이라고 설명한다.

이 방법으로 신발 끈을 묶어서 특허권을 침해한 사람들에게서 얼마만큼의 손해 배상액을 받아낼 수 있을지 궁금해진다.

뫼비우스와 매듭 화학

앞에서는 뫼비우스의 띠가 등장하는 눈에 보이는 물체 즉, 뫼비우스 컨베이어 벨트나 장난감처럼 만지고 보고 느낄 수 있는 물체를 다루었다. 이번에는 뫼비우스의 띠와 세잎 매듭을 분자 단계에서 탐험해 본다. 최근까지도 이에 관해 알려진 바는 극히 미미하다. 구체적인 예를 제시하기 전에 화학에서 쓰이는 **광학 이성질성(chirality)**에 관해 잠깐 알아보자. 광학 이성질 분자란 자신의 거울 이미지와 합동으로, 겹쳐질 수 없는 분자를 말한다. 즉 아래에 나와 있는 두 기호처럼 2차원 상태에서는 이 종이 내에서 아무리 움직여 보아도 서로 겹칠 수 없는 분자이다.

$$\mathcal{Q} \quad \mathcal{Q}$$

좀 더 구체적으로 말하면 광학 이성질 분자의 두 가지 거울 이미지 형태를 '거울상 이성질체'라고 하는데, 이 거울상 이성질체는 회전과 평행 이동만으로는 서로 겹칠 수가 없다. 대칭적이지 않은 분자에 대해서는 광학 이성질성을 손잡이성(handedness)이라고 일컫기도 한다. 예를 들면 오른손과 왼손은 거울상 이성질체이다. 즉 그 둘은 서로 거울 이미지이며 왼손 장갑을 오른손에 낄 수는 없다는 말이다. 이것은 3차원상에서 엄지와 다른 손가락들이 배열된 형태가 양쪽이 서로 다르기 때문이다. 이러한 성질을 광학 이성질성라고 부르며, 이 말은 손 (hand)을 뜻하는 그리스 어에서 유래했다.

자신의 거울 이미지와 겹쳐질 수 **있는** 물체들은 광학 이성질이 아니다. 그러한 물체들은 자신의 거울 이미지와 동일하다. 망치, 대부분의 양말, 글자 I는 광학 이성질이 아니다. 반면 글자 R는 광학 이성질이다.

사람 손이 오른쪽과 왼쪽의 두 형태로 존재하듯 많은 분자들도 그러하다. 광학 이성질성은 자연에 꽤 흔하게 나타난다. 예를 들면 모든 생명체가 섭취하는 설탕은 우선성이고 아미노산은 좌선성이다. 세계 100대 의약품의 50퍼센트 이상이 광학 이성질성인데, 그 예로는 리피터(Lipitor), 팍실(Paxil), 졸로프트(Zoloft), 넥시움(Nexium) 같은 약들이 있다.

나선형 분자들은 우선성이기도 하고 좌선성이기도 하다. 이들은 시계 방향 또는 반시계 방향의 조개껍데기나 나선형 계단과 비슷하기에 거울 이미지와 서로 겹쳐지지 않는다.

시계 방향으로 뒤틀린 뫼비우스의 띠와 반시계 방향으로 뒤틀린 뫼비우스의 띠는 서로 거울상 이성질체이다. 1980년대 초에 화학자들은 **그림 4.12**에 나와 있는 분자 구조식대로 탄소와 산소의 결합으로 뫼비우스의 띠 분자를 합성할 수 있게 되었다. 볼더에 있는 콜로라도 대학교의 데이비드 왈바(David Walba), 로드니 리처즈(Rodney Richards), 커티스 할티왕거(R. Curtis Haltiwanger)는 1982년에 사상 최초로 뫼비우스의 띠 분자를 효과적으로 합성해 내는 방법을 발견했다. 분자 고리의 모서리 선들은 단일 결합을 나타내고, 막대 모양은 탄소 이중 결합을 나타낸다. 이 구조를 만들어 내기 위해 과학자들은 3개의 가로 막대를 포함하고 있는 사다리 모양의 분자부터 연구를 시작했다. 각 가로 막대는 탄소와 탄소의 이중 결합을 나타낸다.(**그림 4.13 위**) 화학 반

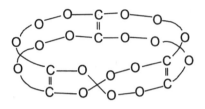

그림 4.12 뫼비우스 고리 분자. 구조식 표현을 간결하게 하기 위해 O-O 기호를 실제 결합 과는 다르게 표현했다. 실제로는 O-O 각각에 CH_2CH_2가 달려 있다. 뫼비우스 구조를 시 각적으로 좀 더 쉽게 표현하기 위해 일부 분자들을 생략했다.

응 시, 양 끝이 서로 결합되도록 사다리가 휘어진다. 양 끝이 결합되는 방식이 총 3가지인지라, 어머니인 자연은 원기둥 띠 형태의 고리를 낳을 때도 있고, 또 어떨 때는 시계 방향 뫼비우스의 띠 내지는 반시계 방향 뫼비우스의 띠를 낳기도 한다. 원리상으로는 뒤틀림이 더 많은 분

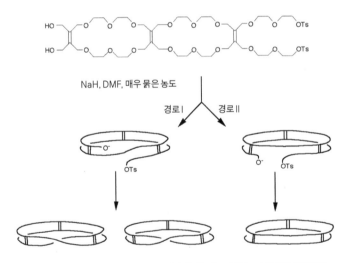

그림 4.13 뫼비우스 분자 생성. 사다리 모양의 다이올 디토실레이트의 양 끝이 결합해 두 분자, 즉 뫼비우스 분자(왼쪽의 2가지 이형체)와 원기둥형(오른쪽)은 대략 동일한 비율 로 생겨난다.

자들도 못 만들 까닭도 없지만, 공간 구조의 제약으로 인해 그러한 화학 반응은 일어날 가능성이 매우 낮다. **그림 4.13**은 부모 분자라 할 수 있는 다이올 디토실레이트(diol ditosylate)라는 분자의 구조식인데, 여기에서 뫼비우스 분자(왼쪽에 나오는 2가지 이형체)와 원기둥형(오른쪽)의 2가지 분자가 생겨난다.

왈바가 합성한 미세 생화학 분자에도 종이 뫼비우스의 띠가 가진 여러 성질이 그대로 나타난다. 종이 뫼비우스의 띠 가운데를 따라 자르면 원래 길이의 2배인 긴 고리가 하나 생기듯, 위아래의 분자 띠를 연결하는 3개의 가로 막대(탄소 이중 결합)를 끊어도 원래 길이의 2배인 긴 분자 띠 1개가 생긴다.

각각 시계 방향과 반시계 방향의 반 뒤틀림이 가해진 이 2가지 뫼비우스의 띠 분자는 어느 한 분자를 변형시켜 다른 분자로 만들 수는 없기에 위상 기하학적으로는 동일하지 않다. 한편, 둘 중 어느 한 분자 고리를 거울에 비춰 보면 다른 분자의 모습으로 보인다. 즉 둘은 서로 거울 이미지이다.

화학자들은 의약품 제조를 위한 화학 반응 과정에서 거울 이미지 형태, 즉 위상 동형 이성질체 각각의 분량을 적절히 조절하느라 꽤나 애를 먹었다. 예를 들면 임산부의 통증을 완화시키는 효과가 있는 탈리도마이드(thalidomide)라는 약품은 우선성이다. 하지만 좌선성도 있는데, 이는 출산 장애를 일으킨다. 1960년대에 이 약을 안정제로 복용하고 출산한 많은 임산부들이 이 좌선성 탈리도마이드로 인해 심각한 출산 장애를 겪는 비극적인 사태가 발생했다. 게다가 우선성 탈리도마이드만 복용한 임산부 중에도 출산 장애를 겪은 사람이 있었는데, 알고 보니 이성질체가 인체 내에서 다른 형태로 변형되었다! 그러니까 이성질체 가운데 한 형태만 복용해도 두 형태 모두 혈액 속에 발견될 우려는 남는다.

일반 진통제인 이부프로펜(ibuprofen, 두통, 치통, 생리통 등을 위한 진통 해열제에 주로 들어 있는 성분)의 경우 우선성 분자의 작용 효과가 좌선성에 비해 100배 이하이다. 이성질체 중 오직 한 형태만으로 제조하려면 비용 및 제조 기술상의 어려움이 크기에 시중에 판매되고 있는 모든 이부프로펜은 두 이성질체가 각각 절반씩 섞여 있다.

이성질체가 매우 다른 성질을 보이는 또 다른 예로는 페니실라민(penicillamine)이라는 약이 있다. 이에는 2가지 이성질체가 있는데, 하나는 관절염 치료 작용이 있고 다른 하나는 독성 약품이다. 에탐부톨(ethambutol)의 한 이성질체는 폐렴에 효과가 있는 반면 그 이성질체는 실명을 일으킬 우려가 있는 시각 신경증을 유발한다. 파킨슨병 치료약인 레보도파(levodopa, L-dopa)는 이성질체가 없는 순수한 형태로 판매된다. 왜냐하면 이성질체인 D 형태는 과립구 감소증, 즉 백혈구의 손실을 일으키기 때문이다.

오늘날 화학자들은 위상 기하학적으로 이색적인 온갖 종류의 분자들을 창조해 낼 수 있다. 스트라스부르에 있는 루이 파스퇴르 대학교 출신의 크리스티앙 디트리히부체커와 장피에르 소바주는 여러 종류의 세잎 매듭 분자를 만들어 냈다. 소바주는 그가 창조해 내는 분자들의 아름다움에 흠뻑 빠져 있는 분자 합성 화학자인데, "미학적으로 매력적인 분자에 대한 탐구야말로 화학의 태동 이후 줄곧 이 학문의 목표"라며 한껏 목청을 돋우었다. 세잎 매듭에 특별히 관심이 많다고 해서 이유를 물어보니, 그 형태야말로 '초기 종교 상징에 나타나는 연속성과 영원성'을 표상할 뿐만 아니라 많은 고대 문명의 예술성을 조명해 주기 때문이라고 한다.

몇 년 전에 소바주 연구팀은 전이 금속 이온 주형 테두리에 매듭을 짓는 방법을 개발해 냈다. 매듭 분자를 만들어 내기 위해 연구팀은 2개의 분자 '실'을 이용했는데, 이 실은 2개의 전이 금속의 중심 위에 서로 얽힌 채 이중 나선 형태를 이루고 있다. 고리화 과정과 디메틸화 과정이라는 2가지 화학 반응을 거쳐 매듭 분자는 세상에 빛을 보게 되었다. 소바주와 디트리히부체커가 구리 원자를 주형 물질로 삼아 첫 세잎 매듭 분자를 최종적으로 합성하기까지에는 여러 해가 걸렸다. 소바주는 "크리스티앙과 저는 세잎 매듭 분자를 인공적으로 만들어 낸 최초의 사람들인 셈입니다. 왜냐하면 수백만 년 동안 DNA나 단백질에 있던 세잎 매듭은 자연이 만든 물질이니까요."라는 내용의 편지를 내게 보내 왔다. **그림 4.14**에 소바주와 그의 동료들이 만들어 낸 좌선성과 우선성 매듭 분자의 구조도가 나와 있다.

2장에서 우리는 영국의 수리 생물학자인 윌리엄 테일러의 연구에 대해 알아보았다. 기억을 환기시키는 차원에서 다시 한번 설명하면, 그는 단백질 분자 축에서 매듭을 찾아내는 알고리듬을 개발했으며 단백질 데이터 뱅크에 저장된 단백질 구조를 검색한 결과 다양한 세잎 매듭 및 다른 매듭 형태를 발견한 과학자이다. 2002년에 아르곤 국립 연구소와 토론토 대학교의 연구자들은 가장 오래된 유형의 단세포 생물인 고세균(archaebacterium)에서 단백질 매듭을 발견했다. 단백질 조작 전문가들은 오랫동안 매듭짓기는 단백질의 능력을 넘어서는 일이

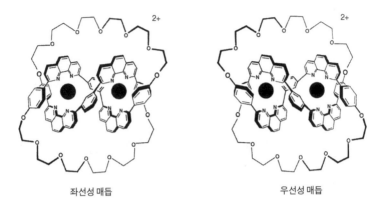

좌선성 매듭   우선성 매듭

그림 4.14 장피에르 소바주와 크리스티앙 디트리히부체커가 만들어 낸 좌선성과 우선성 매듭 분자의 분자 구조.

라고 믿었다. 요즘의 단백질 연구자들은 그런 매듭이 존재함을 알고 있을 뿐만 아니라, 발견된 몇몇 매듭들이 단백질을 이루는 아미노산의 일부 구조를 안정화시키는 역할을 할지도 모른다는 가설까지도 제시한다. 단백질의 형태를 속속들이 밝혀 내는 연구 덕분에 아미노산의 단선 사슬이 3차원 단백질 구조로 역동적으로 변형되는 과정이 확실히 밝혀지리라고 생화학자들은 기대하고 있다. 만약 과학자들이 분자 구조를 형성하는 일련의 유전자 단계에서 단백질의 구조를 정확하게 예측할 수 있다면, 질병을 더 잘 이해할 수 있고 단백질의 기능을 조절하는 3차원 배열 형태에 기반을 둔 신약 개발도 가능할 것이다.

2002년에 원생 생물에서 발견된 고세균 매듭은 메타노박테리움 테르모아우토트로피쿰(*Methanobacterium thermoautotrophicum*)에서 나왔는데, 이 생물은 쓰레기를 분해하여 메탄 기체를 만드는 능력이 있다. 생화학자들은 어느 유전자가 268번 아미노산 단백질을 암호화하는지는 알고 있지만, 엮인 단백질이 어떤 기능을 수행하는지는 아직 모르고 있다.

백본에 뫼비우스 구조를 띠고 있는 몇몇 분자들이 최근에 발견되어 과학자들의 주목을 받고 있다. 내 마음에 드는 단백질로는 칼라타 B1(kalata B1)이 있는데, 이 작은 단백질은 칼라타칼라타(kalata-kalata)라는 식물에서 중요한 역할을 한다. 아프리카에서는 이 식물을 끓여 임부에게 먹이면 출산이 수월해진다고 한다. 칼라타 B1은 29개의 아미노산들이 길게 배열되어 있고 이황화물 분자로 이루어진 연결 다리가 3개 있는데, 그중 2개는 고리 모양이다. 나머지 1개는 그 고리를 통과해 아래로 늘어뜨린 매듭 형태이다. 위상 기하학자인 내 친구는 이것을 진짜 매듭으로 인정하지 않을지도 모르지만, 그러한 연결의 결과 생겨난 구조를 연결 이전으로 되돌리려면 단백질 사슬을 끊지 않고서는 불가능하다. 게다가 그 단백질 백본에 있는 뫼비우스 뒤틀림이 생물학적으로 무슨 의미인지도 여전히 불가사의다. 칼라타 B1이 속하는 작은 식물 단백질은 다음 2가지 형태로 분류된다. 팔찌 사이클로타이드(사이클로타이드는 위상 기하학적 구조로 볼 때 면이 2개인 원기둥 팔찌 형태이다.)와 뫼비우스 사이클로타이드. 칼라타 B1은 뫼비우스 사이클로타이드에 해당한다. 칼라타 B1에 살충 및 항균 작용이 있기 때문에, 과학자들은 생명 공학 기술을 이용해 이 단백질을 작물 보호용으로 활용할 궁리를 하고 있다. 퀸즐랜드 대학교의 데이비드 크레이크(David Craik) 교수에 따르면, 칼라타 B1을 목화의 유전자에 주입하면 쐐기벌레가 목화를 갉아 먹지 못하게 할 수 있으며 아울러 환경 오염의 우려가 있는 농약을 더 이상 살포할 필요도 없어진다고 한다. 더군다나 그 단백질은 매우 안정적이며 인체 내의 소화 효소의 공격을 견뎌 낼 수 있고, 또한 위 속에서 천천히 분해되기 때문에 칼라타 같은 단백질은 언젠가는 먹어서 복용하는 신약 연구의 기본 토대가 될지도 모른다.

화학 분야에서 훨씬 더 큰 뫼비우스 분자 구조로는 2002년 일본 홋카이도 대학교의 연구자들이 밝혀 낸 뫼비우스 고리가 있다. 이 고리는 니오븀과 셀레늄의 화합물인 $NbSe_3$의 결정체로 구성되어 있다. 놀랍게도 결정 내부가 휘거나 뒤틀릴 우려가 없는 견고한 상태를 유지하기 위해서 결정체 리본이 뫼비우스 모양을 하고 있다고 한다.

$NbSe_3$는 무기 전도체이며 뫼비우스의 띠는 단일 $NbSe_3$ 결정이다. 이 형태를 만들어 내기 위해서 그 연구자들은 섭씨 740도의 셀레늄과 니오븀이 섞인 가루를 하루 동안 진공 상태의 석영 튜브에 담가 두었다. 전자 현미경으로 찍은 사진에는 평균적으로 지름 50마이크로미터, 폭 1마이크로미터 미만의 뫼비우스 결정체들이 드러났다. 일본 연구자들은 뫼비우스 결정체로 인해 위상 기하학적 구조가 양자 역학에 미치는 영향에 대한 연구가 가능해질 뿐만 아니라 신소재 개발에도 새로운 가능성이 열렸다고 믿고 있다.

다른 과학자들도 흥미로운 뒤틀림과 회전 구조를 갖는 실제 및 가상 분자들의 특성에 대해 연구 중이다. 그림 4.15는 손솔레스 마르틴 산타마리아(Sonsoles Martín-Santa-María)와 헨리 르체파(Henry S. Rzepa)라는 두 유럽 화학자들이 연구한 가상의 뫼비우스 분자이다. 사이클라신(cyclacene)이라는 분자에 대해 그 길이를 변화시켜 가면서 뒤틀림을 1번, 2번, 3번 이렇게 차례대로 가하는 방식으로 이 뫼비우스의 띠

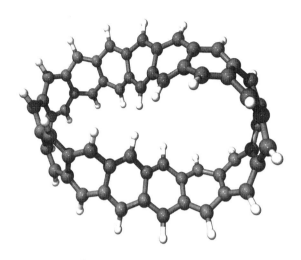

그림 4.15 분자 뫼비우스의 띠.(헨리 르체파 제공)

를 만들어 내서 그 특징들을 연구하고 있다. 이 분자는 특별히 **방향족** 분자에 속한다. 즉 단일 결합과 이중 결합이 섞여서 배열되어 원형 고리를 이루고 있는 원자들 주변을 전자들이 자유롭게 떠다니는 구조이다.

르체파 박사의 연구는 이론일 뿐이지만, 2003년 12월에 독일 고고학자는 세계 최초로 뫼비우스 방향족 탄화수소 분자를 실제로 합성했다고 밝혔다. 독일 연구자들은 탄소 8개로 이루어진 방향족 분자 2개를 결합해 탄소 16개로 이루어진 방향성 없는(non-orientable) 분자를 합성하는 획기적인 방법을 발견해 냈다. 그 분자를 창조해 내기 위해 여러 재료의 혼합물에 4시간 동안 수은 광선을 쬐였다. 그 결과 빨간색 결정의 뫼비우스 분자가 만들어졌다. 뫼비우스 구조를 띠지 않는 분자는 이와는 달리 투명한 색이었다.

뫼비우스 열차로 떠나는 휴일 여행

이 장을 끝맺는 오늘이 바로 크리스마스이기도 해서 크리스마스트리를 장식하기에 딱 좋은 뫼비우스의 띠 열차 레일에 관한 특허를 소개하면서 마무리하고 싶다. 무엇이냐 하면, "뫼비우스 정리에 기술된 자유4분원 형태의 레일 위를 움직이는 전기식 이동체"라는 미국 특허(특허 번호 5,678,489)가 1997년에 중국 창샤 출신의 시안 왕(Xian Wang)에게 부여되었는데, 이 특허는 이후에 스튜디오 유클리오 회사와 지아 청 엔터프라이즈(Jay Cheng Enterprise) 회사에 양도되었다. 발명자는 여러 개의 지지대 위에 얹힌 뫼비우스 레일 위를 그 전기 열차가 신나게 질주할 수 있다며 기염을 토했다. 이 레일은 평행한 2개의 금속 트랙을 뒤틀어서 트랙의 '윗'면과 '아랫'면이 서로 만나도록 구성되어 있다. 제어 장치를 이용해 기차와 트랙에 가해지는 전류의 양을 조절하며, 기차에는 트랙과 분리되지 않도록 영구 자석 재료로 만들어진 바

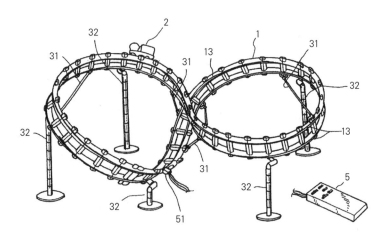

그림 4.16 전기 뫼비우스 트랙과 기차 세트 특허. 미국 특허 5,678,489.(1997년)

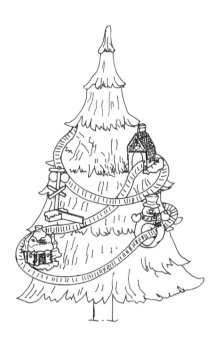

그림 4.17 크리스마스트리를 휘감고 있는 전기 뫼비우스 열차 트랙.

퀴들이 장착되어 있다.

한쪽 곡면 위에서 기차가 어떻게 위아래가 뒤집힌 채 트랙을 따라 움직일 수 있는지에 대해서는 특허 문서에 자세하게 설명되어 있다. **그림 4.16**은 지상에 설치된 지지대로 고정되어 있는 중국 뫼비우스 열차이다. **그림 4.17**은 이 특허 열차를 이용해 장식품들과 나뭇가지 사이로 크리스마스트리를 꼬불꼬불하게 장식하는 방법을 보여 주는 그림이다.

뫼비우스의 혼령에게도 메리 크리스마스!

다음 장에서 그래프 이론을 다룰 예정인데, 이 이론은 물체 사이를 연결하는 여러 가지 경우의 수를 찾는 문제를 취급하기도 한다. 입맛을 돋우는 차원에서 문제 하나를 내겠다. 한 번 봐서는 도저히 모르겠다며 몇몇 동료가 볼멘소리를 한 문제다.

노아는 방주에 있던 동물들을 다 풀어 주고 각자 가고 싶은 곳으로 가도록 내버려 두었다. 그러고 나니 노아에게 남은 일은 같은 종족의 암컷과 수컷을 짝짓도록 돕는 일뿐이었다. **그림 4.18**의 아랫부분에 있는 토끼와 말과 사슴은 담으로 둘러싸인 아주 큰 울타리에 딱 붙어 있다. 위쪽에는 오직 말 한 마리만 북쪽 울타리에 붙어 있고 나머지는 울타리와 약간 떨어져 있다. 같은 종류의 동물끼리 잇도록 땅에 선을 그릴 수 있을까? 그 선은 울타리와 만나거나 울타리를 지나가서는 안 된다.(즉 토끼에서 토끼, 말에게서 말, 사슴에게서 사슴으로 선이 바로 연결되어야

그림 4.18 단순한 그래프일까? 서로 만나지 않게, 동물과 울타리를 지나가지 않는 선을 그려 같은 종류의 동물끼리 연결시켜라.

한다.) 선은 곡선이어도 무방하지만 선끼리 서로 만나거나 서로를 지나가서는 안 되며 동물이나 호수를 통과해도 안 된다. 5분 만에 이 문제를 풀면 노아가 현재 시세로 100만 달러짜리 황금 뫼비우스의 띠를 상으로 준다고 한다.(답은「해답」에)

패션과 헤어스타일에 나타난 뫼비우스의 띠

혁신적인 신발 디자인 회사인 유나이티드 누드는 신제품 디자인을 위해 그래픽 디자이너에게 관심을 돌리고 있다. 유나이티드 누드의 독창적 디자인인 뫼비우스 신발은 각 부분이 전체적으로 뫼비우스의 띠처럼 연결된 형태인데, 건축가 미스 반 데어 로에(Mies van der Rohe)의 유명한 바로셀로나 의자에서 영감을 받았다.

— 바바라 벤첼(BarBara Wentzel),
「경계를 넘어서(Pushing the Boundaries)」,
《월드 텍스타일 퍼블리케이션스(World Textile Publications)》

카네발(Carneval) 뫼비우스 니트 목도리 — 48달러. 두르면 정말 즐겁습니다! 무엔치 얀스(Muench Yarns) 사의 화려하고 고급스러운 실로 만든 레이온과 놀랍도록 부드러운 면사의 합작품인 카네발을 이용했습니다. 더군다나 여름철에 안성맞춤인 뫼비우스의 띠 스타일로 만들고자 꼼꼼히 매듭을 지었습니다. 이 니트 목도리를 하고 다니시면 어디에서나 어울리실 겁니다. 천연 소재를 사용했으며 품질에서나 우아함에서나 어느 하나 나무랄 것이 없는 이 목도리를 진심으로 권해 드립니다. 큰 사이즈도 잘 어울립니다. 디자인은 니팅백(Knittingbag)에서 담당했습니다.

— 니팅백 회사의 knittingbag.com 카탈로그

도널드 트럼프의 머리카락은 앞으로 빗질되어 있는가, 아니면 뒤로 넘겨져 있는가? 지금 이 문제는 인피니티 풀(바다에서 수영하듯이 한쪽이 수평선처럼 보이게 만든 수영장. ─옮긴이)이나 시작도 끝도 없이 돌고 도는 오싹한 뫼비우스의 띠만큼이나 심각한 문제이다.

─ 휘트니 파스토렉(Whitney Pastorek),
「18명의 희생자를 낸 도널드 장난감(Donald Toys with 18 New Victims)」,
《엔터테인먼트 위클리(*Entertainment Weekly*)》 2004년 9월호

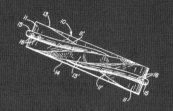

5장 | 신성한 위상 기하학, 그리고 그 너머

아주 간단한 사례를 차근차근 체계화시켜 가는 과정과 더불어 어떤 특수한 (겉으로 보기에는 별 흥미가 없어 보이는) 예를 철저히 연구함으로써 위대한 발견이 어떻게 해서 이루어질 수 있는지를 보여 준 산 증인이 바로 뫼비우스다. 우리는 천재가 한꺼번에 위대한 업적을 드러내길 기다리기도 한다. 하지만 인내심을 가진 성실한 연구엔 언제나 보답이 따르게 마련이다.

― 제레미 그레이(Jeremy Gray),
「뫼비우스의 기하학적 역학(Möbius's Geometrical Mechanics)」,
『뫼비우스와 그의 띠』

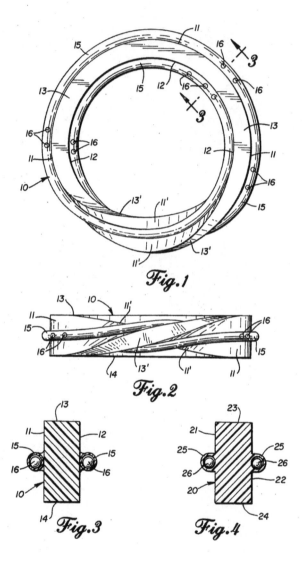

Fig.1

Fig.2

Fig.3   Fig.4

뫼비우스의 관심사는 한쪽 곡면에서 시작해 오늘날 그를 기념해 '뫼비우스 함수'라고 부르는 정수 함수에 이르기까지 깊고도 넓었다. 이 장에서는 그가 이룬 여러 가지 수학적 발견에 대해 이야기한다. 위상 기하학과 고차원 세계에 대해서도 깊이 살펴볼 텐데, 이 주제들은 다음 장에서 살펴볼 우주의 구조와 외계 생명체의 존재 가능성에 대한 발판이 된다.

수학은 수명이 꽤 길다

프랙털 기하학의 시조인 브누아 망델브로(Benoît Mandelbrot)는 한때 이런 말을 했다. "150년 전에 다루었던 수학적 주제는 오래되긴 했지만, 죽었다거나 먼지만 풀풀 날린다고 말할 수는 없다." 이와는 대조적으로 물리학과 같은 분야에서는 상황이 전혀 딴판임을 그도 알아차리고는, "100년이나 지났는데도 교과서에 실리지 않은 내용은 실질적으로 죽은 것이나 다름없다."라고 일침을 놓았다. 수명이 길다는 수학의 이러한 특성은 뫼비우스 연구에서 여실히 드러난다. 그가 남긴 한쪽 곡면과 특이한 함수는 아직까지도 열정적으로 연구되고 있는데,

이 주제에 관한 새로운 영감이 종종 컴퓨터의 도움으로 아직도 샘솟고 있으며 수학 이외의 분야, 예를 들면 아원자 입자의 행동 특성, 우주 공간의 구조, 우주의 탄생 등의 분야의 연구와도 관련된다.

매개 변수

수학자들은 종종 매개 변수 방정식을 이용해 정교한 기하학 형태를 표현한다. 매개 변수화란 독립 변수가 여러 개인 함수로 표현하는 방정식의 집합이다. 아마도 원의 방정식이 가장 유명한 예가 되지 싶다.

$$x^2 + y^2 = r^2$$

여기서 r는 원의 반지름이다. 매개 변수 방정식으로 표현하면 다음과 같다.

$$x = r\cos(t)$$
$$y = r\sin(t)$$

여기서 t는 $0 < t \leq 360$도 또는 $0 < t \leq 2\pi$라디안의 값을 갖는다. 그래프를 그리려면, 프로그래머는 t 값을 계속 증가시키면서 그 결과 나오는 각 점들을 (x, y) 좌표에 연결하면 된다. t 값을 더 세밀하게 증가시킬수록 그래프 모양은 더 매끄러워진다.

수학자와 컴퓨터 아티스트 들이 종종 매개 변수 표현을 더 애용하는 까닭은 어떤 기하학 형태들은 원처럼 간단한 하나의 방정식으로 표현하기가 아주 어렵기 때문이다. 예를 들면 원형 나선의 파라미터 표기는 $x = a\sin(t)$, $y = a\cos(t)$, $z = at/(2\pi c)$이고 a와 c는 상수이다. $a = 0.5$, $c = 5.0$, $0 < t < 10\pi$ 를 대입해 그려 보면, 이 원형 나선 곡선의 모양은 철사 스프링을 닮았다. 원뿔형 나선을 그리고 싶으면, $x = a \times z \times \sin(t)$, $y = a \times z\cos(t)$, $z = t/(2\pi c)$라고 쓰고, a와 c는 상수이다.(그림 5.1) 원뿔 나선은 오늘날 안테나 종류에 쓰인다.

내가 가장 좋아하는 매개 변수 방정식의 하나로는 구형 리사주(Lissajous) 곡선을 표현하는 다음 방정식이다.

$$x = r\sin(\theta t)\cos(\varphi t), \quad y = r\sin(\theta t)\sin(\varphi t), \quad z = r\cos(\theta t)$$

이것으로 그림 5.2에 있는 예술품이 탄생된다! $\dfrac{\theta}{\varphi}$를 $\dfrac{1}{2}$나 $\dfrac{1}{3}$ 같은 간단한 값의 비율로 대입해 보면 시각적으로 흥미로운 결과가 나타난다.

사실 2차원 평면만을 살펴보아도, 믿을 수 없을 정도로 놀라운 아

그림 5.1 원뿔 나선.(컴퓨터 그래픽: 조스 레이스)

그림 5.2 구형 리사주 곡선.

름다움이 대수 및 초월 함수 곡선들에서 발견된다. 이 곡선들은 대부분 대칭성, 잎사귀 모양 및 점근선을 갖는 성질 등을 통해 아름다움을 창조해 낸다. 서던 미시시피 대학교의 템플 페이(Temple Fay)가 개발한 독특한 모양의 나비 곡선은 그런 종류의 아름다움을 잘 나타내 준다.(그림5.3) 나비 곡선 방정식은 극좌표계상에서 다음과 같이 표현된다.

$$\rho = e^{\cos\theta} - 2\cos4\theta + \sin^5\left(\frac{\theta}{12}\right)$$

이 공식은 나비 몸체를 지나는 각 점의 자취를 나타내는 식이다. ρ 는 원점에서 특정 점까지의 반지름 길이이다.

매개 변수 방정식을 소개한 김에 뫼비우스의 띠에 대한 방정식도 고찰해 보자. 전형적인 매개 변수 표기는 다음과 같다.

$$x(u, v) = (1 + \frac{v}{2}\cos\frac{u}{2})\cos(u)$$

$$y(u, v) = (1 + \frac{v}{2}\cos\frac{u}{2})\sin(u)$$

$$z(u, v) = \frac{v}{2}\sin\frac{u}{2}$$

$$(0 < u \leq 2\pi, \, -1 < v < 1)$$

이 공식은 폭이 1이고 중심점 (0, 0, 0)에서의 반지름이 1인 뫼비우스의 띠를 표현한다. 매개 변수 u는 자동차 경주 트랙을 따라 달리는 자동차처럼 띠 주변을 따라 달린다. 매개 변수 v는 한쪽 모서리에서 다른 모서리로 움직인다.

뫼비우스의 띠를 원통형 극좌표계 (r, θ, z)에 나타낼 때에는 다음 식 $\log(r)\sin(\frac{\theta}{2}) = z\cos(\frac{\theta}{2})$이 쓰인다.

그림 5.3 간단한 공식으로 정의 되는 나비 곡선.

파라드로믹 고리

1800년 후반부터 현재까지 많은 연구자가 뫼비우스의 띠를 만들 때 가하는 뒤틀림 횟수를 달리해, 그 효과를 적은 목록을 작성해 오고 있다. 그 결과들을 가리켜 **파라드로믹 고리**(paradromic ring)라고 한다. 몇 가지 가능한 파라드로믹 고리 구조를 도표로 만들었다.

도표의 첫 번째 줄은 **그림 1.1**에서처럼 뫼비우스의 띠의 가운데를 1번 자른 결과이다. 자르고 나면 2개의 '겉보기 조각' 내지 '구역'이 생긴다. 하지만 그 결과물을 펼쳐 보면 첫 번째 줄 맨 마지막 항에 나온 결과처럼 오직 1조각만이 나타난다. 두 번째 줄은 가장자리에서 $\frac{1}{3}$ 지점에서 뫼비우스의 띠를 자른 결과로서 이미 2장에서 논의했던 흥미로운 실험이기도 하다. 이 경우에는 3개의 겉보기 조각이 나오는데, 이것을 펼치고 나면 뫼비우스의 띠 1개와 고리 1개(2조각)가 드러난다. 3번째와 4번째 줄에서는 자르기를 2번 한 경우인데, 자르는 위치가 어디인가에 따라서 잘랐을 때 겉보기 조각이 4개 또는 5개 나타난다. 이것들을 펼쳐 보면 고리가 2개 또는 3개만 달랑 남는다.

도표에는 띠의 '어느' 지점을 자르라는 별도의 지시가 없다. 굳이 어떤 특정 지점을 잘라야 할 필요는 없다는 말이다. 뫼비우스의 띠를 만들어 보면 띠의 정가운데를 자르지 않는 한, 어디를 잘라도 도표의 두 번째 항에 표시된 결과에는 아무런 변화가 없다. 첫 번째와 두 번째 줄에는 거의 동일한 상황이 표시되어 있는데, 첫 번째 줄은 가운데를 따라 자른 결과이고 두 번째 줄은 가운데 이외의 지점을 자른 결과이다. 이와 비슷한 논리가 도표상의 다른 줄에도 적용된다.

반 뒤틀림	자르기	겉보기 조각	실제 결과
1	1	2	1 고리, 길이 2
1	1	3	1 고리, 길이 2 1 뫼비우스의 띠, 길이 1
1	2	4	2 고리, 길이 2
1	2	5	2 고리, 길이 2 1 뫼비우스의 띠, 길이 1
1	3	6	3 고리, 길이 2
1	3	7	3 고리, 길이 2 1 뫼비우스의 띠, 길이 1
2	1	2	2 고리, 길이 1
2	2	3	3 고리, 길이 1
2	3	4	4 고리, 길이 1

위상 기하학 탐험

『위상 기하학의 발달(The Development of Topology)』이라는 책의 저자이기도 한 노먼 빅스(Norman Biggs)가 쓴 『뫼비우스와 그의 띠』라는 책에 보면, 뫼비우스는 자신을 위상 기하학자로 여기지 않았을 것이라고 한다. 왜냐하면 당시에는 위상 기하학이라고 불리는 수학 분야가 존재하지 않았으니 말이다. 어쨌든 그의 아이디어, 논문, 도표 등은 위상 기하학 발달에 지대한 영향을 끼쳤다.

위상 기하학이라는 큰 흐름의 원조는 레온하르트 오일러(Leonhard Euler, 1707~1783년)인데, 그는 가우스와 함께 가장 위대한 스위스의 수학자이자 물리학자로 인정받고 있다. 오일러의 관심 중 하나는 꼭짓점, 면, 모서리를 갖는 일반적인 형태에 집중되어 있었다. 수년 후에 뫼

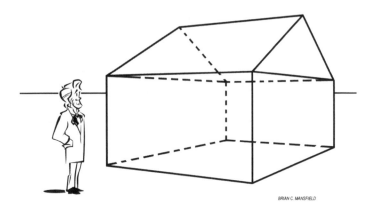

BRIAN C. MANSFIELD

그림 5.4 뫼비우스의 집.

비우스는 단순하게 연결된 다면체에서 꼭짓점, 면, 모서리의 개수와의 관계를 밝혀낸 오일러의 연구에 매료되었다. 이 분야의 기하학을 이해하기 위해 **그림 5.4**와 같은 모양을 닮은 슐포르타에 있던 뫼비우스의 집을 상상해 보자.

단순화해서 이 집에는 창문이나 문이 없다고 가정하자. 실제 집과는 거리가 멀지만, 위상 기하학을 연구할 때는 최상의 모형이다. 뫼비우스가 사는 평범한 집은 10개의 꼭짓점(V), 17개의 변(E), 9개의 면(F)이 있다. 이해가 잘 안 되면, 꼭짓점을 구석의 한 점으로, 변을 2개의 벽이 만나는 곳으로, 면을 벽이나 지붕 또는 바닥의 한 부분으로 여기면 된다. 오일러가 관찰한 뫼비우스의 집은 다음 관계식을 만족한다.

$$V - E + F = 2$$

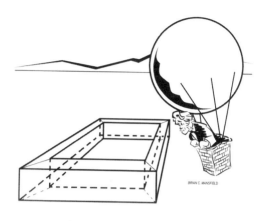

그림 5.5 가운데 마당이 있는 뫼비우스의 집.

예를 들면 이 집에서는 10 − 17 + 9 = 2이다. 앙투안장 륄리에 (Antoine-Jean Lhuilier, 1759~1840년)는 보통의 집처럼 가운데에 마당이 있는 좀 복잡한 형태에도 오일러의 공식이 그대로 적용되는지 궁금했다.**(그림 5.5)**

이 집에는 꼭짓점이 16개, 변이 32개, 면이 16개다. 이 값들을 오일러의 공식에 넣으면

$$V - E + F = 0$$

이런! 이 결과에 따르면 뫼비우스의 보통 집에 창문, 마당, 문 등을 보태면 오일러의 공식이 아무 소용이 없어진다. 하지만 륄리에는 약간 식을 변형시켜 좀 더 일반적인 공식을 발견해 냈다.

$$V - E + F = 2 - 2G$$

여기서 G는 물체에 있는 구멍의 개수이다. 예를 들면 2개의 정사각형 구멍이 나 있는 벽돌처럼 2개의 분리된 안마당이 있는 집일 경우 $G = 2$이다. $V - E + F = 2 - 2G$는 광범위한 형태에 적용되는 공식임이 증명되었다.('구멍의 수'를 정의하고자 할 때 약간 복잡한 문제가 생기기도 한다. 구멍은 특이한 방식으로 서로 연결되거나 겹쳐지기도 하기 때문이다. 개미 서식지의 터널이나 서두에서 소개한 구멍을 통과하는 구멍 속에 있는 구멍 등이 그 예이다.)

동일한 공식이 **그림 5.6**과 같은 평면 지도에도 적용된다. 이 경우는 $V - E + R = 2$이고, 여기서 R은 평면 지도의 제일 바깥 경계선을 포함해서 센 영역의 개수이다. **그림 5.6**에서 $V = 15$, $E = 23$, $R = 10$이며, 공식은 그대로 맞아떨어진다. 이 공식은 다른 부분과 연결되어 있지 않은 영역을 추가시키면 더 이상 통하지가 않는데, 이 영역은 구멍이나 호수에 해당하는 부분으로서 자기 자신과 연결되어 있는 꼭짓점으

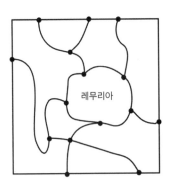

그림 5.6 레무리아 대륙의 지도로 오일러의 공식 $V - E + R = 2$를 증명할 수 있다.

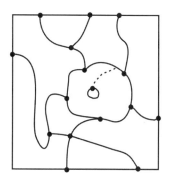

그림 5.7 섬이 포함되어 있는 지도.

로 볼 수도 있다. 하지만 **그림 5.7**에 표시되어 있는 가상의 점선을 그려 그 영역을 바깥 영역과 연결시키면 공식은 다시 살아난다. 선을 하나 더 함으로써 꼭짓점(점선의 위쪽 점)이 1개 더 생기고 변이 2개 더 생긴다.

지도라는 주제가 나온 김에, 어떤 면에 대해 이웃하는 모든 영역과 색깔이 서로 다르도록 색칠할 수 있는 영역의 최대수를 의미하는 **채색수(chromatic number)**에 대해 알아보자. 예를 들면 정사각형 종이에 대한 채색수는 4이다.**(그림 5.8)**

그림 5.8을 이해하려면 제일 위에 있는 정사각형들이 각 모형에서 모서리가 어떻게 결합될지를 알려 주는 그림임을 우선 알아야 한다. 화살표가 있는 쪽이 결합되는 부분이고 화살표 방향이 서로 일치되게 서로 연결된다. 그 아래의 정사각형은 최대한의 색깔 수로 지도를 채우려면 곡면을 어떻게 분할해야 좋을지 그 한 예가 나와 있는데, 각 색깔은 서로 다른 숫자로 표시된다. 실제로 각 영역들을 서로 다른 색으로 칠하려고 하면, 종이의 양쪽 면(앞뒷면) 모두 칠하면 되는데(투명한 종

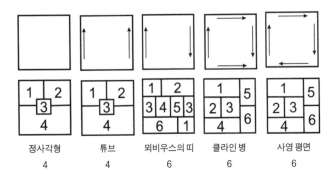

정사각형   튜브   뫼비우스의 띠   클라인 병   사영 평면

4   4   6   6   6

그림 5.8 여러 종류의 곡면에 있는 지도 색칠하기. 제일 위에 있는 정사각형에 그려진 화살표 표시는 각 모형에서 모서리가 어떻게 결합되는지를 보여 준다. 그 아래의 정사각형은 최대한의 색깔 수로 지도를 채우려면 곡면을 어떻게 분할해야 좋을지 그 한 예가 나와 있다. 채색수는 제일 아래쪽에 적혀 있다.

이 위에 칠하는 것처럼) 종이의 두께가 0이라고 여기면 된다. 채색수는 **그림 5.8**의 아래쪽에 나와 있다.

오늘날 정사각형, 원통, 구의 채색수가 4임이 알려져 있다. 뫼비우스의 띠와 클라인 병, 사영 평면의 채색수는 6이다.(클라인 병과 사영 평면에 대해서는 이 장의 뒷부분과 다음 장에서 논의한다). 도넛의 표면이라고 생각하면 되는 토러스(원환체)의 채색수는 7이다. 즉 뫼비우스의 띠 상에 이웃 영역과 서로 다른 색이 되도록 칠하려면 서로 다른 6가지 색이 있어야 한다는 말이다.(뫼비우스의 띠 위에 칠하기 위해 6가지 색을 필요로 하는 지도의 예를 찾으려고 한다면 못 찾을 건 없지만, 그렇다고 해서 모든 지도가 뫼비우스의 띠 위에서 6가지 색을 필요로 하지는 않는다.)

지정학적 표현을 빌리자면, 어떤 곡면의 채색수는 국경선을 마주하고 있는 국가들끼리 서로 다른 색을 칠하는 데 필요한 최소한의 색깔

수이다. 그러므로 미국과 같은 복잡한 지도를 뫼비우스의 띠 위에 그리려면 인접하는 두 지역을 서로 다른 색으로 칠하기 위해 **최소한** 6가지 색을 **사용해야 한다.**

지도 제작자들은 평면상에 있는 어떤 지도에도 4가지 색이면 충분하다는 사실을 알아냈다. 공통의 변을 갖는 두 지역의 색깔이 동일하지 않도록 하기 위해서는(두 지역이 동일한 꼭짓점을 공유하는 경우에는 색이 같아도 무방하다.) 이보다 더 적은 색으로 칠해진 지도도 있기는 하지만, 어쨌든 4가지 색이면 모든 지도에 충분하다. 하지만 토러스 곡면 위에 그려진 지도라면 7가지 색이 필요하다.

4가지 이상의 색으로 칠해진 평면 지도를 본 사람이 아무도 없는데도, 100여 년 동안 수학자들은 이 뻔해 보이는 단순한 이론을 증명하려는 시도를 그치지 않았다. 1976년에야 수학자들은 컴퓨터의 도움으로 4색 지도 가설을 증명하는 데 성공했는데, 이로써 이 문제는 순수수학 분야에서 컴퓨터가 증명의 주역이 된 최초의 문제가 되었다.

오늘날에는 컴퓨터가 수학에 기여하는 역할이 점점 커지고 있다. 때로는 인간의 이해를 거부하는 꽤 어려운 문제를 증명하는 데에도 도움을 준다. 4색 지도 가설도 그 예 중 하나다. 다른 예로는 여러 연구자들이 관여한 수만 쪽짜리 '유한 단일군의 분류'에 관한 사례가 있다. 데이나 맥켄지(Dana Mackenzie)가《사이언스(Science)》의 「유클리드의 이름으로 여기서 무슨 일이 벌어지고 있는가?」라는 기사에서 지적했듯이, 증명이 올바른지를 사람이 검증하는 기존의 방법은 논문이 1,000쪽을 넘으면 한계에 봉착하고 만다. 4색 지도 가설과 관련하여 그래프 이론가 존 로빈 윌슨(John Robin Wilson)은 다음과 같이 평했다.

"마흔 살이 넘은 수학자에게는 컴퓨터가 행한 증명은 좀체 미덥지 않은 반면에, 아직 마흔이 안 된 수학자에게는 700쪽이나 넘게 손으로 계산해 놓은 증명은 영 미덥지가 않다." 4색 지도 가설의 '간략' 증명이 1995년에 출판되었는데, 더 단순한 이 계산을 하는 데에도 컴퓨터는 10억 개 이상의 지도를 조사해야만 했다. 이 일을 한 사람이 하자면 아마도 몇 번이나 환생을 거듭해도 모자랄 판이다. 우리가 살고 있는 지금 이 시대는 스프레드시트와 같은 단순한 프로그램조차 하이젠베르크나 아인슈타인이나 뉴턴이 그토록 갈망하던 능력을 수학자들에게 제공해 줄 수 있다. 한 가지 예를 들면 1990년 후반에 데이비드 베일리(David Bailey)와 헬라맨 퍼거슨(Helaman Ferguson)이 설계한 컴퓨터 프로그램의 도움 덕분에 원주율의 값을 log5와 다른 상수에 관련시키는 공식이 발견되었다. 에리카 클라이히(Erica Klarreich)가 2004년 4월 24일《사이언스 뉴스(Science News)》에 기고한 내용에 따르면, 컴퓨터가 공식을 만들어 냈다면 그 증명은 손바닥 뒤집기보다 쉽다.

4색 지도 정리는 과학 소설 작가들의 마음까지 사로잡았다. 마틴 가드너는 「다섯 색깔의 섬(The Island of Five Colors)」이라는 작품에서 4색 지도 정리를 전격적으로 다루었는데, 가드너가 그 작품을 쓰던 1952년에는 이 정리는 미증명 상태였다. 가드너의 작품은 기하학적인 사색으로 가득 차 있을 뿐만 아니라 심지어 토러스, 뫼비우스의 띠, 클라인 병에 대한 정확한 채색수를 언급하고 있다. 주인공은 이외에도 여러 가지 특이한 기하학 형상에 대해서도 넌지시 말하고 있는데, 이에는 크로스캡(cross-cap, 이 장의 뒷부분에서 다룸), 투커만 띠(Tuckerman Strip, 모서리가 삼각형 형태인 뫼비우스의 띠), 2장에서 논의했던 2겹의 뫼비우스의 띠

샌드위치 등이 포함되어 있다. 이 작품을 통해 4색 지도 정리를 증명하려던 기존의 시도가 어땠는지 알 수 있다. 또한 이에 상반되는 예로서, 단순 연결 상태로 분할된 5개의 영역(각 영역은 다른 영역 및 바다와 맞닿아 있다.)으로 이루어진 아프리카의 한 신비스러운 성을 탐험해 볼 수 있다. 주인공은 4색 지도 정리와 모순되는 그 성의 놀라운 특징에 혼란을 느꼈다. 그래서 그 성의 영역을 5가지 색, 즉 빨간색, 파란색, 초록색, 노란색, 보라색으로 칠해 놓고 친구에게 항공 사진을 촬영하도록 시킨다. 한술 더 떠서 주인공은 엄청난 양의 수성 페인트를 사서 5~6미터 크기의 색 점을 수십 미터 간격으로 5개 영역에 골고루 뿌린다. 지상에서는 각 지역의 모양을 구분하기 어렵지만, 하늘에서 보면 쉽게 파악이 가능하리라고 기대했다. 안타깝게도 항공 사진이 제대로 인화가 되지 않는 바람에 각 영역의 형태 사이의 신비로운 관계를 파악하는 데 실패하고 만다. 이 소설은 거대한 곤충으로 인해 한 수학 교수가 클라인 병 속으로 갑자기 빨려 들어가는 장면으로 끝을 맺는다. 이때 주인공이 병의 입구를 살펴보지만 보이는 것이라고는 소용돌이치는 안개와 차갑게 솟아오르는 공기 방울이 전부였다. 교수의 이름을 하염없이 불러 보지만 들릴락말락 가냘프게 울려 오는 메아리와 이상한 언어로 들려오는 차츰 멀어지는 가녀린 목소리뿐이다. 대단한 작품이지 않은가!

만우절 농담으로 한때, 내 친구에게 1개의 변을 이웃하고 있는 2개의 지역의 색을 서로 다르게 하는 데 5가지 색이 필요한(**그림 5.9**) 비정상적 형태인 가상의 나라를 발견했다고 큰소리를 친 적이 있다. 몇몇 친구는 내 그림에 진드기처럼 달라붙어 농담인 줄도 모르고 오랫동안

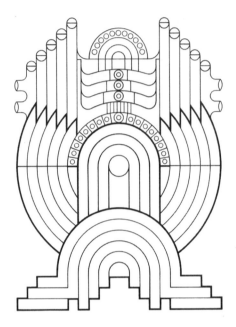

그림 5.9 다빈치 암호 지도. 경계를 마주하고 있는 영역들을 서로 다른 색으로 칠하려면
이 특이한 구성을 하고 있는 가상의 나라에는 몇 가지 색이 필요한가?

그 문제와 씨름을 벌이고 있었다.

『4가지 색이면 충분하다(*Four Colors Suffice*)』의 저자인 로빈 윌슨이
관찰한 결과에 따르면 4색 지도 문제는 지도 제작자에게는 별로 중요
성이 없다고 한다. 이를 뒷받침해 주는 증거로 수학 역사학자인 케네
스 메이(Kenneth May)는 다음 사실을 알아냈다. 국회 도서관에서 수집
한 방대한 지도책에 나오는 지도들을 검토해 본 결과, "사용되는 색의
수를 최소한으로 제한하려는 흔적이 없었으며, 4가지 색만을 써서 만
든 지도는 매우 드물었다." 더군다나 지도 제작에 관한 책 및 지도에
관한 역사책도 4색 지도 가설에 관해서는 한마디도 하지 않았다.

뫼비우스의 삼각 띠

위상 기하학에 관한 이와 같은 몇 가지 기본 개념들을 알고 있으면, 뫼비우스가 놀라운 발견을 한 당시의 생각들과 뫼비우스의 띠 자체도 이해하기 쉽다. 앙투안장 뤼리에와 마찬가지로 뫼비우스도 지금하고 있는 논의의 첫 출발점이 되었던 **그림 5.4**의 뫼비우스의 집과는 비교할 수 없을 만큼 특이한 물체들의 위상 기하학적 성질이 궁금했다. 한쪽 곡면에 관한 연구를 좀 더 수월하게 진행시키기 위해 뫼비우스는 평면 삼각형 조각들을 갖고서 어떤 곡면을 만들어 낸다. 예를 들면 조각 붙임 뫼비우스의 띠는 **그림 5.10**에서와 같이 많은 삼각형으로 구성할 수 있다.

뫼비우스는 삼각형 조각들이 서로 맞붙는 과정을 통해 한쪽 곡면의 개념을 설명했다. 서로 이웃한 삼각형에서 시계 방향 및 반시계 방향 회전의 차이를 정의하고 나면 뫼비우스의 생각을 이해할 수 있다. 예를 들면 **그림 5.10**에 나와 있는 삼각형 T_1에서 A-B-C 순서를 반시계 방향으로 정하자. 삼각형 $1(T_1)$에서 제일 위쪽 꼭짓점에서 시작했던 것

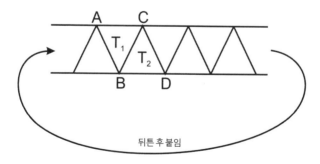

그림 5.10 삼각형 조각들의 집합으로 표현된 뫼비우스의 띠.

과 마찬가지로 삼각형 2(T₂)에서도 시작하면 C-B-D가 반시계 방향이 된다. 삼각형 1과 삼각형 2의 공통 선분인 B-C는 삼각형의 회전 방향에 따라 순서가 서로 다르다. 공통 선분이 이처럼 반대 방향성을 가질 때, 이 삼각형들은 서로 '호환 가능'하다고 한다. 하지만 이 띠의 양변을 붙여서 뫼비우스의 띠를 만들고 보면, 이웃한 삼각형들끼리 호환 가능하지 않게 된다. 그러므로 오일러와 마찬가지로 뫼비우스도 변과 꼭짓점에 관심을 기울여서 한쪽 곡면이 갖는 오일러식 특징들을 연구하는 쪽으로 연구를 진행시켰다.

요한 리스팅 박사와 위상 동형 사상

1858년에 독일 수학자인 요한 베네딕트 리스팅(Johann Benedict Listing, 1808~1882년)도 현재 우리가 뫼비우스의 띠라고 부르는 물체를 발견했다. 리스팅 역시 위상 기하학의 창시자로 불리는데, 그 까닭은 1847년에 『위상 기하학의 기초(Vortstdien zur Topologie)』라는 책을 썼으며, 최소한 100년 전에 '위상 기하학(Topology)'이라는 신조어를 만들어 냈기 때문이다. 위상 기하학에 관한 그의 아이디어들은 아마도 가우스의 영향으로 형성된 듯하다. 리스팅이 1829년에 가우스와 함께 연구를 시작했으니 말이다. 1861년에 펴낸 리스팅의 책 『공간상의 복잡도 조사 또는 다면체상에서의 오일러 해의 일반화(Der Census räumlicher Complex oder Verallgemienerung des Euler'schen Satzes von den Polyëdern)』에는 뫼비우스의 띠에 관한 설명이 나와 있다. 가우스가 뫼비우스와 리스팅 둘 다에게 뫼비우스의 띠에 관한 아이디어를 제공했다고 추측하는 사람도 간혹 있지만, 추측일 뿐 확인할 길은 없다.

우연하게도 거의 같은 시기에 리스팅도 뫼비우스의 띠를 진지하게 연구 중이었지만, 리스팅 부부가 분에 넘치게 과소비를 해 가정 살림이 거의 파산 상태였다. 아내는 외상 거래를 자주 해 법정에도 심심찮게 불려가곤 했고 리스팅은 돈을 빌리고 다녔다. 아내는 심한 낭비벽이 있었고 하인을 심하게 다루기도 해서 하인의 고소로 법정에 출두하는 일도 잦았다. 그러다 보니 학계에서 리스팅의 체면이 말이 아니었다고 한다. 이러한 여러 가지 상황으로 인해 선구적인 수학 업적을 이루고도 그에 걸맞는 높은 평판을 얻지는 못했다.

여러 가지 관심사 중 하나로 리스팅은 $V - E + F$를 다면체를 대상으로 연구했는데, 이것은 오늘날 다면체에 대한 오일러의 수로 알려져 있다. 지금껏 논의했듯이, 구멍과 영역의 개수가 동일한 물체에 대해서 이 수는 일정하다. 즉 내부에 잘린 곳이나 터널이 없는 위상 동형(homeomorphic)이라 불리는 변환에 대해서는 이 수가 일정하다.

두 기하학적인 형태가 있을 때, 한 형태를 구부려서 다른 형태로 변형시킬 수 있으면 그 두 형태는 서로 위상 동형이라고 한다.(기술적으로는 절단이 허용될 때도 있다. 처음 잘린 부분을 나중에 그대로 접합시키고, 자르기 전에 서로 이웃해 있던 부분이 잘린 후에도 여전히 이웃해 있는 경우에 한해 가능하다.) 예를 들면 정사각형과 원은 위상 동형이다. 작은 공을 내부에 담고 있는 속이 빈 구는 작은 공이 구 바깥에 위치해 있는 빈 구와 위상 동형이다. 구의 바깥 표면을 잘라서 안쪽 공을 그 잘려진 틈을 통해 바깥으로 빼내고서 그 잘린 부분을 잘리기 전과 똑같이 접합시킬 수 있기 때문이다. 아니면, 구를 4차원 공간으로 옮겨 변환시킨 후 3차원으로 보내는 방법도 있을 수 있다. 두 형태가 위상 동형이면 한 형태상의 모든 점을 다른 형태상의 모든 점에 대응시키는 연속 함수가 존재한다. 그러한 함수를 위상 동형 사상(homeomorphism)이라고 하며, 그 함수는 서로 근접해 있는 첫 번째 형태상의 점들을 서로 접근해 있는 두 번째 형태상의 점들에 대응시킬 수 있어야 한다. 위상 동형 사상에 의한 변환을 겪고도 여전히 변하지 않는 형태의 특성에 대한 연구가 위상 기하학이라고 해도 과언이 아니다.

위상 동형 사상에 관한 고전적인 사례가 바로 도넛을 커피 잔으로 변환시키는 일이다. 고무처럼 말랑말랑한 도넛을 자르거나 붙이지 않고서 커피 잔으로 변환이 가능하다. 도넛의 구멍은 구멍이 나 있는 커피 잔의 손잡이로 쉽게 바뀐다. 한편, 도넛의 표면(토러스)은 단단한 공(구)의 표면과 동일하지 않다. 위상 동형 사상에서 허용되지 않는 자르기와 붙이기를 행하지 않고서는 한 형태를 다른 형태로 바꿀 수 있는 방법은 결코 존재하지 않는다.

터널 뚫기를 필요로 하는 작업은 위상 동형 사상이 아니며, 조각들이 모여 이루어진 형태를 자르게 되면 $V - E + F$ 값이 변할 수도 있다. 흥미롭게도 곡면이 속해 있는 주위 공간의 존재를 무시해도 된다. 무슨 말인가 하면 변형이 고차원 공간에서 이루어져도 상관없다는 뜻이다. 따라서 거울 이미지는 고차원 공간에서 서로 회전하면 상호 변형 가능하기 때문에 위상 동형이다.(지금은 쉽게 이해가 안 돼도 괜찮다. 다음 장에서 2차원에서는 서로 합동으로 겹쳐지지 않지만 3차원에서 회전시켜 합동이 되는 곡면을 살펴보고 나면 이해가 쉽게 된다.) 그렇기 때문에 뒤틀림 방향이 서로 반대 방향이라서 거울 이미지 상태인 2개의 뫼비우스의 띠도 위상 기하학적으로는 동일하다.

반 뒤틀림을 홀수 번 가한 모든 뫼비우스의 띠는 서로 위상 동형이다. 반 뒤틀림을 짝수 번 가한 모든 띠도 서로 위상 동형이다. 하지만 반 뒤틀림을 짝수 번 가한 띠는 홀수 번 가한 띠와는 서로 위상 동형이 아니다. 뫼비우스의 띠는 2가지 형태, 즉 우선성과 좌선성 형태(어떤 띠는 오른손으로 반 뒤틀려 만들어지고 어떤 띠는 왼손으로 반 뒤틀려 만들어진다.)이기에, 어느 한 형태를 다른 형태로 변환시키려면 4차원 공간에서 띠를 회전시키는 방법밖에 없다.

한쪽 곡면성이나 양쪽 곡면성은 위상 기하학적으로 불변이다. 뫼비우스의 띠를 아무리 구부리고 늘려 보아도 여전히 한쪽 곡면임에는 변함이 없다. 즉 뫼비우스의 띠와 같은 한쪽 곡면 형태는 위상 기하학적인 변환을 통해 두 쪽 곡면 형태로 바뀔 수 없다. 앞에서 말했던 것처럼, 위상 기하학적 변환에 있어서 **이론상으로는** 띠를 자르거나 뒤틀어 매듭짓기가 가능하지만, 한 가지 명심해야 할 점은 자르기 전에 이웃해 있던 점들이 새로 붙인 이후에도 서로 이웃해 있도록 붙여야 한다는 점이다.(이러한 잘라 붙이기가 가능하기에 세잎 매듭과 원은 서로 위상 동형이다.) 이 제약으로 인해 반 뒤틀림이 홀수 번 행해진 이상, 짝수 번으로 바꿀 수는 없다.

물론 뫼비우스의 띠는 우리 우주에서는 사실 거울 이미지나 반 뒤틀림이 3번 행해진 띠로 변환될 수 없다. 하지만 만약 4차원 공간으로 옮길 수 있다면, 그 공간에서 변형시켜 3차원으로 돌아오게 하는 방법을 써서, 임의의 횟수로 반 뒤틀림을 가할 수도 있고 우선성과 좌선성 간의 변환도 마음껏 할 수 있다. 이론상으로는 뒤틀림이 없는 물체(원기둥처럼)조차도 4차원 공간으로 옮겨 고차원 외계인이 뒤틀림을 행한 후 우리 공간으로 돌려 보내면 짝수 개의 반 뒤틀림을 갖거나 우선성 또는 좌선성 성질을 갖는 물체로 바뀔 수 있다.

그렇다 하더라도 외계인이 보통의 원기둥 고리를 뫼비우스의 띠로 바꿀 수는 없다. 왜냐하면 원기둥의 모서리는 2개이고 뫼비우스는 모서리가 1개이니 말이다. 모서리가 2개인 물체를 모서리가 1개인 물체로 바꾸려면, 두 모서리를 찢은 다음 찢긴 모서리를 서로 붙여 하나로 만들어야 하는데 이것은 4차원에서도 불가능하다.

뫼비우스는 이와 같이 특이한 고차원 회전에 관해 진지하게 생각해 보았다. "어떤 물체를 4차원 공간에서 반 회전시킬 수 있다면, 어떤 물체의 거울 이미지를 얻을 수 있다. 그렇다고 하더라도 그 공간이 어떻게 생겼는지 전혀 가늠할 수조차 없는지라, 그러한 작업은 불가능하다."라고 뫼비우스는 『뫼비우스 총서』에서 밝히고 있다.

유령, 뫼비우스의 띠, 4차원

4차원에 대해 이야기할 때 이 4차원이란 우리 세계의 3가지 수직 방향과 다른 방향을 가진 공간 차원을 일컫는다. "시간도 4번째 차원이지 않습니까?"라고 질문하는 학생들도 있다. 시간도 4번째 차원의 한 예이기는 하지만, 4차원에는 여러 가지 유형이 존재한다. 평행 우주가 우리 우주 곁에 괴상한 방식으로 존재하고 있을지도 모르며, 이 평행 우주를 4차원이라고 부를 수도 있다. 하지만 여기서는 4번째 **공간** 차원만을 문제 삼도록 한다. 즉 위아래, 앞뒤, 좌우와는 다른 방향에 존재하는 차원만 문제 삼는다.

방의 천장을 한번 올려다보자. 방의 한 구석에서부터 3개의 선이 뻗어 있는데, 각 선들은 방의 2개의 벽면이 만나는 지점이다. 각 선들은 나머지 2개의 선에 대해 수직이다. 이 3개의 선들과 모두 수직인 4번째 선을 상상할 수 있는가? 대부분의 사람에게 그 답은 분명 "아니오."일 것이다. 하지만 물리학자와 수학자 들은 4차원 공간을 그들의 머릿속에서 구현할 수 있다.

어떤 물체가 4차원 공간 속에 존재한다는 말은 무슨 뜻인가? 4차원 공간이라는 과학적 개념은 1800년대부터 시작된 아주 현대적인 아이디어다. 하지만 철학자 이마누엘 칸트(Immanuel Kant, 1724~1804년)는 4차원 공간의 정신적인 측면에 관해 고찰해 보았다.

존재할 가능성이 있는 모든 공간의 유형에 대한 연구는 의심할 바 없이 기하학의 중심 주제가 될 것이다. 다른 차원의 공간이 존재할 가능성이 있다면, 창조주가 어딘가에 그 공간을 실현시켜 놓았을 가능성이 크다. 그러한 고차원 공간은 우리 세계에 속해 있지 않고, 이 세계와 동떨어진 다른 세계를 형성했을 것이다.

외계인이 고차원 공간에서 뫼비우스의 띠를 조작한다는 생각을 하니까 19세기 천문학자 요한 카를 프리드리히 횔너(Johann Carl Friedrich Zöllner, 1834~1882년)가 떠오른다. 횔너는 유령이 4차원 세계에서 건너온다는 생각을 가진 인물이었다. 라이프치히 대학교의 천문학과 교수였으니 뫼비우스와 동창생이었으며 미국인 심령술사인 헨리 슬레이드(Henry Slade)와 함께 연구를 진행했다. 슬레이드가 사기꾼인지 아니면 진짜로 고차원 세계와 접속할 수 있는지 알아보기 위해 여러 가지 실험을 슬레이드에게 행했다. 예를 들면 췰너는 가운데 부분에 고리 형태가 있는 끈을 슬레이드에게 주었다. 그 띠는 양쪽 끝의 묶이지 않는 부분이 밀랍으로 헐겁게 붙어 있었다. 놀랍게도 슬레이드는 그 끈에 매듭을 만들 수 있는 능력이 있는 것 같았는데, 그것은 현실적으로 불가능한 일이었다. 아무래도 슬레이드가 밀랍을 몰래 살짝 떼어 내어 속임수를 썼을지도 모른다. 하지만 밀랍으로 봉해진 끈에 매듭을 묶은 것이 사실이라면 4차원 세계가 실제로 존재한다는 증거임은 두말할 것도 없다. 왜 그럴까?

당신과 내가 함께 있고, **그림 5.11**과 같이 양쪽 끝이 밀랍으로 봉해진 끈 하나를 당신이 가지고 있다고 가정하자. Z가 적힌 동그라미는 췰너가 실험한 밀랍을 나타낸다. 4차원 존재는 그 끈의 한 부분을 우리 세계에서 4차원으로 이동시킬 수 있다. 4차원에서 끈을 자르는 행위가

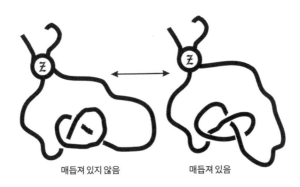

매듭져 있지 않음   매듭져 있음

그림 5.11 4차원의 존재는 궁극의 마법사라도 되는 듯 끝을 4차원 공간으로 들어 올려서 끈의 매듭을 묶거나 풀 수 있을 것이다. 왼쪽이 매듭이 생기기 전의 끈이다.(췰너는 윗부분에 있는 둥근 밀랍을 부수지 않고서 왼쪽 끈을 오른쪽 끈으로 변환시키려고 시도했다.)

3차원에서는 끈이 저절로 움직여서 매듭이 생기는 현상처럼 보일 것이다. 4차원에서 일단 끈이 올바른 방향에 놓이면, 다시 3차원으로 가지고 온다. 그렇게 되면 끈의 양쪽 끝을 움직이지도 않았는데 매듭이 생긴다. 이와 비슷하게 4차원 존재는 뫼비우스의 띠를 고차원 공간에서 변형시켜 3차원 세계로 보내면 반 뒤틀림이 임의의 횟수만큼 행해진 띠나 우선성과 좌선성이 서로 바뀐 뫼비우스의 띠가 생길 것이다. 하지만 그 외계인도 띠를 자르지 않고서는 홀수 번의 반 뒤틀림이 있는 띠를 짝수 번의 반 뒤틀림이 있는 띠로 바꿀 수는 없다. 왜냐하면 이 변환은 한쪽 곡면을 두 쪽 곡면으로 변환시키는 일이기 때문이다. 양쪽 모서리를 찢어서 하나로 붙여야만 되는 일이니, 자르지 않고서는 설사 외계인이라도 불가능한 일이란 뜻이다.

매듭을 다른 차원에서 한번 생각해 보자. 무슨 수를 써도 2차원 공간상에서 끈으로 매듭을 만드는 일은 불가능하다.(그림 5.12) 평면에 갇혀 있는 존재는 어느 한 선이 다른 선을 가로지르는 모습을 볼 수 없다. 사실 선 또는 끈은 3차원 공간에서만 매듭짓기가 가능하다. 그리고 3차원에서 엮인 매듭은 무엇이든 4차원 공간에서는 풀어져 버린다. 한 차원 더 늘어난 자유도로 인해 매듭이 그 여분의 차원으로 빠져나가기 때문이다.

3차원에서의 현상을 고차원으로 확대해서 유추해 보면, 4차원 공간에서 평면을 매듭지을 수도 있지만 5차원 공간에서는 이 매듭이 유지되지 않을 것이다. 그리고 매듭진 평면은 3차원에서는 불가능하다. 물론 평면을 매듭짓기는 대부분의 독자에게는 적잖이 혼란스러운 개념일 것이다. 매듭져 있는 선을 상상한 다음에 그것을 4차원 공간으

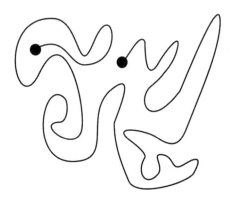

그림 5.12 2차원 공간에서는 매듭짓기가 불가능하다.

로 들어 올려 보자. 올라갈 때 생기는 자취가 매듭진 평면이다. 그것은 자신을 가로지르지 않는다. 물론 그 자취는 3차원이라면 자신을 가로 지르겠지만, 이 '올림' 작용은 3차원 공간의 모든 방향에 수직인지라 4차원 매듭 평면은 그렇지 않다.

칠너는 슬레이드가 기적을 일으키기 위해 4차원 공간을 이용할 수 있는지 알아보려고 3가지 실험 방법을 고안해 냈다. 첫 번째로 그는 부 러뜨리지 않고서 사슬처럼 연결될 수 있는지 알아보려고 자작나무 고 리 2개를 주었다. 두 번째로는 시계 방향과 반시계 방향이 서로 바뀌 는지 알아보려고 시계 방향으로 나선이 나 있는 달팽이 껍데기를 슬레 이드에게 주었다. 세 번째로는 슬레이드에게 고무 밴드를 주고서 그 반 대의 한쪽 부분에 매듭을 지어 보라고 했다.(정확히 말하자면 말린 창자 밴 드이다.) 애석하게도 슬레이드는 어려운 일련의 시험을 통과하는 데 실 패하고 만다. 그럼에도 4차원 개념은 일반인과 과학자들 모두의 마음을 사로잡는 데 성공했다. "고차원 세계는 가능할 뿐만 아니라 실제 존재할 확률이 상당하다."라며 앨프리드 테일러 스코필드(Alfred Taylor Schofield)는 1888년에 『또 하나의 세계(Another World)』라는 책에서 한껏 기대감을 표출했다.

> 그러한 세계를 4차원이라고 부를 수도 있다. 영적인 세계 및 그 세계 속에 사는 존재들, 그리고 천국과 지옥이 우리 세계의 바로 곁에 존재한다는 사실을 누구도 부인할 수 없다.

췰너는 심령술에 빠져 있다는 이유로 거의 무시를 당했다. 하지만 3차원에 갇혀 있는 존재에게는 불가능한 일들을 고차원 존재가 해낼 수 있다는 아이디어를 제안한 점만은 인정할 만하다. 그는 자신의 가정이 옳음을 증명할 여러 가지 실험을 제안했는데, 그 예로는 강철 고리를 자르지 않고 연결시키기, 잠긴 상자 안에 놓인 물체의 이동 등이 있다. 만약 슬레이드가 2개의 분리된 나무 고리를 부러뜨리지 않고 사슬 모양으로 연결시킬 수 있었다면 췰너는 지금 여기의 물리학 개념과 유기 생물의 생명 현상 개념으로는 설명할 길이 없는 기적을 실제로 이루었다고 믿었을 것이다. 덱스트로타타릭산(dextrotartaric acid)의 구조를 반전시켜 분광면에 대해서 오른쪽 대신 왼쪽으로 회전하도록 하는 실험이 그런 종류의 실험 중에는 가장 어려운 실험이 될 것이다. 비록 슬레이드가 이런 실험을 행하지는 않았지만, 늘 췰너를 확신시키기에 충분한 증거를 내놓으려고 노력했다. 그리고 그 과정에서 체험한 경험들이 췰너의 '초월 물리학(Transcendental Physics)'의 기본 토대가 되었다. 이 연구 및 다른 심령술사들이 제기한 주장들이 실제로 과학적 가치를 지닌다고 할 수도 있다. 왜냐하면 그 연구들로 인해 영국 과학계에 활발한 토론이 시작되었으니 말이다.

구와 도넛의 안팎 뒤집기

뫼비우스의 띠는 위상 기하학 분야의 이색적인 다양한 형태들 가운데 하나일 뿐이다. 뫼비우스의 띠는 그나마 시각화하기가 좀 수월한 형태다. 커피 잔을 잡아 늘여서 도넛 모양으로 만들기도 시각화하기에 그리 어려운 편은 아니지만, 위상 기하학에는 직관에 반하는 많은 변환이 존재한다. 예를 들면 오랫동안 구의 안팎 뒤집기가 이론적으로는 가능함이 알려져 있었지만, 실제로 구현할 방법은 알려져 있지 않았다. 연구자들이 컴퓨터 그래픽을 이용하기 시작할 무렵, 수학자이자 컴퓨터 그래픽 전문가인 로런스 리버모어 국립 연구소의 넬슨 맥스(Nelson Max)가 구의 변환을 시각적으로 보여 주는 흥미로운 애니메이션을 제작했다. 맥스의 애니메이션은 프랑스 스트라스부르에 있는 루이 파스퇴르 대학교의 시각 장애인 위상 수학자인 베르나르 모랭(Bernad Morin)이 1967년에 행한 뒤집기 연구를 바탕으로 하고 있다. 이 애니메이션을 제작하기 위해 맥스는 변환의 각 단계를 보여 주는 그물 모형에서 얻어진 좌표계 제작 작업부터 시작했다.

오늘날에는 A. K. 피터스(A. K. Peters)의 웹 사이트에서 「구의 안팎 뒤집기(Turning a Sphere Inside Out)」라는 비디오를 온라인으로 주문해 구입할 수 있다. 이 애니메이션은 구의 뒤집기 문제에 대한 토론이 첫 시작 부분에 소개된 후에 구에 어떤 구멍이나 틈도 생기게 하지 않고서 구의 표면을 뒤집는 방법을 보여 준다. 현재 캘리포니아 대학교 버클리 캠퍼스에 있는 스티븐 스메일(Stephen Smale)이 1958년경 피터스와는 다른 방식으로 증명하기 전까지는, 과학자들은 이 문제를 해결할 수 없다고 믿었다. 하지만 어느 누구도 뒤집는 과정을 그래픽 없이 시각화할 수는 없다. **토러스**의 안쪽을 뒤집는 데 필요한 과정들도 시각화시키기가 꽤나 어렵기는 마찬가지다.

구 뒤집기란 배구공의 공기를 빼내고 공기 구멍을 통해 안팎을 뒤집은 다음 다시 공기를 채워 넣는 과정이 결코 아니다. 구멍이 아예 없는 구를 대상으로 한다. 수학자들은 잘렸거나 뒤틀렸거나 날카롭게 주름진 이런 자국들이 전혀 없이 그냥 늘어나기만 하면서 자기 자신을 통과해 지나가는 얇은 막으로 만들어진 구를 시각화하는 작업을 시도하고 있다. 이 작업의 최대 어려움은 접힌 주름이 생기지 않도록 하는 일이다.

그 작업을 행하는 여러 가지 방법이 있음이 밝혀졌으며, 1990년대 후반에 수학자들은 한 걸음 더 나아가 변환 작업 시 뒤트는 데 필요한 에너지를 최소화할 수 있는 최적의 기하학적인 작업 순서까지 발견해 냈다. 이 최적의 구 뒤틀기, 즉 **최적 반전(Optiverse)**은 현재 「디 옵티버스(The Opitverse)」라는 화려한 컴퓨터 그래픽 영상을 통해 생생히 볼 수 있다. 이 영상은 어바나샴페인에 있는 일리노이 대학교의 수학자인 존 설리반(John M. Sullivan)과 그의 대학교 동료 조지 프랜시스(George K. Francis)와 스튜어트 레비(Stuart Levy)가 공동 제작했다. 이 영상에서는 뒤집기가 멋지게 이루어지지만, 그 원리를 이용해서 실제 풍선의 안팎을 뒤집을 수는 없다. 실제 공이나 풍선은 자신을 통과해서 지나

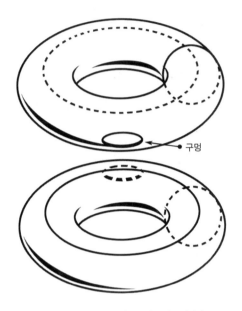

그림 5.13 표면에 난 구멍을 통한 토러스 뒤집기.

가는 재료로 만들어질 수 없기 때문에 구멍을 내지 않고서는 안팎 뒤집기가 불가능하다.

또한 위상 기하학자들은 토러스 바깥 면에 구멍을 내어 안팎을 뒤집는 일이 가능한지 오랫동안 궁금하게 여겼다. 이것 또한 꽤나 쉬운 일임이 밝혀졌다. 바깥 면에 구멍이 나 있는 토러스로 이 작업을 시도하는 한 토러스를 찢지 않아도 된다. 이 소식을 듣고 놀란 내 친구 몇 명은 시각화의 어려움에도 굴하지 않고 실제 타이어의 안쪽 튜브로 뒤집기를 시도해 보았다. 토러스 뒤집기 과정에 대한 연구를 돕기 위해 바깥 면에 빨간 고리를 안쪽 면에 다른 색 고리를 칠할 수도 있다. **그림 5.13 위**를 보면 두 고리는 사슬로 연결된 모양처럼 서로 얽혀 있다. 하지만 토러스를 뒤집는 과정 중에 두 고리는 서로를 끊지 않고 위치만 바꾼다.

직접 실험해서 실제로 토러스 뒤집기를 시도하고 싶으면 고무보다는 옷감으로 만들어진 토러스로 하는 편이 더 낫다. 정사각형 옷감을 반으로 접고 반대편 양쪽 끝을 바느질해서 도넛 모양으로 만들어 보자. 그런 다음 옷감에 구멍을 뚫어 토러스를 그 구멍 속으로 밀어 넣으면 된다.

토러스에 대해서는 어려운 문제들과 변환들이 잔뜩 있다. 예를 들어 구멍이 없는 토러스가 구멍이 있는 토러스와 사슬의 한 고리처럼 연결되어 있다고 하자. 구멍이 있는 '포식(捕食) 토러스'가 구멍이 없는 토러스를 집어삼켜서 완전히 포식 토러스 내부에 갇히게 할 수 있다. 집어삼키는 과정 중에 포식 토러스 안팎을 뒤집는다. 포식 토러스에 있는 구멍이 극적으로 길어지면서 이 환상적인 토러스 삼키기가 일어난다. 오스트레일리아의 모나시 대학교의 수학자인 존 스틸웰(John Stillwell)은 아무것도 찢지 않은 채 늘임과 줄임만으로 이러한 직업이 어떻게 일어날 수 있는지 처음으로 보여 주었다.

뫼비우스의 띠를 넘어서

위상 기하학 분야에는 한쪽 곡면인 뫼비우스의 띠를 닮은 사촌이 많다. 예를 들면 1882년에 독일 수학자 펠릭스 클라인(Felix Klein)이 처음으로 설명한 클라인 병은 자신 속으로 **말려들어서** 안팎의 구별이 없는 형태를 만들어 내는 유연한 목을 가진 물체다. 이 병은 뫼비우스의 띠와 관련이 있으며 이론적으로는 2개의 뫼비우스의 띠를 모서리를 따라 붙이거나 한 직사각형에 있는 마주보는 두 쌍의 모서리(좌우에 있는 모서리 한 쌍과 위아래에 있는 모서리 한 쌍. ─ 옮긴이)를 반 뒤틀림을 가한 후 붙여 만들 수 있다. 6장에서 우주 전체에 대한 수학적 모형을 살펴볼 때 더 자세히 논의하기로 하고 그때 더 많은 시각적 자료도 제공하고자 한다.

이와 밀접한 관련이 있는 형태로 실사영 평면이 있다. 이것은 닫힌 위상 기하학적 다면체(표면)로서 **그림 5.14**에 나와 있는 그림 설명과 같은 방향으로 연결된 정사각형이다. 달리 말하자면 오른쪽 모서리를 한 번 뒤튼 다음 왼쪽 모서리에 붙이고, 위쪽과 아래쪽도 마찬가지로 그렇게 붙인다.

실사영 평면은 방향성이 없는 면, 즉 뫼비우스의 띠와 마찬가지로 그 면을 따라 이동하다 보면 처음 자리로 되돌아왔을 때 오른쪽과 왼쪽이 서로 바뀌게 된다. 실사영 평면에 구멍을 뚫으면 뫼비우스의 띠가 만들어진다. 다른 곡면들 ─ 보이 곡면, 크로스캡, 로만 곡면 등 재미있는 이름을 가졌다. ─ 은 실제 투영 표면에 모두 위상 동형이며, 이 곡면들은 3차원에서 표현해 보면 어쩔 수 없이 자기 자신을 가로지르게 된다.

크로스캡은 뫼비우스의 띠와 위상 기하학적으로 동일한 2차원 면이다. 이 형태를 만들려면 반구의 테두리를 뫼비우스의 띠에 꿰매 붙이는 과정을 상상해 보자. 꿰매서 생긴 모양은 안과 밖의 구분이 없으며 움푹하고 테가 없는 모자와 같다. 크로스캡의 가장자리에 원판을 붙여서 닫힌 모양으로 만들면 실사영 평면이 된다. 2개의 크로스캡을 그 가장자리 부분에서 서로 붙이면 클라인 병이 된다.

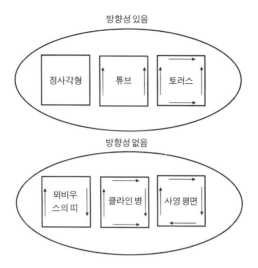

방향성 있음

정사각형　튜브　토러스

방향성 없음

뫼비우스의 띠　클라인 병　사영 평면

그림 5.14 다양한 곡면들을 만들어 내는 방법을 보여 주는 그림. 뫼비우스의 띠는 정사 각형의 반대 모서리를 뒤틀어 연결해서 만든다. 실사영 평면은 반대 모서리 두 쌍을 뒤틀 어 연결해서 만든다.

　그림 5.15에는 크로스캡을 어떤 곡면 위에 갖다 붙이는 방법이 소개 되어 있다. 우선 그 곡면에 구멍을 낸 다음 뫼비우스의 띠를 모서리끼 리 서로 맞붙도록 꿰맨다. 3차원 공간에서 이렇게 하면 어쩔 수 없이 자기 자신을 가로지르게 된다. 뫼비우스의 띠를 따라 이동하면 물체 의 방향성이 바뀌기 때문에, 크로스캡 또한 방향성이 없는 곡면이다.

　이와 관련이 있는 다른 형태로는 야코프 슈타이너(Jakob Steiner)의 '로만 곡면(Roman surface, 어느 한쪽에서 보면 형태가 찌그러진 사발 모양과 비슷해 보임.)'과 베르너 보이(Werner Boy)의 '보이 곡면(Boy surface, 이것은 어떤 방 향에서 보면 프레첼 과자처럼 보임.)'이 있다. 1901년에 베르너 보이가 묘사한 보이 곡면은 크로스캡이나 로만 곡면과 마찬가지로 방향성이 없는 면

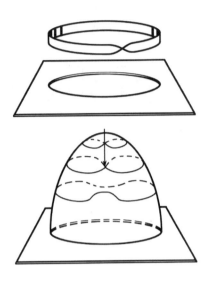

그림 5.15 크로스캡. 크로스캡을 어느 한쪽 곡면에 갖다 붙이려면 먼저 그 곡면에 구멍을 낸 다음 뫼비우스의 띠를 가장자리를 따라 꿰맨다.

으로서 이 세 면들은 모두 뫼비우스의 띠를 원판에 꿰매는 방법을 달리하여 만들어진다. 로만 곡면과 크로스캡과는 달리 보이 곡면에는 특이점(뾰족한 점)이 없기는 하지만, 이것 역시 3차원에서는 자기 자신을 가로지르는 한계를 지니고 있다.

뫼비우스 함수

아우구스트 페르디난트 뫼비우스의 관심은 비단 기하학에 그치지 않고 여러 가지 정수 함수도 열정적으로 연구했다. 수 년 동안 나는 오묘하면서도 멋진 성질들을 지닌 흥미진진한 수학 함수들을 모아서 분류하는 즐거움 속에 빠져 있다. 수학자들에게는 이 함수들이 앞

그림 5.16 보이 곡면.(컴퓨터 그래픽: 조스 레이스)

으로의 연구에 중요한 밑바탕이라고 할 수 있다. 포물선을 나타내는 $y = x^2$ 과 같이 고등학교에서 배운 많은 함수는 매끄럽고 부드러운 곡선을 나타낸다. 이 장에서는 아주 특이한 성질을 띠고 있어서 뫼비우스 시절 이후로 줄곧 수학자들을 사로잡고 있는 한 함수를 파헤쳐 보자.

1831년경 뫼비우스는 어떤 함수를 하나 연구 중이었는데, 이 함수가 바로 나중에 그를 기념하여 뫼비우스 함수라고 알려진 바로 그 함수다. 그리스 문자 μ(뮤)로 표시되는 이 함수를 이해하기 위해 3개의 편지 상자 중 한 상자에 모든 정수를 차례차례 담는 일을 상상해 보자. 첫 번째 상자에는 큰 글자로 '0'이, 두 번째 상자에는 '+1'이, 세 번째 상자에는 '-1'이 씌어 있다.

편지 상자 0 안에 뫼비우스는 제곱수의 배수(1 제외)를 담았다. {4, 8, 9, 12, 16, 18, 20, 24, 25, 27, 28, 32, 36, 40, 44, 45, 48, 49, 50, 52, 54, 56, 60, 63, 64, …} 등의 값들이 여기에 포함된다. 제곱수는 4, 9, 16, 25 와 같은 수로서 정수의 제곱값들이다. 예를 들면 $\mu(12) = 0$이다. 왜냐 하면 제곱수 4의 3배가 12이기 때문에 12는 편지 상자 '0'에 들어가기 때문이다.

잠시 쉬면서 중요한 성질 하나를 살펴보자. 수학자들이 알아낸 바 에 따르면 어떤 수가 편지 상자 '0'에 담기지 **않을** 확률은 수들을 편 지 상자에 계속 채워 나감에 따라 $\frac{6}{\pi^2} = 0.6079\cdots$에 점점 가까워진다. 100,000까지의 수만 고려하면 39,207개의 수에 대해 $\mu(n) = 0$이 된 다. 1은 제외되니까 실제 39,206개이다. 항상 나를 놀라게 하는 점은 기하학에 그 개념의 기원을 두고 있는 π가 전혀 관련이 없어 보이는 다 른 분야에도 심심찮게 등장한다는 사실이다.

제곱수를 담고 있는 편지 상자를 다시 자세히 살펴보자. 연속으로 나타나는 2개의 숫자는 {8, 9}에서 처음 나타난다. 3개의 연속 수는 {48, 49, 50}에 처음 나타난다. 최소 n개의 연속 수가 시작될 때의 그 연속 수 가운데 첫 번째 수만을 모아 목록을 만들면 다음과 같다.

- 4
- 8
- 48
- 242
- 844

- 22,020

- 217,070

- 1,092,747

- 8,870,024

- 221,167,422

- 221,167,422

- 47,255,689,915

- 82,462,576,220

- 1,043,460,553,364

- 79,180,770,078,548

- 3,215,226,335,143,218

- 23,742,453,640,900,972

$n = 10$ 및 $n = 11$일 때는 그 값이 221,167,422로 똑같은 점이 특이하다. 이처럼 연속한 두 n 값에 대해서 같은 값이 나오는 경우가 여기 이외의 다른 곳에서도 나오는지는 알려져 있지 않다.(흥미로운 사실: 소수 p에 대해 제곱수인 피보나치 수 F_p는 알려져 있지 않다.)

자, 그러면 다시 관심을 뫼비우스 함수와 편지 상자로 되돌려 보자. 대수학의 기본 정리에 따르면 모든 양의 정수는 소수로 인수 분해된다. 예를 들면 30은 2, 3, 5의 곱이다. '-1' 편지 상자에 뫼비우스는 소수 인수를 홀수 개 가진 모든 정수를 담았다. {2, 3, 5, 7, 11, 13, 17, 19, 23, 29, 30, 31, 37, 41, 42, 43, 47, 53, 59, 61, 66, 67, 70}과 같은 수들이 여기에 담긴다. 예를 들면 5 × 2 × 3 = 30이므로 30은 3개의 소수로 인수 분해된다. 따라서 30은 이 편지 상자에 담긴다. 소수 자신은 1개의 인수, 즉 자기 자신만을 인수로 갖기에 역시 이 상자에 담긴다. 따라서 $\mu(29) = -1, \mu(30) = -1$ 이다.

어떤 수가 편지 상자 '-1'에 담길 확률은 $\frac{3}{\pi^2}$ 인데, 이것을 다음과 같이 $P[\mu(n) = -1] = \frac{3}{\pi^2}$ 이라고 표시할 수 있다. 또다시 π가 원래의 기하학적 의미와는 상관없이 묘하게도 여기서 등장한다.

마지막으로 짝수 개의 소수로 인수 분해되는 모든 수를 +1 편지 상자에 담는 경우에 대해 살펴보자. 이 함수의 완전성을 꾀하기 위해 뫼비우스는 1을 이 상자에 포함시켰다. 이 상자에 담기는 수로는 {1, 6, 10, 14, 15, 21, 22, 26, 33, 34, 35, 38, 39, 46, 51, 55, 57, 58, 62, 65, 69, 74} 등이다. 예를 들면 26 = 13 × 2이기 때문에 이 상자에 담긴다. 지금까지의 논의를 통해 인수 분해 시 같은 소수가 반복해서 나오지 않

그림 5.17 n 값을 200까지로 했을 때의 불규칙적인 $\mu(n)$.(그래프: 마크 낸더)

는 경우에만 뫼비우스 함숫값이 +1이나 -1이 된다. 어떤 수가 +1 편지 상자에 담길 확률 역시 $\frac{3}{\pi^2}$이다.

지금까지의 긴 설명을 통해 이렇게 멋진 뫼비우스 함수의 처음 스무 항을 나열해 보면, $\mu(n)$ = {1, -1, -1, 0, -1, 1, -1, 0, 0, 1, -1, 0, -1, 1, 1, 0, -1, 0, -1, 0}이다. 이 함수를 그래프로 그려 보면(**그림 5.17**) 무작위적으로 '보인다.' 어떤 식별 가능한 패턴이나 규칙성하고는 거리가 먼 듯하다.

$\mu(n)$의 누적합(예를 들면 n=3이라면 $\mu(1)$ + $\mu(2)$ + $\mu(3)$. ― 옮긴이)을 메르텐스 함수 또는 $M(x)$라고 한다. 1부터 100,000까지의 메르텐스 함수가 **그림 5.18**에 그래프로 나와 있다.

1897년에 유럽의 수학자 프란츠 메르텐스(Franz Mertens)는 모든 x에 대해 $|M(x)/x^{\frac{1}{2}}| < 1$이라는 대담한 추측을 내린 적이 있다. 다시 말

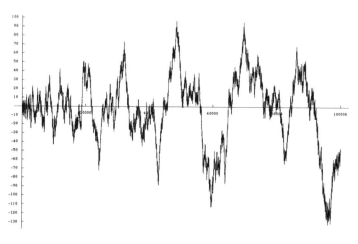

그림 5.18 x를 100,000까지 증가시켜 본 메르텐스 함수 $M(x)$.(그래프: 마크 낸더)

하면 $M(x)$의 절댓값이 x의 제곱근보다 언제나 작다고 주장했다. n을 10,000까지 증가시키면서 50쪽 분량의 노트에 $\mu(n)$과 $M(n)$의 값에 대한 목록을 작성했다.

이 목록을 유심히 관찰한 후 $M(n)$을 n 값과 비교해 그 유명한 추측을 내놓게 되었다. 1897년에 수학자 R. D. 폰 슈테르네크(R. D. Von Sternck)는 $|M(x)/x^{\frac{1}{2}}| < \frac{1}{2}$ 라는 추측을 내놓았는데, 이것은 그가 500만까지 x 값을 증가시키면서 $M(x)$ 값을 끈질기게 계산해 내서 알아낸 사실을 바탕으로 하고 있다. **그림 5.19**에 $M(x)/x^{\frac{1}{2}}$에 대한 그래프가 나와 있다. 처음 200~300 이후로는 그 값이 ±0.5를 넘어가지 않는 것을 볼 수 있다.

몇 년 후 슈테르네크의 추측이 빗나갔음이 밝혀졌다. $x > 200$ 이후로 $|M(x)/x^{\frac{1}{2}}|$ 이 $\frac{1}{2}$ 를 넘어서는 최초의 경우인 $M(7{,}725{,}030{,}629) =$

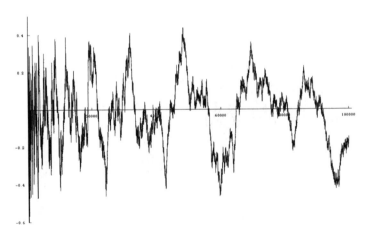

그림 5.19 $M(x)/x^{\frac{1}{2}}$ (1 < x < 10,000).(그래프: 마크 낸더)

43,947의 사례를 1960년에 볼프강 유르카트(Wolfgang Jurkat)가 발견했다. 1979년에 H. 코헨(H. Cohen)과 F. 드레스(F. Dress)는 $M(x)$의 값을 78억까지 계산해 보았는데 그때까지도 메르텐스의 추측은 여전히 맞아떨어졌다!

1983년에 이르러서야 헤르만 테 리엘레(Herman te Riele)와 앤드루 오들리츠코(Andrew Odlyzko)가 모든 x에 대해 $|M(x)/x^{\frac{1}{2}}| < 1$이라는 메르텐스의 추측을 반박하게 된다. 메르텐스 함수 전문가인 에드 펙 주니어(Ed Pegg Jr.)가 내게 귀띔한 바에 따르면, 1985년이 되어서야 앤드루 오들리츠코가 $|M(x)/x^{\frac{1}{2}}| < 1.06$가 되는 실제 x 값을 $10^{10^{64.1442}}$ 근처에서 찾아내고야 말았다. 메르텐스 추측을 깨지게 한 첫 x 값은 10^{30}보다 큰 값으로 추정되고 있다.

1987년에 J. 프린츠(J. Printz)는 10^{65} 이하의 어떤 x에 대해서 메르텐스의 추측이 깨진다는 걸 또 한 번 보여 주었다. $|M(x)/x^{\frac{1}{2}}| > 1$인 **첫** x 값은 아직까지도 밝혀지지는 않았다. 1985년에 오들리츠코와 리엘레는 $x < 10^{20}$인 x에 대해서는 메르텐스의 추측은 유효하았고 믿게 된다.

수학자들이 찾아낸 이 함수와 관련된 우아하고 심오한 성질을 살펴보면 뫼비우스 함수의 신비가 드러난다.

$$\sum_{n=1}^{\infty} \frac{\mu(n)}{n} = 0$$

$$\sum_{n=1}^{\infty} \frac{\mu(n)\ln n}{n} = -1$$

$$\sum_{n=1}^{\infty} \frac{|\mu(n)|}{n^2} = \frac{15}{\pi^2}$$

$$\prod_{n=1}^{\infty} (1-x^n)^{\mu(n)/n} = e^{-x} \quad (|x| < 1 일 때)$$

응용 사례

뢰비우스 함수는 물리학의 여러 분야에 다양하게 응용된다. 예를 들면 입자 물리학에 뢰비우스 함수가 실제로 이용될 수 있음을 과학자들이 밝혀냈다. 물리학자 도널드 스펜서(Donald Spencer)가 「초대칭성과 뢰비우스 변환 함수(Supersymmetry and the Möbius Inversion Function)」라는 논문에서, 뢰비우스 함수는 양자장 이론의 중요 요소인 페르미온 수와 관련된다고 보았다. 페르미온은 전자, 양성자, 중성자 등과 같은 입자의 한 종류로서 하나 이상의 페르미온이 특정 양자 상태를 차지해서는 안 된다는 통계 규칙을 따르는 입자이다. n이 제곱을 포함하는 값이 아닐 때 $\mu(n) = 0$이라는 사실은 파울리의 배타 원리와 딱 맞아떨어진다. 스펜서는 내게 보낸 메일에서 "그럼요, 뢰비우스 함수가 당연히 입자 구조에 관한 이론에 통찰력을 제공해 주었고 그러한 응용이 또한 쌍방향으로 진행된다고 봅니다. 그런 이유에서 제 연구는 입자 물리학이 수 이론에 통찰력을 제공해 준 예라고 할 수 있습니다."라고 말하고 있다.

이러한 응용에 대해 관심이 있는 독자에게는 이론 물리학자 마렉 울프(Marek Wolf)의 논문 「통계 역학을 소수 이론에 응용하기(Application of statistical mechanics in prime number theory)」를 살펴보기를 권한다. 시카고 대학교 통계 학부의 석좌 교수인 패트릭 빌링슬리(Patrick Billingsley)는 그의 논문 「소수와 브라운 운동(Prime numbers and Brownian Motion)」에서 뢰비우스 함수를 무작위적인 운동 발생에 대한 연구에 이용했다.

뢰비우스 함수는 소수의 분포와도 관련이 있으며 유명한 리만 제타 함수 ζ와 간결한 관계를 맺고 있다. 이 제타 함수는 소수의 분포와 관련되어 있기 때문에 수 이론에서 엄청나게 중요한 함수이다.(제타 함수의 많은 성질이 이미 알려져 있지만, 몇 가지 중요한 근본적인 추론들 및 가장 유명한 리만 가정은 아직도 미증명 상태이다.) 아래에 나오는 유명한 등식을 살펴보자.

$$\sum_{n=1}^{\infty} \frac{\mu(n)}{n^s} = \frac{1}{\zeta(s)} = \prod_{p=primes}\left(1 - \frac{1}{p^s}\right)$$

여기서 s는 실수부가 1보다 큰 복소수이고, $\prod$ 기호는 곱하기를 전 소수에 걸쳐서 하라는 뜻이다. 더욱 일반적으로 수학자들은 뫼비우스 함수를 소수와 관계된 어려운 수 이론을 푸는 데 유용한 도구로 이용하고 있다.

수학자들이 뫼비우스 함수에 매료되는 까닭은 이 함수의 성질 중 알려진 게 거의 없기 때문이다. 더군다나 자릿수가 300자리를 넘는 대부분의 수에 대해서는 뫼비우스 함수의 값이 알려져 있지도 않은 실정이다.

옛날 수학을 현대적으로 응용하기

뫼비우스의 띠 또는 뫼비우스 함수를 응용할 다른 분야로는 무엇이 있을까? 옛날 수학 가운데 몇 세기나 지나서 전혀 관련 없어 보이는 이상한 곳에 응용된 사례가 많이 있으며 그러한 수학은 심지어 이 우주의 구조를 파악하는 데도 이용된다. 예를 들어 1968년에 CERN(유럽 입자 물리학 연구소)에 근무하는 연구원인 가브리엘레 베네치아노(Gabriele Veneziano)는 강력의 여러 성질이 오일러의 베타 함수를 통해 설명됨을 밝혀냈다. 이 함수는 200년 전에 레온하르트 오일러가 순전히 수학적인 이유로 고안해 낸 공식이다. 1970년에 세 명의 물리학자인 난부 요이치로(南部陽一郎, Nambu Yoichiro), 홀거 닐센(Holger Nielsen), 레너드 서스킨드(Leonard Susskind)는 베타 함수에 관한 그들의 이론을 발표했는데, 이것은 우주를 이루는 기본 입자들이 에너지의 미세한 끈으로 이루어졌다고 주장하는 현대 끈 이론의 효시가 되었다.

뫼비드롬

텍사스 프리치 출신이며 『죽음이 문을 두드린다(*Death Knocks*)』의 저자이기도 한 내 동료 제이슨 얼스(Jason Earls)는 오른쪽에서 왼쪽으로 읽으나 그 반대로 읽으나 똑같이 읽히는 회문(回文, palindrome)에 뫼비우스 함수를 응용하는 데 일가견이 있는 세계적인 전문가이다. 그가 2004년에 발견한 희소식 가운데 하나는 15,891,919,851이라는 회문을 뫼비우스 함수에 응용하여 이 수를 오른쪽에서부터 한 자리씩 지워 가면서 함숫값을 나타낸 결과이다.

$$\mu(15{,}891{,}919{,}851) = 1$$
$$\mu(1{,}589{,}191{,}985) = 1$$
$$\mu(158{,}919{,}198) = 1$$
$$\mu(15{,}891{,}919) = 1$$
$$\mu(1{,}589{,}191) = 1$$
$$\mu(158{,}919) = 1$$
$$\mu(15{,}891) = 1$$

$$\mu(1{,}589) = 1$$
$$\mu(158) = 1$$
$$\mu(15) = 1$$
$$\mu(1) = 1$$

뫼비우스 함수를 회문 79,737,873,797에 적용시켜 오른쪽에서부터 하나씩 자릿수를 줄여 가며 나타낸 아래 결과도 그가 발견한 값이다.

$$\mu(79{,}737{,}873{,}797) = -1$$
$$\mu(7{,}973{,}787{,}379) = -1$$
$$\mu(797{,}378{,}737) = -1$$
$$\mu(79{,}737{,}873) = -1$$
$$\mu(7{,}973{,}787) = -1$$
$$\mu(797{,}378) = -1$$
$$\mu(79{,}737) = -1$$
$$\mu(7{,}973) = -1$$
$$\mu(797) = -1$$
$$\mu(79) = -1$$
$$\mu(7) = -1$$

제이슨은 여가 시간의 대부분을 할애하며 뫼비우스 회문, 즉 뫼비드롬(Möbidrome)을 찾는다. 마치 천문학자가 외계 생명체의 신호를 찾아 우주를 살피듯이 말이다. 내가 알기로, 그는 오로지 아무도 찾지 못했던 것을 발견할 때 느끼는 순수한 즐거움을 맛보려고 이런 일을 할 뿐이다. 앞으로 그가 더 큰 뫼비드롬을 찾게 될까? 뫼비드롬(오른쪽에서부터 한 자리씩 숫자를 지워 나갈 때마다 뫼비우스 함수에서 0이나 -1을 되돌리는 회문)이 무한하게 많이 존재할까?

무소부재한 권능을 지닌 π

뫼비우스 함수를 다룰 때 엉뚱하게도 π가 계속 등장한다는 점을 앞서 말했지만, 나는 개인적으로 수학의 전 분야에 걸쳐 π가 약방의 감초처럼 어디에나 나타나는 점에 묘한 매력을 느낀다. 원래 π라고 하는 값은 지름에 대한 원주의 비를 나타내는 양이다. 적어도 17세기까지는 그랬다. 하지만 17세기에 π는 원에서 대담한 탈출을 감행한다. 많은 곡선들이 고안되고 연구되었는데, 그 예로는 여러 가지 아치 곡선, 하이포 사이클로이드, 언덕형 곡선들이 있다. 이 곡선들의 면적이 π와 관련이 있다는 점을 수학자들이 알아챘다.

결국 π는 기하학의 테두리를 완전히 벗어나고야 만다. 오늘날 π는 수 이론, 확률, 복소수, $\frac{\pi}{4} = 1 - \frac{1}{3} + \frac{1}{5} - \frac{1}{7} \cdots$ 과 같은 급수 전개 등 여러 분야와 관련되어 있다. π가 갖는 이런 광범위한 영향력을 설명하기란 그리 쉬운 일이 아니다. π가 원래 관련된 단순한 기하학적 의미로부터 얼마만큼이나 벗어나 있는지 알아보려면, 『역설의 예산(Budget of Paradox)』을 읽어 보기 바란다. 이 책에서 아우구스트 드모르간(Augustus De Morgan)은 한 보험 판매원에게 방정식에 대해 설명하고 있다. 어떤 특정 집단에 속한 사람들이 특정 기간 경과 후에도 생존해 있을 확률을 계산하는 공식에 π가 들어 있다. 그 보험 판매원은 말을 가로막고 따지듯 묻는다. "이것 보세요, 절 놀리시는 겁니까? 아니 어떻게 원이 주어진 시간 이후 사람의 생존 확률하고 관계가 있다는 말씀입니까!"

강을 촬영한 위성 사진조차 π와 관련이 있다. 꾸불꾸불 흐르는 강 전체가 나와 있는 사진을 한번 상상해 보자. 강의 시작과 끝 지점을 연결한 직선 거리를 D라고 하고, 배를 타고 실제 강을 따라 가면서 잰 거리를 R라고 하자. 케임브리지 대학교의 지구 과학자인 한스 헨릭 스튈룸(Hans Henrik Stoelum)에 따르면 꼬불꼬불한 강에 대해 D에 대한 R의 비의 평균값은 π가 된다. 비록 이 비율이 강에 따라 조금씩 차이를 보이기는 하지만, $\frac{R}{D} = \pi$는 브라질이나 시베리아의 툰드라 지역에 있는 매우 완만한 경사를 이루며 흘러가는 강들에서 흔히 발견되는 값이다.

『페르마의 마지막 정리(Fermat's Last Theorem)』의 저자인 사이먼 싱(Simon Singh)은 다음과 같이 말했다. "강의 비율 문제에 관한 한, π의 등장은 질서와 무질서 사이의 묘한 줄다리기의 결과이다."

최근 들어 더욱 π는 아원자 입자, 빛, 심지어 원과 직접 관련이 없을 듯한 다른 양들을 기술하는 방정식에 나타나고 있다. 앞에서도 무작위로 고른 임의의 함수가 제곱수를 포함하지 않을 확률이 $\frac{6}{\pi^2}$임을 살펴보았다. λ로 표시되는 $\frac{\pi^2}{6}$은 수학의 도처에서 나타난다. 예를 들면 양의 정수의 제곱에 역수를 취한 값들에 대한 급수에도 나타난다.

$$\lambda = \frac{\pi^2}{6} = \sum_{n=1}^{\infty} \frac{1}{n^2}$$

4차원 초공간의 초부피는 $3\lambda r^4$이다. $\frac{x}{e^x-1}\,dx$를 0에서 ∞까지 적분한 값은 λ이다.

$$\frac{\pi^2}{6} = -2e^3 \sum_{n=1}^{\infty} \frac{1}{n^2} \cos\left(\frac{9}{n\pi + \sqrt{n^2\pi^2-9}}\right)$$

$$\frac{\pi^2}{6} = \pi - 1 + \sum_{n=1}^{\infty} \frac{\cos(2n)}{n^2}$$

$\frac{6}{\pi^2} = 0.608\cdots$이나 이 값의 역수 표현은 전혀 관련이 없어 보이는 수학 분야에도 헤아릴 수 없이 나타나기 때문에 여간 신비스러운 식이 아닐 수 없다. 예를 들면 무작위로 뽑힌 2개의 수가 서로소일 확률 또한 $\frac{6}{\pi^2}$이다.(두 수가 공약수를 갖지 않을 때 서로소라고 한다.) 두 수의 최대 공약수가 1일 경우에 두 수는 서로소이다. 예를 들면 5와 9는 서로소인 반면, 6과 9는 최대 공약수가 3이므로 서로소가 아니다.

클리브 투스(Clive Tooth)는 $\frac{\pi^2}{6}$이 수학 전 분야에, 수학을 넘어 다른 분야에도 엄청나게 많이 등장하는 데 흥미를 느껴서 한 웹 사이트 전부를 이 주제에 몽땅 할애하고 있다.(http://pisquaredoversix.force9.co.uk 참고)

마지막으로 서로소라는 주제와 관련해 공식 하나를 살짝 맛보지 않을 수 없다. 수 이론에서 표준 함수의 하나로 $\phi(n)$이 있는데, 이는 n보다 작은 정수로서 n에 서로소인 수이다. 이와 관련하여 다음과 같은 섬뜩한 식이 나온다.

$$\phi(666) = 6 \cdot 6 \cdot 6$$

「요한 계시록」에 나오는 '짐승의 수'인 666에 관심이 있는 독자라면 왠지 눈길을 떼기 어려울지도 모르겠다.

뫼비우스의 띠와 그래프 이론

한 장의 종이 위에 여러 개의 점을 그려 보자. 가능한 모든 조합의 두 점을 이으면서 서로 교차되지 않는 선으로 연결하려면 최대 몇 개의 점까지 연결할 수 있을까?(두 점을 잇는 선이 곡선이어도 무방하다.) 점이 2개면, '모든 점'을 1개의 선으로 연결할 수 있다.(**그림 5.20**) 점이 3개면 삼각형으로 연결할 수 있다. 점이 4개일 때도, 가능한 모든 두 점의 조합을 선으로 교차하지 않고 연결할 수 있다. 몇 개의 점까지 계속 나갈 수 있을까?

점의 최대 개수는 4개임이 밝혀졌으며, 한 평면상에 5개의 점이 있을 경우엔 모든 점들을 위의 조건에 맞게 연결할 수가 없다. 그런데 뫼비우스의 띠 상에서 위와 동일한 질문을 해 보면 답이 달라진다. 더 이상 읽지 않고 답을 한번 생각해 보아도 좋겠다. **그림 5.20**에 있는 6개의

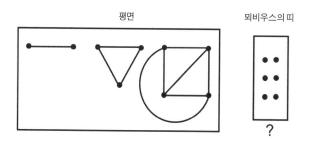

그림 5.20 최대 몇 개의 점까지 가능한 모든 조합의 두 점을 이으면서 서로 교차되지 않는 선으로 연결할 수 있을까?

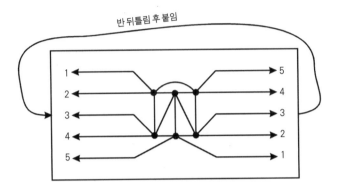

그림 5.21 뫼비우스의 띠에 6개의 점 그리기 문제에 대한 대칭 해법.

점들을 위와 같이 연결할 수 있을까? 어떤 점들이 뫼비우스의 띠 위에 있다고 할 때는 띠의 두께가 0이라고 생각하면 좋다. 즉 투명한 습자지 같은 종이에 매직펜으로 그릴 때 앞면에 그려도 뒷면에 비쳐 보이는 상황을 생각하면 된다.

그림 5.21은 뫼비우스의 띠에서 6개의 점 그리기 문제에 대한 한 가지 답이며 마틴 가드너의 『수학 마술 쇼』에 이미 소개되어 있다. 저 그림이 어떻게 해서 6개의 점 연결을 설명할 수 있는지 이해하려면 띠의 왼쪽을 오른쪽에 대해 반 뒤틀림을 가한 후에 연결시켜 보면 된다. 그리고 그 면은 우리가 3차원 공간 속에 있듯이 선들이 그 표면 속에 있는 두께가 없는 표면이라고 생각하면 된다. 이보다 더 우아하고 대칭이 딱 맞아떨어지는 다른 풀이가 있을 수 있을까?

헥사플렉사곤

헥사플렉사곤(hexaflexagon)은 반 뒤틀림이 홀수 번 있는 기하학적 물체이다. 따라서 뫼비우스 곡면에 해당한다. 마틴 가드너는 『헥사플렉사곤과 다른 수학적 우회로: 퍼즐과 게임에 관한 미국 최초의 책』에서 헥사플렉사곤을 세상에 알렸다. 그 책에서 그는 종이 띠를 접어서 만들어진 이 육면체 형태가 펼쳐질 때 여러 가지 다면체 모양을 보여주는 과정을 자세히 설명하고 있다. 이 육면체들을 1939년에 처음으로 발견한 아서 스톤(Arthur Stone)은 플렉사곤 위원회라는 조직을 설립하고서는 유명한 수학자와 물리학자 들을 불러 모아 이 독특한 형태를 연구하게 했다. 구글 검색을 해 보면 흥미로운 형태들을 많이 만날 수 있다.

아직 살펴보지 않은 한쪽 곡면들

한쪽 모서리만을 갖는 한쪽 곡면(**그림 5.22의 a와 b**)과 양쪽 모서리(그 외의 6개의 그림)에 대한 사례는 이외에도 많이 있다. 그 면들은 매듭져 있을 수도 있고 매듭져 있지 않을 수도 있으며 모서리들이 연결되어 있거나 그렇지 않을 수도 있다. **그림 5.22 a**가 뫼비우스의 띠이다.

위의 그림에 나와 있는 '매듭진 모서리'가 무슨 뜻인지는 그 모서리를 끈의 한 조각으로 시각화해 보면 이해할 수 있다. 매듭진 모서리가 끈으로 만들어졌다면, 자르지 않는 한 풀어서 단일한 원형 고리를 만들기는 불가능하다. 모서리들이 사슬 고리 형태로 연결되어 있다면, 그 모서리는 자르지 않는 한 분리될 수 없게끔 연결된 한 조각 이상의 끈으로 이루어져 있다. 좀 더 일반적으로 말하면, 어떤 한 곡선이 자르

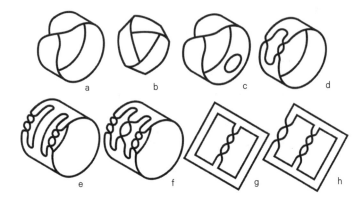

그림 5.22 한쪽 곡면 총집합. (a) 단일 폐곡선 모서리. (b) 매듭진 모서리. (c) 양쪽 모서리 모두 단일 폐곡선, 사슬 고리 형태로 연결되지 않음. (d) 양쪽 모서리 모두 단일 폐곡선, 사슬 고리 형태로 연결됨. (e) 양쪽 모서리 모두 매듭짐, 사슬 고리 형태로 연결되지 않음. (f) 양쪽 모서리 모두 매듭짐, 사슬 고리 형태로 연결됨. (g) 한쪽 모서리는 단일 폐곡선, 다른 한쪽은 매듭지고 사슬 고리 형태로 연결되지 않음. (h) 한쪽 모서리는 단일 폐곡선, 다른 한쪽은 매듭지고 사슬 고리 형태로 연결됨.(데이비드 웰스(David Wells)의 『흥미롭고 궁금한 펭귄 기하학 사전(*Penguin dictionary of curious and interesting geometry*)』에서 인용)

지 않고서는 원으로 변형될 수 없다면 매듭이 져 있다고 할 수 있다. 그리고 두 곡선이 연결되어 있는데 그중 하나를 잘라 내지 않고서는 분리될 수 없다면 그 두 곡선은 사슬 고리 형태로 연결되어 있다고 할 수 있다.

뫼비우스의 띠에서는 만약 띠 가운데 있는 '종이 부분'이 사라지고 띠의 모서리만 선으로 남게 되면, 그 끈을 늘여서 원을 만들 수도 있다. 하지만 반 뒤틀림이 3번 있는 경우에는 면의 안쪽이 사라지고 모서리만 선의 형태로 남는다고 해도 그 끈은 얽힐 수밖에 없다.

뫼비우스의 지름길

뫼비우스의 지름길은 뫼비우스의 띠를 연상시키는 한쪽 곡면이다. **그림 5.23**에 나와 있는 뫼비우스의 지름길은 누가 처음 생각해 냈는지 확실치 않지만, 몇몇 소식통에 따르면 무명의 연구가인 고멀린(Gourmalin)의 작품이라고 한다. 1992년에 《매스매틱스 매거진(*Mathemathics Magazine*)》에서 랠프 보애스 주니어(Ralph Boas Jr.) 사후에 실린 그의 「뫼비우스의 지름길」이라는 기사를 통해 나는 이 놀라운 형태를 알게 되었다. 보애스는 알랭 보비에(Alain Bouvier), 미셸 조르주(Michel George), 프랑수아즈 르 리옹(François Le Lion)이 공동으로 지은 『수학 사전(*Dictionanaire des mathématiques*)』(1979년 파리에서 출간)이라는 책에서 이것을 발견했다고 한다. 이 면은 내부에 구멍이 있는 클라인 병과 위상 기하학적으로 동일하며 뫼비우스의 띠와는 다른 것이다.

종이로 만들어 보고 싶다면 **그림 5.23**에 나와 있는 T자 모양의 종이

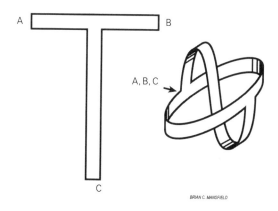

그림 5.23 뫼비우스의 지름길.

조각을 우선 만들어 보자. T자의 윗부분을 둥글게 말아 뒤틀림이 없는 고리를 만들어 A와 B를 붙인다. C를 위쪽으로 올린 다음 다시 내리고(뒤틀림 없이), C를 AB 고리의 바깥에 붙인다. 그 결과는 한쪽 곡면이 된다. 색칠을 한번 해 보자. 고리 부분과 원래는 T자 중 I자 모양이었던 부분 이 두 부분 모두 가운데를 따라 자르면 어떻게 될까? 보애스는 뫼비우스의 지름길 및 이 지름길을 자른 결과에 대해 미국 수학계가 별 관심을 기울이지 않는다고 볼멘소리를 했다.

뫼비우스의 사면체

보통 사면체라고 하면 밑면이 삼각형인 피라미드 모양이다. 이 물체에는 꼭짓점이 4개, 모서리가 6개, 서로 합동인 정삼각형이 4개 있다. 뫼비우스는 일군의 사면체를 연구했는데, 지금은 뫼비우스의 업적을 기려 뫼비우스의 사면체라고 부른다. 구체적으로 말하면 뫼비우스의 사면체는 한 쌍의 사면체로서 사면체 각각은 꼭짓점들이 다른 사면체의 면 위에 놓여 있다. 이 사면체들은 합동인 면으로 이루어져 있지 않아서 '정상적인' 사면체라고 할 수는 없지만, 각 사면체는 다른 사면체에 내접되어 있다.(수학에서 '내접'이란 보통 한 도형을 다른 도형의 내부에 그릴 때 내부에 있는 도형의 모든 꼭짓점이 외부의 도형과 맞닿아 있음을 일컫는다.) 뫼비우스는 「서로 내접해 있는 3개의 면으로 이루어진 두 피라미드가 동일하다고 할 수 있는가?(Kann von zwei dreiseitigen Pyramiden eine jede in Bezug auf die andere um- und eingeschrieben zugleich heissen?)」라는 1828년 논문에서 이 사면체들에 대해 논의했으며, 사면체가 몇 개의 꼭짓점으로 이루어지는지와 관계없이, 면의 연장 평면에 놓일 때 뫼비우스의 사면체가 띠고 있는 특이한 기하학적 성질이 어떻게 실제로 파악될 수 있는지 밝혀냈다. 상호 내접하는 뫼비우스의 사면체를 정확하게 배열해 시각적으로 보여 주기는 엄청나게 어렵다. 자신의 시각화 능력을 시험해 보고 싶은 독자께서는 뫼비우스의 사면체 사이트인 http://mathworld.wolframe.com에 접속해 보시라.

뫼비우스의 삼각형

뫼비우스의 삼각형은 구면 위에 있는 삼각형들이다. 이 구면 위의 삼각형들은 한 구를 균일한 다면체로 이루어진 대칭 평면으로 분할해 생긴 결과이다. **그림 5.24**에 뫼비우스의 삼각형의 예가 나와 있다.

이 물체에는 뫼비우스의 삼각형이 120개 들어 있다. 각 삼각형들은 12면체의 10분의 1 또는 이와 동일한 값인 20면체의 6분의 1에 해당한다. 검은색과 흰색은 왼쪽 방향성 및 오른쪽 방향성을 나타낸다. 즉 검은색 및 흰색은 서로의 거울 이미지들로서 위상 동형으로 알려져

그림 5.24 뫼비우스의 삼각형.

있다. 조지 하트(George Hart)의 웹 사이트인 밀레니엄 북볼(Millenium Bookball)에 가면 뫼비우스의 삼각형에 대해 더 자세히 알아볼 수 있는데, 이 웹 사이트에는 뫼비우스의 삼각형을 연상시키는 그가 만든 조각 작품 사진이 실려 있다.

솔레노이드

뫼비우스의 띠는 다른 분야의 수학 탐험을 위한 도약대이다. 뫼비우스의 띠를 수년간 연구한 후에, 나는 다양한 뒤틀린 위상 기하학 형태들을 연구하게 되면서, 특이하고 아름다운 컴퓨터 그래픽에 흠뻑 빠졌다. 내가 가장 좋아하는 모양은 솔레노이드(solenoid)인데, 이것은 특이하게 뒤틀린 도넛 모양이다. 이 모양은 칸토어 집합이라고 불리는 그 유명한 프랙털과 관련되어 있다. 실은 그 프랙털을 모체로 태어났다. 또한 이것은 동역학계 이론의 중심 개념인 '이상한 끌개(strange attractor)'의 주요 사례 가운데 하나이다. 이 장에서는 이 형태의 위상 기하학적 특성에 대해 자세히 살펴보지는 않는다. 그렇게 하려면 책의 쪽수가 너무 많아진다.(관심이 많은 독자를 위해 추천 도서 목록을 뒷부분에 실어 놓았다.) 그 대신 몇 가지 공식을 차근차근 살펴볼 것이다. 이 공식들 덕분에 이 모양이 갖는 자기 유사성 구조가 드러날 뿐만 아니라, 단순함과 우아함 그리고 눈이 어지러울 정도의 복잡성까지 아울러 갖춘 솔레노이드에 대한 컴퓨터 그래픽 작업이 훨씬 더 수월해진다.

솔레노이드의 출발점은 속이 차 있는 토러스인데, 여기에다가 이상한 변환을 하나 가한다. 이것을 시각적으로 보여 주는 가장 좋은 방법이 아래에 나와 있다. 매핑(mapping, 어느 한 도형 내의 모든 점을 다른 도형에 대응시키기. 좀 더 쉽게 말해서, 어떤 도형을 다른 도형으로 변환시키는 것으로 여겨도 무방하다. ─ 옮긴이)을 행하고 나면, 토러스 튜브의 지름은 절반으로 줄고 길이는 2배로 늘어나게 된다. 이 2배로 늘어난 토러스 튜브를 안쪽 면에서 바깥쪽으로 빼내는 식으로 빼내며 2번 감아 돌린다.(마치 돌돌 감겨 있는 호스를 가운데 쪽에서 위로 들어 올리듯 빼내는 과정을 연상하면 이해에 도움이 될 것이다. ─ 옮긴이) 이렇게 하면 하나의 코일이 다른 코일에 중첩되지 않고 겹쳐진다. 마치 정원에 쓰는 호스를 감아 돌리는 과정과 비슷하다. 1번 감아 돌릴 때 1번 뒤틀림이 생기며 2번째 감아 돌릴 때 첫 시작점과 연결된다.

나는 수학자 케빈 매카티(Kevin McCarty)와 함께 솔레노이드 형태를 연구했다. 안쪽에 포개져 있는 토러스는 시각화하기가 여간 만만치 않았다. 우리가 만든 몇 가지 그래픽에는 뒤틀림의 정도를 다양하게 변화시킨 솔레노이드가 여러 가지 나오는데, 새끼 뱀이 토로이드 모양의 계란 속에 눌려 있는 모양과 비슷하게 기본 토러스 형태가 투명한 껍질 속에 감싸여 있다. **그림 5.25**에는 알아보기 쉽도록 토로이드 껍질을 제거한 솔레노이드가 나와 있다. 나는 컴퓨터 스크린상에서 이 모양을 회전시켜 모든 각도에서 요모조모 살펴보곤 한다.

이 특이한 물체를 계속해서 뒤틀 수도 있다. 멈춤 스위치가 고장 나서 끊임없이 사탕을 쏟아내는 사탕 제조 기계처럼, 늘이고 감아 돌리고 뒤트는 작업은 무한정 계속될 수도 있다. 매핑을 통해 원래 토러스가 2번 감아 돌린 모양으로 바뀐 것과 마찬가지로 2번 감긴 모양을 4번 감긴 모양으로 바꿀 수 있다. 각 반복 과정마다 이전 튜브 안에 포개진 또 하나의 튜브가 만들어진다. 각 단계마다 감기는 횟수는 2배 두께는 절반이 된다. 이 과정이 계속되면 결국에는 무한히 가느다랗고 무한히 감긴 '최종' 솔레노이드로 수렴한다.

이 매핑 과정은 실수부와 허수부로 구성된 복소수를 이용하면 가장 쉽게 표현할 수 있다. 이해가 잘 안 되면 컴퓨터 그래픽이 작동되는 법을 간략히 정리해 놓은 참고 문헌 부분을 살펴보기 바란다. 속이 찬 토러스 내부의 한 점의 위치는 복소수 쌍 (z, w)으로 표현된다. z 좌표는 경도각을 나타내며 복소 평면상의 단위원 위에 어떤 점을 위치시킨다. w 좌표는 복소 평면의 한 조각이라고 할 수 있는 반지름이 $\frac{1}{2}$인 원판 안에 한 점을 위치시킨다. 그 원판은 마치 목걸이처럼 단위원 위에 놓여 있다고 상상하면 된다. 이 좌표들을 갖고서 토러스를 2번 감아 돌리는 매핑은 아래 식으로 표현된다.

$$f(z, w) \rightarrow (z^2, \frac{w}{2} + \frac{z}{4})$$

z^2 항은 z가 단위원 위를 따라 한 바퀴 도는 것을 말하니까, 단위원 위를 2번 감음을 뜻한다. $\frac{w}{2}$ 항은 원래 w 좌표를 절반으로 수축시키며, $\frac{z}{4}$ 항은 두 번째 고리를 만들 때 자기 자신과 교차되지 않도록 $w=0$인 지점으로부터 이 값만큼 평행 이동을 시킨다는 뜻이다. 복소수 표현에 따른 단순한 대수 공식을 통해 반복적인 매핑 과정이 쉽게 실행된다. 이 과정을 나타내는 프로그램은 참고 문헌에 나와 있다.

솔레노이드를 감긴 방향에 수직으로 횡단하면 일련의 포개진 원판이 나타나는데, 각 원판에는 2개의 더 작은 원판이 그 속에 들어 있다. 경도각이 0일 때($z=1+0i$) 포개진 모든 원판은 나란히 평면상에 배열

그림 5.25 솔레노이드.

된다. 하지만 경도각이 달라지면 뒤틀림의 정도에 따라 원판들이 서로 분리된다. 이러한 분리는 **그림 5. 25**에서 볼 수 있는데, 이 그림은 두 단계에 걸쳐 포개지도록 매핑했을 때 나타나는 결과이다.

위상 기하학에서 흔히 쓰이는 표기법을 사용해 점점 더 흥미진진한 솔레노이드를 나타낼 수도 있다. 속이 찬 토러스를 다음 공식을 통해 매핑시키는 과정을 살펴보자.

$$F_\gamma(\theta, x) = (2\theta, \gamma x + \frac{1}{2} e^{i\theta})$$

이 매핑이 의미하는 형태를 시각적으로 나타내고자 한다면 어떤 한 토러스를 뾰족한 칼로 잘라서 긴 원통 막대를 만드는 장면을 상상해 보면 된다. 그다음에 폭을 γ만큼 줄이면서 그 원통 막대를 2배 길이로 늘인다. 그 결과 생긴 길고 가는 원통 막대를 2번 감아 돌려서 양 끝을 접합시킨 다음 원래의 토러스 자리에 놓는다. 이 매핑 과정을 n번 반복하면 원래의 '뚱뚱한' 토러스의 내부에서 2번 감아 돌려진 가느다란 튜브가 나온다. 솔레노이드에 대해 더욱 자세히 알고 싶으면 스티븐 스메일의 「차등 동역학계(Differentiable Dynamical Systems)」를 살펴보기 바란다. 여기에서 그는 끌개 연구의 일환으로서 이러한 종류의 물체들을 속속들이 파헤친다.

초승달형 구

앞서 말했듯이 뫼비우스의 띠는 한쪽 모서리만을 갖는 곡면이고, 클라인 병은 안쪽과 바깥쪽의 구별이 없는 물체이다. 이 모양들 외에도 수학자들은 직관력 시험 차원에서 계속적으로 이상한 물체들을 만들어 낸다. 알렉산더가 만든 초승달형 구(horned sphere)는 돌돌 말리고 서로 뒤얽힌 면으로서 안과 밖을 정의하기가 어렵다. 수학자 제임스 워델 알렉산더(James Waddell Alexander, 1888~1971년)가 소개한 알렉산더의 초승달형 구(그림 5.26~5.28)는 초승달의 양쪽 끝 각각에 또 다른 초승달 모양을 자라게 하는 방식을 계속적으로 반복해 마치 자라는 모습처럼 보인다. 이 모양을 구현하는 첫 단계는 손가락을 이용해 시각적으로 나타낼 수 있다. 양손의 엄지와 검지를 서로 가까이 댄 다음, 그 손가락 각각마다 작은 엄지와 검지를 자라게 하는 과정을 무한정 반복하면 된다.

비록 시각적으로 보여 주기가 쉽지는 않지만, 알렉산더의 초승달형 구는 공과 위상 동형이다. 즉 이 물체에 구멍을 뚫거나 부수지 않고서도 잡아 늘여서 공으로 변환할 수 있다는 뜻이다. 아마 그 반대의 경우, 즉 공을 찢지 않고서 이 물체로 변환시키기가 좀 더 쉬울 듯하다.

그림 5.26 알렉산더의 초승달형 구.(이미지 제작: 캐머런 브라운)

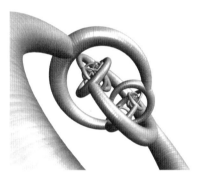

그림 5.27 알렉산더의 초승달형 구를 확대한 모양.(이미지 제작: 캐머런 브라운)

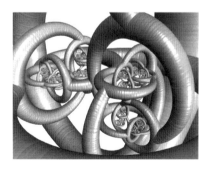

그림 5.28 알렉산더의 초승달형 구를 확대한 모양.(이미지 제작: 캐머런 브라운)

그림 5.29 평면 속에 납작한 형태로 배치되어 있는 알렉산더의 초승달형 구를 캐머런 브라운이 그래픽으로 표현한 그림.

그러므로 이 물체의 곡면은 구와 위상 동형이 된다.

그림 5.29는 평면 속에 납작한 형태로 배치되어 있는 알렉산더의 초승달형 구를 캐머런 브라운이 그래픽으로 표현한 그림이다. 이 '꼬불꼬불한 모양'은 알렉산더의 초승달형 구를 기본으로 해 그려졌는데, 앞에서 이야기한 대로 반지름을 차츰 줄여가면서 서로 직교하는 고리의 쌍들을 계속 맞물리게 하는 전통적인 방식을 써서 시각화했다. 캐머런 브라운은 고리 쌍들이 서로 맞물리는 각도를 90도에서 0도까지 줄이면서 꼬불꼬불한 초승달형 구를 평면 속에 납작하게 배치했다. 그다음에 꼬불꼬불한 초승달형 구의 집합을 만들기 위해 고리들을 교차되지 않게 맞물리게 하려고 위아래를 엮는 패턴을 고안했다. 브라운이 내게 알려 준 바에 따르면, 꼬불꼬불한 초승달형 구의 제작은 자기유사성 프랙털의 한 유형이기는 하지만 기술적으로 볼 때 그 곡선들이 평면 속에 빼곡히 들어차 있지는 않다. 어느 임의의 지점을 택했을

때 주변에 있는 곡선과 떨어진 빈 공간이 있기 때문이다.

캐머런 브라운은 컴퓨터 과학과 심리학 두 분야에 걸쳐 학위를 갖고 있는 전문 소프트웨어 기술자인 까닭에 장래에 두 분야를 하나로 통합하는 연구를 하고 싶어 한다. 그는 지난 몇 년간 캐논 사와 마이크로 소프트 사를 위해 자동 폰트 장식과 애니메이션 연구에 몰두하고 있다.

프리즘 도넛의 경이로움

이 책을 쓰는 동안 프리즘 도넛(prismatic doughnut)이라는 아이디어가 떠올라 **그림 5.30**에 나와 있는 형태를 진흙으로 만들어 이러저런 실험을 해 보았다. 내가 이 형태를 고안하긴 했지만, 형태가 단순하다 보니 다른 수학자들도 이미 여러 번 조사해 보지 않았을까 하는 생각이 든다. 육각형 면이 양쪽 끝에 2개 있고, 이 두 면을 제외하고 나머지 6개의 면이 있는 육면체 프리즘을 상상해 보자. 자 그럼, 진흙으로 만들어진 이 육면체 프리즘을 뒤틀어서 양쪽 끝의 두 육각형 면을 도넛 모양처럼 서로 붙인다고 생각해 보자. "저 그림처럼 붙이면 면이 도대체 몇 개가 되는 걸까요?"라고 내 동료들에게 질문을 던지고는 곰곰이 생각해 보라고 해보았다. 프리즘의 뒤쪽 육각형 면을 앞쪽 육각형 면에 대해 적절한 횟수만큼 뒤틀어서 도넛 모양처럼 연결하면 면이 딱 하나 있는 육면체 형태의 도넛을 만들 수 있을까?

그림 5.30에 나와 있는 형태의 육면체 프리즘 도넛에는 면이 단 1개뿐임이 밝혀졌다! 연결하는 동안 양쪽 끝의 육각형 면을 뒤틀지 않았다고 가정했을 때의 결과이다. 예를 들어 면 1이라는 '길'을 따라 아래로

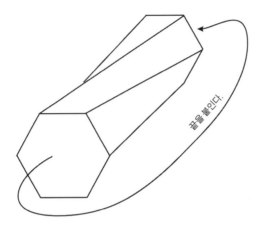

그림을 붙인다.

그림 5.30 육면체 프리즘 도넛 만들기.

내려가면 다른 면처럼 보이는 각각의 면들을 정확히 한 번씩 지난 다음 다시 면 1로 되돌아온다.

그림 5.30에서 각 변에 차례대로 번호를 매기고 한 변을 60도 회전시키면, 변 1은 변 2에, 변 2는 변 3에, 변 3은 변 4에, 변 4는 변 5에, 변 5는 변 6에, 변 6은 변 1에 연결된다. 어떤 임의의 한 점에서 시작해 모서리를 횡단하지 않고서 다른 점으로 이동할 수 있으므로 이 물체는 한쪽 곡면이다. 이 형태는 뒤쪽 육각형 면이 앞쪽 육각형 면에 대해 시계 방향으로 60도 뒤틀려 있다. 이와 비슷하게 뒤쪽 육각형 면을 반시계 방향으로 60도 뒤틀어도 뫼비우스 프리즘 도넛은 만들어진다. 게다가 양 방향으로 $\frac{5}{6}$ 만큼 뒤틀거나 $\frac{7}{6}$, $\frac{11}{6}$ 만큼 이런 식으로 계속 뒤틀어도 결과는 동일하다.

동료 마크 낸더에게 뫼비우스 프리즘을 보여 주자, 그는 n개의 면을 가진 프리즘에는 $\phi(n)$개의 서로 다른 뒤틀림(시계 방향과 반시계 방향의)이 있으며, 이로 인해 한쪽 곡면과 거기에 360도 뒤틀림을 더해 일정 간격으로 회전하는 임의의 뒤틀림이 생길 것이라고 추측했다.(만약 간격이 30도라면, 360도, 390도, 420도 등의 뒤틀림이 생긴다. ─ 옮긴이) $\phi(n)$으로 표시하는 오일러의 파이 함수는 n과 서로소인 n보다 작은 수들의 개수이다. 앞에서 논의했듯이, 수 이론가들은 두 수 A와 B가 공통의 인수(1은 제외)를 갖지 않으면 서로소라고 부른다. 예를 들면 $\phi(6) = 2$이다. 왜냐하면 1과 5는 6과 서로소이기 때문이다. 1, 3, 7, 9가 10과 서로소이므로 $\phi(10) = 4$이다. 그래서 6개의 면이 있는 프리즘 도넛의 경우, 시계 방향으로 2번의 뒤틀림이 있기에($\frac{1}{6}$ 뒤틀림과 $\frac{5}{6}$ 뒤틀림) 한쪽 곡면이 된다. 물론 $\frac{7}{6}$과 $\frac{11}{6}$ 뒤틀림을 이용할 수도 있고, 반대 방향의 뒤틀림을 이용해도 된다.

요약하면 n개의 면이 있는 프리즘의 경우, 양 끝을 서로 붙이고 나면, 시계 방향으로 $\phi(n)$개의 서로 다른 일정 간격 뒤틀림이 있어서 한쪽 곡면이 된다. 각각의 일정 간격 뒤틀림은 $\frac{k}{n}$에 해당하는데, 여기서 k는 n보다 작고 n에 서로소인 임의의 수이다.(k와 n의 최대 공약수는 1이다.) 프리즘은 물론 반시계 방향으로 뒤틀릴 수도 있다. 마지막으로 하나 더 말하면, 프리즘은 한 바퀴 이상 뒤틀릴 수도 있어서, $1 + \frac{k}{n}$ 뒤틀림이나 $2 + \frac{k}{n}$ 뒤틀림(어떤 임의의 수 N에 대해, $N + \frac{k}{n}$ 뒤틀림)이 되었든 간에 한쪽 곡면이 되기는 마찬가지다.

n개의 면을 가진 프리즘에 대해서, 양쪽 끝을 붙이면 시계 및 반시계 방향으로 $\phi(n) \div n$의 나머지에 해당하는 개수만큼의 일정 간격 뒤틀림이 생기며 한쪽 곡면이 된다.

$\phi(n)$의 공식은 흥미진진하다. n을 $n = A^a \times B^b \times C^c \times \cdots$ 로 인

수 분해하면,

$$\phi(n) = n[\frac{(A-1)}{A}][\frac{(B-1)}{B}][\frac{(C-1)}{C}]\cdots$$

그러므로 $6 = 2 \times 3$, $\phi(6) = 6 \times (\frac{1}{2}) \times (\frac{2}{3}) = 2$이다. 앞서 살펴보았듯이 6보다 작고 6과 서로소인 수는 1과 5, 2개다. $300 = 2^2 \times 3^1 \times 5^2$, $\phi(300) = 300 \times (\frac{1}{2}) \times (\frac{2}{3}) \times (\frac{4}{5}) = 80$이며 300보다 작고 300과 서로소인 수들은 다음과 같다.

1, 7, 11, 13, 17, 19, 23, 29, 31, 37, 41, 43, 47, 49, 53, 59, 61, 67, 71, 73, 77, 79, 83, 89, 91, 97, 101, 103, 107, 109, 113, 119, 121, 127, 131, 133, 137, 139, 143, 149, 151, 157, 161, 163, 167, 169, 173, 179, 181, 187, 191, 193, 197, 199, 203, 209, 211, 217, 221, 223, 227, 229, 233, 239, 241, 247, 251, 253, 257, 259, 263, 269, 271, 277, 281, 283, 287, 289, 293, 299.

그림 5.30에 나와 있는 뒤틀린 육면체 프리즘을 다시 한번 보면서 마지막으로 아래 설명에 나오는 모습을 떠올려 보자. 삼각형 프리즘의 각 면을 뒤틀어 붙이되, 육면체 프리즘의 각 면이 각 삼각 프리즘의 각 면과 동일 평면상에 놓이도록 해 보자. 무슨 뜻이냐 하면, 육면체 프리즘의 각 면이 삼각형 프리즘을 그 면에 붙임으로써 두 면으로 쪼개진다는 말이다.

이렇게 붙여서 생긴 초프리즘 도넛은 어떤 특성을 드러내게 될까?

뫼비우스의 띠 위에서 완벽한 정사각형 나누기

최소한 100여 년 간 수학자들의 마음을 사로잡고 있는 어려운 문제 가운데 하나가 '완벽한 정사각형 나누기'이다. 이것은 '하나의 큰 정사각형을 작은 정사각형으로 나누기'를 말한다. 이 문제의 기본 형태는 **여러 가지 크기**의 작은 정사각형 타일들을 큰 정사각형 타일 속에 채우는 것이다. 얼핏 듣기에는 쉬워 보이지만 모눈종이와 연필을 들고 시도해 보면 타일이 고작 몇 개일 때는 그나마 풀리지만 많아지면 아주 어렵다.

정사각형들을 채워서 만든 **직사각형**은 1909년 Z. 모론(Z. Morón)이 처음 발견했다. 모론이 발견한 것은 33 × 32의 직사각형으로 한 변의 길이가 1, 4, 7, 8, 9, 10, 14, 15, 18인 9개의 정사각형 타일로 채울 수 있다. 또한 한 변의 길이가 3, 5, 6, 11, 17, 19, 22, 23, 24, 25인 정사각형 타일 10개로 채울 수 있는 65 × 47인 직사각형도 발견했다.**(그림 5.31)** 오랫동안 수학자들은 정사각형을 크기가 다른 정사각형으로 완벽히 나

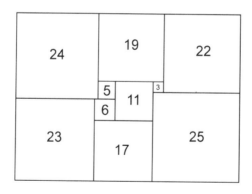

그림 5.31 모론이 발견한, 각기 다른 크기의 정사각형으로 채워진 직사각형.

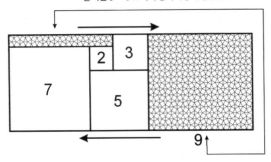

그림 5.32 뫼비우스의 띠 위에 있는 크기가 서로 다른 정사각형 타일들.

누기는 불가능하다고 주장했다. 1936년에 트리니티 칼리지의 학생인 R. L. 브룩스(R. L. Brooks), C. A. B. 스미스(C. A. B. Smith), A. H. 스톤(A. H. Stone), W. T. 튜트(W. T. Tutte)는 이 문제에 매력을 느끼게 되어 결국 1940년에 69개의 정사각형으로 이 정사각형 나누기 문제를 해결하고 만다! 더욱 노력을 기울인 결과 브룩스는 타일의 수를 39개로 줄이는 데 성공했다. 1962년에 A. W. J 뒤베스테인(A. W. J. Duivestijn)은 어떤 정사각형을 정사각형으로 나누는 문제든 최소한 21개 이상의 타일은 필요함을 증명해 냈다. 뿐만 아니라 그는 1978년에 21개의 타일로 된 정사각형을 하나 발견했고 그것이 유일한 것임을 또한 밝혀냈다.

1993년에 S. J. 채프먼(S. J. Chapman)은 끈의 모서리를 붙일 때**(그림 5.32)** 가장자리가 서로 맞닿지 않는 정사각형 타일 5개만으로 뫼비우스의 띠를 채울 수 있음을 알아냈다. 그림에 나와 있는 화살표는 띠의 모서리끼리 한 번 뒤틀려 붙은 걸 의미한다. 원기둥도 다른 크기의 정사각형 타일로 붙일 수 있는데, 그러려면 타일이 최소한 9개는 필요하다.

원기둥과 뫼비우스의 띠 위에 타일을 붙이려고 시도할 때는 반드시 타일 모서리를 면의 모서리에 수평 방향 또는 수직 방향으로 붙여야 한다. 하지만 토러스, 클라인 병, 사영 평면은 모서리가 없기 때문에 어느 각도로 붙여도 무방하다. 나는 클라인 병이나 사영 평면에 정사각형 타일을 붙이기는 잘 모르기 때문에, 이 주제에 관해서 잘 아는 독자는 알려 주기 바란다.

무게 중심 계산법

뫼비우스가 수학계에 남긴 중요한 공헌 가운데 하나가 무게 중심 계산법이다. 이것은 무게의 작용점들이 있을 때 이 점들 사이의 무게 중심을 정의하는 기하학적인 방법이다. 뫼비우스의 무게 중심 좌표는 기준 삼각형에 대한 좌표로 생각할 수 있다. 삼각형의 꼭짓점 위에 놓여 있는 세 수는 각 점에 놓여 있는 무게를 뜻하며, 이 세 수를 하나의 좌표로 표현한다. 이렇게 하여 세 무게의 무게 중심인 한 점이 정해진다. 1827년에 뫼비우스가 그의 책 『무게 중심 계산법(*Der Barycertrische Calcul*)』에서 소개한 새로운 대수적 방법은 이후에 광범위하게 응용될 수 있음이 밝혀졌다.

그림을 통해 이 개념을 명확히 설명해 보겠다. 무게 중심(barycentric)이라는 단어는 그리스 어로 무겁다는 뜻인 barys에서 나온 것으로, 중력의 중심을 가리킨다. 뫼비우스는 1개의 곧은 막대상에 놓인 여러 개의 분동을 막대의 중력 중심에 있는 단 1개의 분동으로 대체할 수 있음을 알아냈다. 이 단순한 원리를 통해 그는 수치 계수를 공간상의 임의의 점에 할당할 수 있는 수학 체계를 마련했다.

무게 중심 좌표를 개발하면서 뫼비우스는 **그림 5.33**에 나와 있는 분동을 이용해 그 점을 시각적으로 보여 주었다. 한 평면상에 선분 AB를 상상해 보자. A와 B에만 우선 분동을 매달자. 무게 중심은 선분 AB의 어느 한 지점이 될 것이다. 다음에 분동을 C에 매달면 무게 중심 P는 선분 AB에서 삼각형 ABC의 가운데 방향으로 옮겨질 것이다. 자세히 말하면 무게 중심은 PC 방향으로 옮겨진다.

사실 그 삼각형은 선분 PC를 따라 놓인 얇은 면도날 위에서 균형을 유지할 것이다. 선분 PA나 PB를 따라 놓인 면도날 위에서도 마찬가지다. P를 무게 중심이라고 부르며 무게 중심 아래 핀을 놓고 삼각형 ABC를 얹으면 균형이 잡힌다.

뫼비우스는 그다음에 B, C를 좀 더 깊이 연구해 무게 중심 좌표를 이용하면 얻을 수 있는 여러 가지 이점들을 보여 주었다. 삼각형 ABC 안에 놓인 임의의 점 P에 대해 3개의 질량 W_A, W_B, W_C가 존재한다는

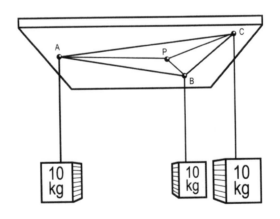

그림 5.33 무게 중심 좌표 점 P는 a, b, c의 무게 중심이며, P의 무게 중심 좌표는 (a, b, c)로 표시된다.

원칙을 다시 한번 강조하고 싶다. 삼각형의 해당 꼭짓점에 놓이면 이 세 질량의 무게 중심은 점 P와 일치할 것이다. 뫼비우스는 W_A, W_B, W_C를 P의 무게 중심 좌표로 여겼다. 정의된 대로 무게 중심 좌표는 유일한 값이 아니다. 0보다 큰 k 값에 대해 kW_A, kW_B, kW_C의 무게 중심은 W_A, W_B, W_C와 완전히 일치한다.

　수학 이론에서 무게 중심 계산법의 유용함에 대한 세세한 설명은 이 책의 범주를 넘는 것이기에 좀 더 자세히 알고 싶은 독자는 제레미 그레이의 「뫼비우스의 기하학 역학」을 참고하기 바란다. 무게 중심 좌표는 수학의 다양한 분야 및 심지어 컴퓨터 그래픽 분야에까지 이용되는 일반적인 이론임이 밝혀졌다. $W_A + W_B + W_C = 1$이라는 조건을 덧붙이면 무게 중심 좌표는 삼각형 안에 놓인 점에 대해 유일하게 정의된다. 무게 중심 좌표가 갖는 이점은 주로 사영 기하학에서 찾을 수 있는데, 이 분야는 선, 면, 점이 서로 같은 공간상에 존재하는가의 여부를 다루는 학문이다. 사영 기하학의 관심 주제는 물체들 사이의 관계 및 한 물체를 다른 면 위에 투영시켰을 때 어떻게 변환되는가에 관한 것이다. 그림자는 단단한 물체를 평면에 투영시킨 면임을 생각해 보면 이해가 될 것이다. 무게 중심 좌표는 변량(주어진 조건에 따라 변화하는 양)들의 합이 일정하기만 하면 당연히 생기는 값이다.

　아이오와 대학교 수학과 조교수였던 알렉산더 보고몰니(Alexander Bogomolny)는 「무게 중심 계산법(Barycentric Calculus)」이라는 기고문에서 확률 및 퍼즐과 연관된 많은 실질적인 예들을 소개했다. 각각 220그램, 140그램, 80그램인 3개의 유리잔 A, B, C에 관한 문제였다. 그가 제시한 해답은 삼각형 격자의 꼭짓점에 A, B, C 점을 시각적으로 나타내서 그 문제를 무게 중심 좌표를 이용해 풀었다. A, B, C는 무게 중심 좌표 u, v, w와 관련되어 있으며 $u+v+w = 8$ 이라는 조건을 만족시켜야 한다. 보고몰니는 그다음에 좌푯값에 해당하는 세 자릿수 배열을 이용한다. 예를 들면 꼭짓점 A의 좌표 배열이 '800'이라고 하면 $u=8$, $v=0$, $w=0$ 또는 $(8, 0, 0)$을 줄여서 표시한 것이다. 어느 한 유리잔에서 다른 잔으로 물을 따르는 행위는 삼각형의 한 변을 따라 한 점에서 다른 점으로 이동하기에 해당한다. 국제적으로 인정받고 있는 그의 웹 사이트 www.cut-the-knot.org에 모든 세세한 내용이 들어 있다. 뫼비우스의 무게 중심 좌표가 이론 및 응용 수학의 여러 분야에 영향을 주고 있다고 말하기에 충분하다.

그림 5.34 이웃한 영역끼리 서로 다른 색이 되도록 색을 칠하려면 최소 몇 가지 색이 필요할까?

니나(Nina)는 특이한 종류의 피부를 가진 새로운 생명체를 창조해 낸다. 이 도마뱀처럼 생긴 생명체에게 '모프스(Morphs)'라는 이름을 지어 주었는데, 그 까닭은 그 생명체들의 등에다가 끝이 펠트로 만들어진 펜으로 모양을 그려 넣을 수 있기 때문이다. 모프스들은 그 모양을 몸속으로 흡수하는데, 나중에 새끼를 낳으면 새끼들 등에도 똑같은 모양이 새겨져 있다. 색채가 화려한 그 생명체는 어린아이들에게 인기 만점이었다. 과학자들은 모프스의 새끼들이 어떻게 해서 부모와 동일한 등 모양을 가질 수 있는지 궁금해했다. 오늘 니나는 펜을 한 번도 떼지 않고 첫 시작점으로 돌아오게끔 막 휘갈겨 그린 지도 모양을 모프스의 등 위에 그린다. **그림 5.34**에는 니나가 최종적으로 완성한 모양이 나오는데, 앞으로 몇 달 동안 이런 모양을 많이 그리고 싶어 한다. 이제 니나는 색칠을 할 것이다.

만약 니나가 이웃한 영역끼리 서로 다른 색이 되도록 색을 칠하려면 최소 몇 가지 색이 필요할까? 색칠을 할 때, 꼭짓점을 공통으로 맞대고 있는 이웃 영역일 경우 색이 동일해도 되지만 모서리를 서로 이웃할 때는 색이 동일해서는 안 된다.(답은 「해답」에)

◎ 피라미드 수수께끼

이 장에서 사면체, 뫼비우스의 집, 뒤틀린 프리즘 도넛처럼 조각들이 모여서 이루어진 물체들에 대해 살펴보았다. 이번 문제는 시각화 능력을 시험해 보는 문제다. 질(Jill)은 각 면에 각각 빨강(r), 보라색(p), 초록색(g), 노란색(y)으로 서로 다르게 색칠을 했다. 질은 머리 아픈 문제를 하나 내려고 한다. 피라미드를 이리저리 돌리면 피라미드의 네 꼭짓점을 위에서 바라봤을 때 5가지 다른 유형이 나온다. **그림 5.35**에 나와 있는 그림 중 어느 것이 틀린 것인가?(답은 「해답」에)

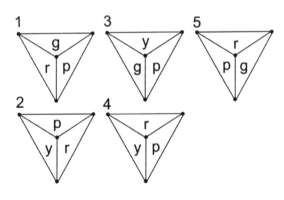

그림 5.35 삼각 피라미드의 여러 가지 유형. 어느 것이 틀린 그림일까?

얼마 지나지 않아서, 아래에 나와 있는 제품을 구입하고 다시 돌아오는 데 채 3분도 걸리지 않게 될 것이다. 모카 프라푸치노, 사람 머리 크기의 부리토 치킨, NASCAR 기념품(스포츠 관련 제품의 일종. ─옮긴이), 휴대폰, 윤활유. 온 세상은 시작도 끝도 없는 하나의 뫼비우스의 띠 쇼핑 센터가 될 것이다.

― 마크 해스티(Mark Hasty),
「베뮤즈먼트 파크 블로그(Bemusement Park Blog)」

『잭과 콩나무』의 은하계판으로 평가받는 「뫼비우스의 띠를 따라(Through the Möbius strip)」는 자신이 창조한 시공의 입구에서 실종되어 버리는 물리학자 사이먼 와이어에 관한 이야기다. 이 물리학자의 아들인 잭 와이어는 불가사의한 경관이 온통 펼쳐져 있고 가끔씩 거대한 몸집의 생명체들이 출몰하는 수많은 행성을 헤집고 다니며 아버지를 찾아 나선다.

―「애니메이티드뉴스 닷컴(Animated-news.com)」

펄프, 코크스, 나무 판대기, 불활성 약품 정제 보조제 등이 섞인 푸르죽죽하고 딱딱한 케이크는 담금 용기를 통과해 일렬로 쭉 늘어선 핀치 롤러들과 수천 개의 유도륜 사이를 지나서, 3개의 면을 사용해 마모가 균등하게 되도록 만든 끝없이 뒤틀린 뫼비우스 벨트 위로 모습을 드러낸다. 그곳에서 노동자들이 모든 케이크를 최상품으로 만들려고 소용돌이 모양의 마무리 장식을 하느라 밤낮으로 일하고 있다.

― 매튜 매클빈(Matthew McIrvin),
『매클빈의 미래 세계 엿보기(McIrvin's Push-Button World of the Future)』

그 이야기는 시작할 때와 똑같은 장소에서 사실상 끝나게 된다. 헨리는 침실 창가에 선 채로, 날아다니는 비행기들로 깜빡이는 런던의 밤하늘을 빤히 바라보고 있다. 이 비행기들은 언뜻 보기에 원형 궤도를 그리고 있지만, 사실은 뫼비우스의 띠처럼 이 원이 뒤틀려 있는지라 보통의 원에 비해서는 훨씬 길어 보인다.

— 랜디 마이클 시뇨르(Randy Michael Signor),
「2월의 어느 날: 인생에 대한 은유(One Day in February: Metaphor for a Life)」,
《시카고 선타임스(*Chicago Sun-Times*)》

6장 | 우주, 실제, 초월

고차원 세계가 존재할 가능성 정도만 생각했을 뿐이지만, 칸트와 뫼비우스
는 흥미진진한 철학적 질문을 던진 셈이다. 우주의 다양성을 고려해 볼 때, 우
리가 사는 세계와는 동떨어진 어떤 공간에 다른 차원의 세계가 존재하지 않
을까? 오른쪽 방향성과 왼쪽 방향성 이 두 가지가 동시에 존재한다는 것은
한 방향성을 다른 방향성으로 변환시키는 4차원 변환이 가능하다는 뜻이
아닐까?

— 폴 핼펀(Paul Halpern),
『위대한 저 너머 세계(*The Great Beyond*)』

나는 여기에 선보인 기하학 정리와 방법들을 통해 기하학 연구를 단순화하
고 그 지평을 넓히는 일에 다소나마 기여하고자 할 뿐이다.

— 아우구스트 뫼비우스,
『무게 중심 계산법』

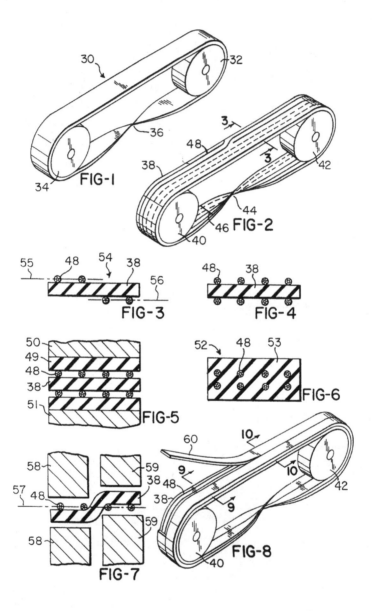

30

32

36

34 FIG-1

3

48

38

3

42

44

46 FIG-2

40

55 48 54 38

56

FIG-3

48 38

FIG-4

50

49

48

38

51

FIG-5

52 48 53

FIG-6

58

59

57 48

38 48

38

9

60

10

10

42

9

9

59

58

40 FIG-8

FIG-7

여행, 뉴 데본셔를 넘어

전형적인 뉴잉글랜드 교외를 닮은 '뉴 데본셔'라는 아담한 도시가 있다고 상상해 보자. 당신은 뉴 데본셔에 수년간 살고 있다. 평온한 그곳에서는 가로수가 줄지어 있는 도로를 따라 오래전에 지어진 옛날 교회를 돌아서 한적한 느낌이 물씬 풍기는 공원을 거닐며 산책을 즐기기 그만이다. 뉴 데본셔는 뉴욕 시에서 북쪽으로 한 시간도 안 걸리지만, 완전히 딴 세상이라고 할 수 있다. 그 마을엔 환경 오염도, 고층 건물도, 성가신 자동차 경적 소리도 존재하지 않는다. 뉴 데본셔의 자랑이자 보물은 목가적인 시내의 작은 중심가인데, 여기에는 우아한 뫼비우스 기념 도서관, 아름다운 별장들, 아기자기한 오솔길, 벤치, 분수 등이 있는 주변 경관과 더불어 예스러운 상점들이 늘어서 있는 담쟁이 오솔길 등이 있다. 여기에서는 언제나 행복한 순간뿐.

어느 날, 당신은 자전거를 타고 이제껏 가 본 적이 없는 데까지, 사실은 뉴 데본셔에 있는 어느 누구도 가 본 적이 없는 데까지 가 보려고 마음먹는다.

마을 이장은 "잘 다녀오세요."라고 배웅해 준다. 이장과 수백 명의 친구들이 손을 흔들어 대는 광경을 뒤로 하고 점점 속력을 내 쏜살같이 내달린다.

약간 긴장이 된다. 뉴 데본셔에 사는 대부분의 사람들과 마찬가지로 당신은 집에서 멀리 벗어나 본 적이 일찍이 없으니 말이다.

낙엽이 깔린 중심가를 따라 바람이 휑하니 불어온다. 옛 공동묘지, 빅토리아식 뫼비우스 도서관, 그리고 1900년대 초기에 지어진 원주형 집들을 스쳐 갈 때 당신은 약간 떨고 있다.

끝없이 펼쳐진 흐릿한 구름 속을 까마귀들이 날면서 당신의 머리 위에서 울어 대고 있다. 마른 잎들이 타는 냄새가 난다.

길은 집에서 멀리 떨어진 어느 지점에서 여러 갈래로 갈라진다. 키가 큰 **배롱나무들이** 길가에 줄지어 서 있다. 엷은 분홍빛 꽃망울을 달고 있는 가지들이 무척 많이 나 있는 그 나무를 바라보며 나무 둥치가 큰 기둥 같다며 감탄한다. 이 여행길에는 도통 이정표가 없다. 정말로 아무런 표시도 존재하지 않는다.

"멋진데!"라고 말하면서 상점과 집들에서 새어나온 빛들이 마치 분수처럼 자전거 아래에 깔린 자갈길 위로 떨어져 내리는 초저녁 풍경을 바라본다.

몇 분 더 지나자, 길은 차 한 대가 겨우 통과할 수 있을 정도로 좁아진다. 교회와 학교, 상점들의 벽이 아몬드 빛깔을 띤다. 등줄기를 따라 무언가 따끔거리는 느낌이 드는데, 그리 싫지 않은 느낌이다. 이 교회, 이 학교 마당, 소시지를 파는 정육점 주인, 수녀, 여인에게 입맞춤하는 남자. 자전거 손잡이를 꽉 움켜쥔다. 무언가가 달라졌다. 어린아이들이 뛰노는데, 어째 너무 움직임이 너무 느리다. 비디오 속의 느린 재생

화면에서처럼.

공기가 점점 더 따뜻해지지만 여전히 상쾌하고, 하늘은 진주 빛깔처럼 밝아진다. 당신은 하늘을 올려다본다. 건물들의 높은 층에서 흘러나온 불빛들이 마치 지나가는 손님을 맞이하러 나오는 듯 상냥한 느낌으로 다가온다.

자전거의 속력을 낮추고 교회 종소리를 듣는다. 세 번 뎅뎅뎅, 한 박자 쉼, 한 번 뎅, 한 박자 쉼.

10분쯤 지나니까 작은 집들만이 길가에 서 있다. 단층 건물들이 나무로 만든 울타리에 둘러싸여 뒤범벅이 되어 있는 듯 보인다. 가끔씩 아이들이 깔깔거리며 당신을 가리킨다. 당나귀 한 마리가 짐 더미와 몇 개의 목재를 나르며 당신을 스쳐 길 아래로 내려가는데, 하마터면 당신을 치어 진흙 웅덩이에 빠트릴 뻔했다.

이 이상한 탐험은 지금 어디로 향하고 있을까? 손가락이 부르르 떨린다. 이번 여행은 왠지 잘못 시작했다는 느낌이 든다. 어쨌든 원래 자리로 되돌아온다. 교차로에 정상적인 신호등이 나타난다. 차 한 대가 획 지나간다.

1시간 동안의 여행을 마치고 출발점에 다시 돌아온 듯싶었다. 마을 이장 린다가 손을 흔든다.

"어땠나요?"

눈물을 글썽이며 미소를 띤 채 묻는다.

린다 눈을 지그시 바라본다. "뭐가 뭔지 잘 모르겠습니다."라고 말한 뒤 미소 짓고 있는 사람들에게 손을 흔들어 보이고는 자전거를 나무 벤치에 기대어 놓는다. 모든 사람이 정상인 듯하다. 현실로 되돌아왔다는 느낌이 이제야 든다. 하지만 린다가 손에 쥐고 있는 신문을 보았더니, 읽을 수가 없다. 글자들이 거꾸로(오른쪽에서 왼쪽으로) 씌어 있지 않은가!

연필을 집었더니, "왼손잡이세요?"라고 린다가 묻는다. 무슨 소리? 당신은 태어날 때부터 줄곧 오른손잡이였지 않은가!

마을 자치 위원회는 당신에게 무슨 일이 일어났는지 알아보려고 긴급회의를 열더니, 몇몇 용감한 사람은 이번 사태를 파악하고 마을과 도로의 진정한 실체를 파헤쳐야 한다며 중심가 너머로 탐험을 결심한다.

이 용감한 사람들도 자전거를 타고 떠났다가 몇 시간 후에 돌아왔는데 이상한 일들이 일어났다. 출발 전에는 오른손잡이이던 사람들이 지금은 왼손잡이이고, 더군다나 내과 의사가 진찰해 보니 이 사람들의 심장은 원래 있던 왼쪽에 있지 않고 오른쪽에 있지 않은가! 각자 자신의 거울 이미지가 되어 돌아왔다니!

차츰 더 많은 사람이 여행을 하고 돌아오게 되니까 뉴 데본셔에는 이내 원래 사람들과 거울 이미지 사람들이 함께 뒤엉켜 살게 된다. 이 동네 외과 의사에겐 악몽 같은 일이 아닐 수 없다. 그리고 두 종류(정상 사람들과 거울 이미지 사람들)의 사람들이 서로 결혼하게 되니까 태어난 자녀가 어떤 모습일지 궁금해한다. 시계 만드는 사람은 시계도 두 종류, 즉 거울용과 정상용으로 설계해야 사람들이 시간을 올바로 읽고 편안히 살 수 있다.

뫼비우스의 띠처럼 생긴 우주에 산다면 어떤 일이 생길지 묘사한 이야기다. 이 이야기를 2차원에 유추해 보자. 뫼비우스 세계에 사는 2차원 '평면 인간'은 그 세계를 따라 돌아다니다 보면, 자신이 존재하는

그림 6.1 뫼비우스의 띠 우주에 살고 있는 2차원 인간으로 그려진 뫼비우스 박사. 만약 뫼비우스 박사가 띠를 따라 여행한다면, 내부 장기의 좌우가 뒤집힐 것이다.

평면에서 벗어나지 않고도 자신을 '뒤집을' 수 있다. 만약 평면 인간이 뫼비우스의 띠를 따라 한 바퀴 돌아 제자리로 돌아와서 자신의 몸을 살펴보면 몸의 모든 부분이 좌우가 바뀌어 있을 것이다.(**그림 6.1**) 뫼비우스의 띠를 따라 두 번째 여행을 한 뒤 돌아오면 다시 원래대로 돌아올 것이다.

그림 6.1에 그려진 대로 평면 안에서 여행하는 평면 인간을 생각할 때, 그 면의 위를 따라 움직이지 않고 그 평면 **내부**를 여행하는 2차원 존재로 여겨야 함에 다시 한번 주의를 기울여야 한다. 두말할 것도 없이 종이로 만든 뫼비우스의 띠 위를 기어 다니는 개미 한 마리는 거울 이미지로 바뀌지 않는다. 기대하는 결과를 얻으려면 무한정 얇은 개미가 뫼비우스의 띠의 표면 내부를 따라 돌아다닌다고 상상하면 된다.

뫼비우스의 띠는 '방향성 없는 공간'의 한 예다. 이론적으로 이것이 의미하는 바는 면 위의 물체를 그 물체의 거울 이미지와 구별하기가 불가능하다는 뜻이다. 어떤 면이 만약 그 면 위에 있는 물체의 방향성을 반대로 만드는 경로를 가지고 있으면, 방향성이 없다고 한다. 한편 어떤 공간이 비대칭 구조의 방향성을 그대로 유지해 주면, 그 구조가 어떻게 이동되는지에 관계없이 그 공간은 "방향성이 있다."라고 한다.

우리는 방향 반전 경로가 존재하는지 판단하기 전에 우리 우주의 거시적 구조에 관해 조금 더 자세히 알아보자. 다음과 같은 경로가 발견되었다고 상상해 보자! 당신이 로켓 우주선을 타고 여행 갔다가 거울 이미지가 되어 돌아왔을 때, 당신이 갖고 있던 나사, 가위, 시계, 책의 글자들 및 몸의 내부 장기가 반대로 바뀌었다. 위험을 굳이 감수하지 않고 지구에 남은 당신의 친구는 멀쩡한데 말이다. 이번에는 만약 당신의 배우자나 연인이 반대가 되어 돌아왔다면, 그들에 대한 당신의 감정도 바뀌게 될까? 그 변화를 당신이 감지할 수 있을까? 그도 당신이 운전하는 차를 운전할 수 있는지, 당신이 쓴 글을 그도 읽을 수 있을지, 컴퓨터 키보드를 제대로 칠지, 같은 음식을 소화시키거나 당신이 읽는 책을 읽을 수 있을지 의아하다. 이 거울 이미지 인간들의 몸속에 있는 위도 반대로 된 위상 동형 분자들로 구성되어 섭취한 음식물 속의 분자들을 소화할 수 없게 될까? 반대로 되면 어떤 이점이 있을까? 그 미래 사회가 종족의 통일성 유지를 위해, 왼손잡이들을 전부 우주선에 실어 다시 우주로 보냈다가 되돌아오게 하면, 그들이 다시 오른손잡이로 바뀔까? 정부가 의도적으로 국민들을 반대로 바꾸어서 '정상적인' 사람들과는 결혼할 수 없는 부류의 사람으로 변형시키거나, 아니면 특별한 위상 동형 특성을 지닌 생체 분자를 잡아먹도록 진화된 치명적 병원균에게 감염되게 만들 수 있을까?

뉴 데본셔에 있는 철학자들은 자전거 여행자들의 방향성이 반대로 바뀐 이 엉뚱한 사건에 대해 깊이 생각해 본다. 자전거를 타고 방향을 반전시키는 길 위를 지날 때 정확히 **언제** 심장의 방향이 바뀌게 될까? 여행 중에 자전거가 지나갈 때 서 있는 사람들은 어떻게 될까? **서 있는 사람들 중** 누가 왼쪽 심장을 가졌고, 누가 오른쪽 심장을 갖고 있을까? 방향 바꾸기는 급작스럽게 일어날까, 서서히 일어날까? 그 길 위에 있는 사람들 중 누가 왼쪽 및 오른쪽 방향의 분자를 소화시키기에 적합한 효소를 갖고 있을까?

앨런 무어는 『새 여행자 연감(*The New Traveler's Almanac*)』에서 루이스 캐럴(Lewis Carroll)의 『거울 나라의 앨리스(*Through the Looking Glass*)』라는 책 중에 일부를 다시 들려 주는데 어린 앨리스의 최종적 운명을 섬뜩하게 묘사하고 있다.

'앨리스'는 닫힌 지 얼마 되지 않는 벽난로 선반 위에서 어른거리는 이상한 문을 통해 다시 나타났다. 하지만 바로 그 순간 예기치 못한 현상이 눈에 띄었다. 가르마의 위치가 반대편에 나 있었고, 좀 더 자세히 살펴보니 몸속에 있는 장기들의 위치가 반대로 되어 있었다. 앨리스는 더 이상 정상적인 음식을 소화시킬 수 없었던지 그해 11월 말에 이 병으로 시름시름 앓다가 끝내 죽고 말았다.

몸의 오른쪽과 왼쪽 바뀜 현상은 단순히 지어낸 병명이 아니다. 공식 용어로 '내장 역위증을 동반한 우심증'으로 알려진 이 뫼비우스적 변환 증세에 걸린 사람들은 심장의 위치뿐만 아니라 어떨 때는 다른 내부의 장기의 위치까지 반대로 되어 있다. 이 사람들은 선천적인 심장 질환의 가능성이 약간 높을 뿐 정상적인 생활을 할 수 있다. 장기 전부가 뒤바뀌는 증세는 '전내장 역위증'이라고 하는데, 가슴 부위와 복부에 있는 장기들의 좌우 방향이 몽땅 바뀐다. 이 증세를 앓는 사람들의 엑스레이를 찍어 보면 거울 이미지가 보인다. 전내장 역위증은 어림잡아 7,000명 중 1명꼴로 발생한다고 알려져 있다.

때때로 뒤바뀐 장기들은 이보다 더 심각한 결과를 초래하기도 한다. 2004년에 중국의 허난 성에서 장기 대부분이 '비정상적인' 위치에 달려 있는 여자 아이가 태어났다. 생후 6개월이 되어서야 그 아기의 상태가 확인되어 정밀 조사에 들어갔다. 의사가 살펴보니 왼쪽에 있어야할 심장이 오른쪽에 있었다. 안타깝게도 심장 자체도 기형이었는데, 심방과 심실의 위치도 반대로 되어 있었다. 왼쪽에 놓여 있어야 할 위장이 오른쪽에, 오른쪽에 있어야 할 간이 왼쪽에 있었다. 사람의 폐는 폐엽이라는 부분이 모여서 이루어져 있는데, 정상적인 경우라면 사람의 폐는 왼쪽에 2개의 폐엽이, 오른쪽에 3개의 폐엽이 있다. 하지만 허난 성의 아기는 그 반대였다. 기형을 바로잡기 위해 내과 의사들이 심장 수술을 시행했지만, 제대로 작동하고 있는 다른 장기들은 그대로 두었다.

초공간과 고유 기하학

이 앞장에서 뫼비우스의 띠가 이 면 내부에 살고 있는 2차원 존재를 어떻게 거울 이미지로 변환시키는지 알아보았다. 그렇지만 이 현상이 어떻게 우리가 사는 3차원 우주에도 실현될 수 있단 말인가?

아메바처럼 생긴 외계 생물이 큰 배구공 위를 따라 움직여 다닌다고 상상해 보자. 이 거주자들은 미생물들이 비눗방울의 얇은 막 내부에(방울의 내부가 아니라 비눗방울의 얇은 막 내부임. ─ 옮긴이) 살고 있는 것처럼 그 면 내부에 존재하고 있다. 그 외계 생물은 그들의 우주를 '쉬본(Suibon)'이라고 부른다. 크기가 너무 커서 쉬본 인에겐 쉬본이 평평한 2차원 평면으로 보인다. 하지만 아주 뛰어난 과학자인 아인슈타이노이드(Einsteinoid)는 쉬본이 실제로는 유한하며 자신이 3차원이라고 이름 붙인 공간 안에서 휘어져 있다고 믿게 된다. 급기야 그는 '위'와 '아래'라는 새로운 단어를 만들어서 보이지 않는 3차원에서의 운동을 설명하려고 시도한다. 친구들이 의심의 눈초리를 보냄에도 아랑곳하지 않고 어느 날 아인슈타이노이드는 아내의 위족(아메바는 위족(僞足)을 가지고 있다. ─ 옮긴이)에 입맞춤을 하고는 무한히 앞으로만 뻗어 있을 것 같아 보이는 길을 따라 머나먼 여행을 시작한다. 그는 마침내 일주일 후 출발점으로 되돌아옴으로써 그 우주가 고차원 우주 내에서 휘어져 있음을 증명한다. 긴 여정 동안 그가 사는 2차원 공간에 수직인 3차원 공간상의 곡선 경로를 따라 움직였는데도 전혀 그렇게 느껴지지가 않았다. 아인슈타이노이드는 여기서 그치지 않고 한 지점에서 다른 지점에 이르는 더 짧은 경로가 있음을 알아낸다. 그는 A 지점에서 B 지점을 관통하는 터널을 뚫어서 소위 "웜홀"이라고 부르는 공간을 만들어 낸다. 나중에 아인슈타이노이드는 쉬본이 3차원 공간에 떠도는 많은 곡선 세계 가운데 하나임을 알아차린다. 언젠가는 다른 세계로의 여행도 가능하리라고 상상한다.

여기서 쉬본의 표면이 종이처럼 구겨진다고 가정해 보자. 아인슈타이노이드와 동료 아메바들은 그 세계를 어떻게 여길까? 구겨지더라도 쉬본의 아메바들은 그 세계가 완전한 평면이라고 결론 내릴 것이다. 구겨진 공간의 표면에 존재하는 아메바들의 몸이 설사 구겨지더라도 전혀 알아차리지 못한다.

'휜 공간'이라는 아이디어는 말도 안 되는 소리 같지만, 사실은 전혀 그렇지가 않다. 19세기의 위대한 기하학자였던 게오르크 베른하르트 리만(Georg Bernhard Riemann, 1826~1866년)은 이 주제에 관해 줄기차게 생각했으며 현대 이론 물리학의 발전에 심오한 영향을 끼쳐 이후에 상대성 이론의 개념과 방법론에 근본 토대를 마련했다. 리만은 쉬본의 2차원 세계를 4차원 안에 구겨져 있는 3차원 공간으로 대체했다. 우리 우주가 왜곡되어 있다는 발상은 그 왜곡이 느껴지지 않는 한 모호하기 그지없다. 전기, 자기, 중력의 구분도 우리 3차원 우주가 보이지 않는 4차원 속에 구겨져 있기 때문에 발생한 현상이라고 리만은 믿었다. 우리 공간이 구면처럼 충분히 휘어 있다면 (지구 위의 경도가 그렇듯이) 평행선들끼리도 서로 만날 수 있고 삼각형의 세 내각의 합이 (구면상에 그려진 삼각형처럼) 180도를 넘을 수도 있다.

유클리드는 기원전 300년경에, 종이 위에 그려진 삼각형의 세 내각의 합은 어떤 경우에라도 180도라고 알려 주었다. 하지만 이것은 평평한 종이 위에서만 들어맞는 말이다. 구의 표면에서는 각도가 **각각** 90도인 삼각형을 그릴 수도 있다! 이것을 증명하기 위해 지구본을 한번 살펴보자. 적도를 따라 선을 하나 그리다가 경도 자오선을 따라 남극에까지 내리자. 그다음에 90도 돌린 다음 다시 경도 자오선을 따라 적도까지 올리자. 세 내각 모두 90도인 삼각형이 생겼다. 이처럼 세 내각의 합이 180도를 넘는 삼각형이 존재할 수 있다.

쉬본에 있는 2차원 존재들로 다시 돌아가 보자. 그들이 작은 삼각형 내부의 세 내각의 합은, 비록 휜 우주 속에 있을지라도 거의 180도에 가까울 것이다. 하지만 삼각형이 훨씬 더 커지면 그 결과는 사뭇 다르게 나타날 텐데, 그 까닭은 그 세계의 곡률이 미치는 영향력이 더 커지기 때문이다. 쉬본에 사는 아인슈타이노이드가 발견한 기하학은 그 면에 대한 **고유 기하학**(intrinsic geometry)이라고 할 수 있다. 이것은 오직 그 공간 내에서 측정된 수치에 대해서만 성립되는 기하학이다. 19세기 중반에 들어서자 비유클리드 기하학, 예를 들어 설명하면, 평행선들이 서로 만날 수도 있는 구형 기하학에 관심이 쏟아졌다. 물리학자 헤르만 폰 헬름홀츠(Hermann von Helmholtz, 1821~1894년)가 이 주제에 관해 쓴 글에서, 2차원 존재가 우주의 곡률을 드러내 줄 3차원에 대한 개념 없이 우주의 고유 기하학을 이해하려고 한다면 얼마나 막막할지 독자들에게 한번 상상해 보라고 했다. 또한 베른하르트 리만은 물체가 '휘어' 있는 고차원 공간을 언급할 필요 없이 추상적 공간에 대해 고유한 측정을 하는 방법을 소개했다.

쉬본의 **비고유 기하학**(extrinsic geometry)은 표면이 고차원 공간 위에 얹혀 있는 방식에 따라 달라진다. 어렵게 들리기는 하지만, 쉬본 인들이 그들의 우주를 따라 측량을 실시해 보면 비고유 기하학을 이해할 수 있다. 즉 쉬본 인들이 그들의 우주를 떠나지 않고서도 그 곡률을 연구할 수 있다는 말이다. 마치 우리가 우리 우주 속에 갇혀 있지만 곡률을 통해 많은 정보를 알아내는 것처럼 말이다. 우리 공간이 휘어 있음을 증명하려면 세 내각의 합이 180도보다 큰 삼각형을 찾기만 하면 된다. 오랫동안 전설로 떠돌고 있는 어떤 이야기에 따르면, 수학자이자 물리학자인 카를 프리드리히 가우스는 여러 산꼭대기에서 빛을 반사시켜 큰 삼각형을 만드는 실험을 했다고 한다. 하지만 가우스는 삼각측량을 위한 목적으로 이러한 실험을 했기에, 실제로 측정이 가능했다 하더라도 이 광선으로 만들어진 삼각형의 세 내각의 합이 180도임을 믿어 의심치 않았을 것이다. 우리 우주에서 두 평행선이 실제로 만날 수 있을지는 아직도 미지의 문제이지만, 광선을 우주 곡률 측정에 이용할 수는 없다. 왜냐하면 광선은 무거운 물체 곁을 지날 때 휘어 버리기 때문이다. 무슨 말인가 하면 빛은 별 주위를 지날 때 휘기 때문에 큰 삼각형의 각도를 변화시키기에 부적절하다는 뜻이다. 하지만 빛의 이러한 굴절 현상을 보건대, 우리 우주가 보이지 않는 차원 속에서 불가해한 방식으로 휘어 있다고 생각할 수도 있다.

공간 곡률은 태양을 도는 수성의 타원 궤도가 방향을 바꾸는 세차 운동을 통해서도 감지할 수 있다. 태양 주변의 공간에서 생기는 미세한 곡률로 인해 해마다 발생하는 이 현상으로 유발되는 궤도의 변화는 실제로는 아주 미미하다. 아인슈타인은 질량이 큰 물체 간에 생기는 중력은 그 질량 가까이에서 공간이 휘기 때문에 생기며, 이동하는 물체는 마치 지구본의 경도선 위를 지날 때와 마찬가지로, 휜 공간상에서 직선처럼 보이는 길을 따라갈 뿐이라고 주장했다.

1980년대와 1890년대에 여러 분야의 천체 물리학자들이 우리 우주 전체가 휘어 있는지를 실험을 통해 조사해 보려고 했다. 예를 들면 어떤 과학자들은 구 위에 있는 2차원 표면이 휘어 다시 자신에게로 돌아오듯이 3차원 우주도 휘어서 자신에게로 돌아올지 궁금해했다. 4

차원이라는 개념을 받아들여야만 이 현상을 납득할 수 있다. 지구의 표면인 2차원 곡면이 유한하지만 경계가 없듯이(3차원 구 위에 휘어져 있기 때문임), 많은 과학자들은 우리의 3차원 우주는 초공간이라고 불리는 4차원 구 위에 휘어 있다고 상상한다. 불행하게도 천체 물리학자들은 실험 결과가 불확실하다며 아직 확신하지는 못한다. 더욱 최근에 행해진 천체 관측에 따르면, 우리가 볼 수 있는 우주가 전부 다 휘어 있지는 않은 듯하다. 그러나 보이는 우주는 전체 우주의 아주 작은 부분에 지나지 않으니까, 전 우주에는 온갖 유형의 위상 기하학적 공간이 존재할지도 모른다. 구면은 유한하면서도 모서리가 없듯이 우주는 유한하면서도 경계가 없을지 모른다. 이론상으로 이 말은 만약 우주 공간을 멀리 날아간다고 할 때, "이곳이 우주의 끝"이라는 벽과는 결코 마주칠 수 없다는 뜻이다. 다음과 같은 글귀가 있는 표지판은 존재하지 않을 것이다.

우주의 끝에 도착하셨습니다.
이제 그만 고향으로 되돌아가 주시기 바랍니다.

뫼비우스의 띠와 같은 어떤 아주 조그만 초공간(hyper space) 곡면 위에 산다면 이상한 일이 일어난다. 평면 인간이 작은 구면으로 이루어진 우주에 살고 있다고 가정하고 다음과 같이 유추해 보자. 그 평면 인간이 구를 따라 여행하면 첫 출발점으로 되돌아온다. 앞을 바라보면 자신의 등을 바라보게 된다. 만약 당신이 초구형 우주에 산다면, 먼 거리를 여행하고 나면 원래 자리로 되돌아올 수도 있다. 만약 그 초구

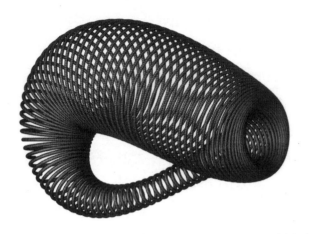

그림 6.2 조시 레이스가 철사 구조로 표현한 클라인 병. 클라인 병은 한쪽 곡면이다. 뫼비우스의 띠와 마찬가지로 내부와 외부를 서로 다른 색으로 칠할 수 없다.

가 아주 작다면 앞을 바라보는데도 등이 보인다. 비고유 기하학에 대해 우리가 논의한 내용에 깊이 공감하는 어떤 천문학자들은 우리 우주가 실제로 큰 초구의 한 면이라고 주장하기도 한다.

지난 100여 년 동안 초뫼비우스의 띠와 초도넛과 같이, 특이한 위상 기하학적 형태가 우리 우주 속에 만약 존재한다면 그 의미는 무엇일까에 대해 과학자들은 곰곰이 생각해 왔다. 예를 들면 4차원 공간 내에서는 뫼비우스의 띠를 포함해 다양한 곡면들을 경계가 없는 구면처럼 경계가 없도록 만들 수 있다. 이미 논의했듯이 원판의 가장자리를 뫼비우스의 띠의 가장자리에 붙여서 실사영 평면을 만들 수도 있다. 2개의 뫼비우스의 띠를 공통의 가장자리를 따라 붙이면 클라인 병이라고 불리는 방향성 없는 곡면이 만들어진다.**(그림 6.2)** 이 이름은 발견자인 펠릭스 클라인의 이름을 따서 붙여졌다. 뫼비우스의 띠는 모

그림 6.3 클라인 병을 절반으로 나누면 뫼비우스의 띠가 2개 생긴다.

서리가 서로 맞붙지 않았으니 경계를 갖고 있다. 이와 반대로 클라인 병은 모서리 자체가 없는 한쪽 곡면이다. 보통의 병과는 달리 그 '목'은 획 굽은 채로 병의 바깥(처럼 보이는) 면을 통과해 병의 몸통과 안쪽(안쪽처럼 보이는)에서 다시 결합된다.

클라인 병을 길이 방향을 따라 절반으로 잘라서 2개의 뫼비우스의 띠를 만들어 보면, 뫼비우스의 띠와 클라인 병 사이의 흥미로운 관계가 눈앞에 확실히 드러난다.**(그림 6.3)** 우리가 사는 3차원 우주에서 불완전하게나마 클라인 병 모형을 만들려면 작고 둥근 곡선을 사용하면 되는데, 그래도 목이 몸통을 뚫고 들어갈 수밖에 없다.(자신을 가로지르지 않고서 클라인 병을 만들려면 4차원이 필요하다.)

클라인 병의 바깥쪽만을 색칠하려고 시도할 때의 당황스러움(기쁨이 될 수도 있지만)을 상상해 보자. 불룩한 '바깥쪽'에서 시작해서 가느다란 목이 있는 쪽으로 내려간다. 실제 4차원 물체라면 자신을 가로지르지 않기 때문에, 계속 목을 따라 내려가다 보면 병의 '안쪽'에 닿는다. 그 목이 넓어지며 볼록한 안쪽 면과 다시 연결되므로, 이제는 병의 안쪽을 칠하고 있다.

만약 비대칭 평면 인간이 클라인 병 위에 살고 있다면, 이 우주를 한 바퀴 돌아 여행하고 돌아왔을 때 주변 환경이 반대로 되어 있다. 한쪽 면 물체는 방향성이 없기 때문에, 우리 우주가 클라인 병처럼 생겼다면 되돌아왔을 때 우리 몸의 방향을 반대로 바꿀 그러한 경로가 존재할 수도 있다. 고차원 세계에 대해 더 많은 내용을 원하는 독자에게는 내가 쓴 다른 책 『하이퍼스페이스(*Surfing Through Hyperspace*)』를 읽어 보기를 권한다.

클라인 병을 사랑해요

우주라는 주제에서 약간 벗어나서, 내가 가장 좋아하는 클라인 병 특허인 얼 캐프너(Erl E. Kepner)의 '안팎 일체형 음료수 용기'를 소개하고자 한다.(그림 6.4) 앞서 말했듯이 클라인 병은 오직 한쪽 곡면으로 되어 있다는 점에서 뫼비우스의 띠와 비슷하다. 진짜 클라인 병을 우리의 정상적인 3차원 우주에서 구성할 수는 없지만, 기본 형태만큼은 이 발명품에 구현되어 있다. 케프너 클라인 병 커피 머그잔에서는 잔의 바닥에 흡입기가 설치되어 있기 때문에, 커피 잔 내부의 음료가 바닥을 통해 밖으로 빠져나갈 수 있다. 케프너는 다음과 같이 말한다.

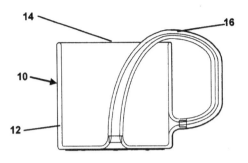

그림 6.4 미국 특허 '안팎 연결 음료수 용기', 얼 캐프너. 2002년 7월 16일 특허.

이 음료수 용기는 위쪽의 트인 부분을 통해 내용물을 밖으로 쏟지 않고도 내용물을 비울 수 있는 컨테이너에 응용될 수도 있습니다. 이외의 용도로는 예를 들면 비행기 조종사의 음료수 통으로 쓸 수 있습니다. 비행기가 갑작스레 진동할 때 내용물을 얼른 비울 수 있으니 말입니다. 물론 보통의 경우에는 다른 커피 잔과 마찬가지로 이용할 수도 있답니다.

진공 흡입기가 구멍이 나 있는 잔의 바닥에 설치되면 잔 속의 액체를 그 흡입기를 통해 빼낼 수 있다.

"이 음료수 용기의 홍보 전략은, 교육 수준이 높은 사람들 및 수학과 자연의 아름다움에 감동할 줄 아는 일반인들을 대상으로 이 용기의 흥미로운 점들을 집중적으로 부각시키는 것입니다."라면서 케프너는 설명을 끝마쳤다.

애크미 클라인 보틀(Acme Klein Bottle) 사는 속이 빈 손잡이가 달린 클라인 병 머그잔을 판매하고 있다.**(그림 6.5)** 이 회사의 대표인 천체 물리학자 클리프 스톨(Cliff Stoll)은 "한잔에 목말라하는 그대의 입속으로 맥주를 즉시 흘려 넣어 주는 클라인 병. 네, 맞습니다. 이런 모양의 잔으로도 바로 마실 수 있습니다. 클라인 슈타인(Klein Stein. 이 잔의 상표명. —옮긴이)에 맥주를 따르세요. 아인슈타인의 클라인 슈타인을 한번 믿어 보시지 않겠습니까? 부피도 없고 방향성도 없는 진짜 혁신적인 다면체입니다."라며 기염을 토했다.

애크미 클라인 보틀 사의 웹 사이트에는 이 잔의 장점에 대해 연일 입이 마르도록 칭찬을 쏟아내고 있다. 애크미 클라인 보틀 머그잔을 쓰면 안쪽에는 커피를 바깥쪽에는 차를 담을 수 있다. 손잡이는 위상 기하학적인 구멍 역할을 해 주기 때문에 안쪽 공간과 바깥쪽 공간이 연결된다. 바깥쪽 공간(위상 기하학적으로는 안쪽 공간으로 봐야 함.)이 안쪽 공간(위상 기하학적으로는 바깥쪽 공간으로 봐야 함.)과 분리되어 있다. 두께 7밀리미터인 공기층이 안쪽과 바깥쪽을 분리하므로 찬 음료는 계속 차게 따뜻한 음료는 계속 따뜻하게 유지해 준다. "이 클라인 병은 수리 물리

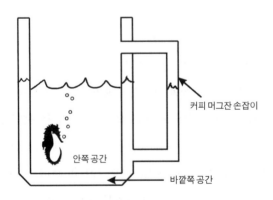

그림 6.5 속이 빈 손잡이가 달린 클라인 병 커피 머그잔의 횡단면. 판매처: 애크미 클라인 보틀.(www.kleinbottle.com)

학자가 노벨상 수상을 기다리는 동안 물 한잔 싶을 때 안성맞춤입니다."라고 스톨은 적고 있다.

클리프 스톨은 토론토의 킹브릿지 센터와 킬데 사이언티픽 글래스와의 공동 작업으로 세계에서 가장 큰 클라인 병을 만들어 냈다. 킹브릿지 클라인 병은 높이 1.1미터, 지름 50센티미터, 무게 15킬로그램인 깔끔한 파이렉스 유리로 만들어졌다. 클리프 스톨은 다음과 같이 그 감회를 적고 있다.

> 한쪽 곡면으로 되어 있고 경계가 없으며 수학적으로 방향성이 없음. 수학자들을 들뜨게 하고 방문객들도 놀라워한다. 크기는 다섯 살 난 아이 정도다. 다람쥐 한 마리가 기어 올라가 안으로 들어갈 수도 있다. 이것을 유리불기로 만드는 프로젝트는 만만찮은 작업이다. 사실 이 작업을 감당할 수 있는 유리불기 제작소는 손에 꼽을 정도다.(한 유리불기 기술자는 정말 쉽지 않은 작업이라며 고개를 절레절레 저었다.)

일상적인 클라인 병에 만족을 느끼지 못하는 수학자와 컴퓨터 그래픽 예술가 들은 기이한 특성을 지닌 다른 형태들로 관심을 돌린다. **그림 6.6**과 **그림 6.7**은 보낭-지네르의 클라인 곡면과 지네르의 2차 클라인 곡면이다. 이것은 컴퓨터 아티스트인 조스 레이스가 컴퓨터로 그린 그림이다. 이 곡면들은 위상 기하학에 흠뻑 사로잡힌 화가이자 동판 조각가이기도 한 프랑스 인 파트리스 지네르(Patrice Jeener)와 피카르디에 쥘 베른 대학교의 수학 교수인 에드몽드 보낭(Edmond Bonan)의 이름을 땄다. 독학으로 수학을 배운 지네르지만 아직도 여전히 눈과 마음을 사로잡는 특이한 곡면에 대한 방정식들을 발견해 내고 있다.

반초프(Banchoff) 클라인 병(**그림 6.8, 그림 6.9**) 또한 뫼비우스의 띠에 바탕을 두고 있다. 이 형태를 그려 내기 위해 내가 종종 사용하는 컴퓨터 알고리듬이 「참고 문헌」에 간략히 실려 있다. 고성능 컴퓨터 그래픽 응용 프로그램을 쓰면 이와 같은 특이한 형태들을 디자인한 다음 다시 2차원 영상으로 투사해 여러 가지를 연구해 볼 수 있다.

만약 당신이 교사라면 「참고 문헌」에 나와 있는 방정식의 매개 변수를 일부 수정해 학생들로 하여금 직접 여러 형태를 설계하는 프로그램을 짜도록 시킨 다음에, 큰 벽보판에 학생들 각자의 디자인을 전시하고 그 밑에 제작 방정식을 적어 두면 좋을 것이다. 설명 꼬리표를 달아도 좋다. 지난 수십 년간 진지한 수학자들조차도 특이한 수학적 패턴들을 논리상의 필요보다는 미학적인 관점에서 제작하고 감상해 왔다. 요즘에는 컴퓨터 그래픽 덕분에 수학에 문외한인 사람들도 간단

그림 6.6 보낭-지네르 이중 클라인 곡면.(컴퓨터 그래픽: 조스 레이스)

그림 6.7 지네르의 2차 클라인 곡면.(컴퓨터 그래픽: 조스 레이스)

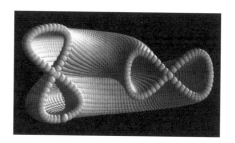

그림 6.8 반초프 클라인 병.(컴퓨 터 그래픽: 클리퍼드 픽오버)

그림 6.9 반초프 클라인 병의 단면. 내부 표면을 보여 준 다.(컴퓨터 그래픽: 클리퍼드 픽오버)

한 공식을 통해 표현되는 복잡하고 흥미로운 그래픽 작품들을 잘 이 해하고 감상할 수 있게 되었다.

　그림 6.8에 나와 있는 형태를 만들기 위해, 컴퓨터로 계산한 지점에 구를 올려놓는다. 그늘진 부분이 있는 구 그리기는 어려울 것이라고 예측하는 사람들이 많다. 하지만 아주 매력적이고 유용한 정보를 담 고 있는 형태들조차도 x, y, z 좌표에 점을 여러 개 찍기만 하면 간단히 그릴 수 있다.

초공간 거울

　5장에서 우리는 어떻게 해서 뫼비우스의 띠가 우선성과 좌선성의 두 가지 형태로 나타나는지 살펴보았다. 한 형태를 4차원 공간에서 회 전만 시켜 주면 다른 형태로 바꿀 수 있다. 칸트 이후로 4차원이라는 모호한 개념이 수학자들에게 의식되기 시작했지만, 대부분의 수학자 들은 고심 끝에 결국에는 가능성이 없다고 여겨 내팽개쳐 버렸다. 비대칭 형태의 물체를 고차원 공간에서 회전시켜 방향을 반대로 만들기에 대해 이론상으로나마 연구해 본 사람도 없었다. 칸트가 차원에 관한 논문을 내놓은 지 80년이 지난 1827년, 뫼비우스가 그 가능성을 드러내기 전까지는 말이다.

고차원에서 어떤 물체를 회전시키기란 무슨 뜻인가? 만약 당신이 평면 인간을 만나면, 원리적으로 그를 그 평면에서 들어 올려 뒤집었다가 다시 내려놓을 수 있다. 그 결과 그의 내부 장기는 좌우 방향이 바뀐다. 예를 들어 왼쪽에 있는 심장이 오른쪽으로 위치를 옮기게 된다. 이와 비슷하게 4차원 존재는 우리를 뒤집어서 우리 장기를 반대로 바꿀 수 있을지도 모른다. 그러한 능력은 초공간 물리학의 후원을 받으며 가능할 수도 있겠지만, 이처럼 공간을 조작하는 기술은 현재로서는 불가능하다. 아마 몇 세기가 지나면 오늘날 과학 소설에서만 실현되는 초공간을 직접 체험해 보게 될지도 모른다.

우리 인간을 비롯해 이 세계의 많은 존재들은 겉모습이 양쪽 대칭을 이룬다. 즉 왼쪽과 오른쪽이 비슷하다.(그림 6.10에 나와 있는 할러리퀸 롱혼딱정벌레처럼.) 우리 몸에서 양쪽 대칭인 부분은 눈, 귀, 콧구멍, 젖꼭지, 다리, 팔 등이다. 2004년에 난징 지질학 및 골상학 협회(Nanjing Institute of Geology and Palaeontology) 소속의 골상학자들은 중국 남부의 암반 채석장에서 양쪽 대칭에 관한 가장 오래된 사례라 할 수 있는 화석을 발견했다. 베르나니말쿨라 귀츠호우에나(*Vernanimalcula guizhouena*)라고 불리는 미생물은 600만 년 전에 바다 밑바닥에 살았는데, 창자의 양쪽 부분에 동일한 소화관을 각각 지니고 있었다.

고차원에서의 물체 뒤집기를 시각화하는 한 가지 방법은 그림 6.11

그림 6.10 할러리퀸롱혼딱정벌레는 양쪽 대칭의 대표적인 사례이다.

에 나와 있는 그림을 살펴보면 된다. 이 그림은 명백히 양쪽 대칭이 아니다. 이 그림들은 서로 합동이지만 평면 밖으로 들어 올리지 않고서는 서로 겹쳐질 수 없기에 위상 동형체 짝인 셈이다. 뫼비우스의 띠 모양의 분자에 대해 이야기할 때 위상 동형체에 관해 이야기했었다. 이와 비슷하게 우리의 3차원 세계에서도 위상 동형체 쌍에 해당하는 예가 많으며 이 쌍들은 사람의 손 형태로 이루어져 있다.(양손을 손바닥끼리 합쳐 보면 서로가 거울 이미지 관계임을 알 수 있다.) **그림 6.11**에 나와 있는 모양은 양손과 마찬가지로 평면상에서 아무리 회전시키고 이동시켜 보아도 서로 겹칠 수 없다. 하지만 공간에 있는 한 선을 축으로 회전시키면 한 얼룩 모양이 다른 얼룩 모양에 겹쳐질 수 있다. 이와 마찬가지로 사람의 몸도 4차원 공간상의 한 평면을 축으로 회전시키면 거울 이미지로 변할지 모른다.

3차원 공간에서의 거울은 2차원 평면이다. 4차원 공간에서는 거울이 3차원일 것이다. 거울은 항상 그 거울이 작용하는 공간보다 한 차원이 낮기 때문이다.

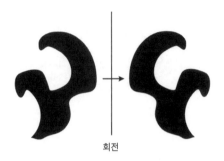

회전

그림 6.11 고차원에서의 물체 뒤집기를 통해 겹쳐질 수 있는 구불구불한 위상 동형체 짝.

4차원 공간에 있는 존재가 우리의 오른손과 왼손을 바라본다면, 그는 4차원 공간에서 양손을 회전시키며 인식할 수 있기 때문에 그에게는 우리의 양손이 겹쳐져 보일 것이다. 이와 동일한 현상이 시계 방향과 반시계 방향 나선을 갖는 두 조개껍데기나 다른 방향성을 갖는 뫼비우스의 띠에도 적용될 수 있다.

참으로 특이하게도 고대 미술 작품에는 비위상 동형인 사람이나 신의 손이 많이 나온다. 그 이유는 도무지 확인할 길이 없다. 분명히 당시의 예술가들도 우리의 왼손과 오른손이 서로 거울 이미지임을 간파하는 능력이 있었으리라. 자세히 살펴보면 이집트 벽화의 조각이나 그림에는 종종 파라오가 2개의 왼손을 가진 모습으로 그려져 있다. 이러한 위상 동형체의 붕괴는 메소포타미아 미술에서도 마찬가지로 나타나는데, 그 한 예가 바빌로니아의 신인 마르두크(Marduk)를 묘사한 그림이다.

뫼비우스 세계

우리 세계가 갑작스럽게 거울 이미지로 바뀌어 버리면, 그 차이를 인식할 수 있을까? 이 질문에 답하기 전에 똑똑한 영양 3마리가 살고 있는 '직선의 나라'를 살펴보도록 하자. 영양 1, 영양 2, 영양 3은 모두 동쪽을, 즉 오른쪽을 향하고 있다.(그림 6.12) 그림으로는 2차원으로 그려져 있지만, 실제로는 1차원 물체로서 선을 떠날 수 없다고 가정하자. 즉 그 선이 그들의 우주고 그들은 선 위가 아니라 그 선 내부에서 살고 있다. 만약 영양 2의 방향을 바꾸면 영양 1과 영양 2에게는 그 변화가 당연히 파악된다. 하지만 직선의 나라 전부가 방향이 바뀌어 버리면 1차원 영양들은 알아차릴 수가 없다. 고차원 존재인 우리는 직선의 나라가 방향이 반대로 되었음을 알아차릴 수 있지만, 그것은 우리가 직선의 나라 바깥에서 그 나라를 보고 있기에 가능한 일이다. 단지 그 나라의 일부만이 변경될 때에만 그 변화가 영양들에게 감지될 수 있다. 우리 세계에서도 이와 마찬가지다. 그러고 보면 우리 우주 전체가 방향이 바뀌었다는 말은 아무런 의미도 없는 소리다. 우리 세계는 왜 굳이 지금의 이와 같은 상태로 존재하는 것일까?

철학자이자 수학자였던 고트프리트 빌헬름 라이프니츠는 창조주가 왜 이 우주를 다른 방식으로 만들지 않고 지금의 이러한 상태로 만

그림 6.12 우리 세계가 갑작스레 거울 이미지로 바뀌면 우리는 그 변화를 감지할 수 있을까?

들었는가 하는 질문은 "아무 쓸모없다."고 여겼다. 라이프니츠가 한 말을 좀 더 잘 이해하려면 지능을 가진 아메바가 살고 있는 평면 나라(이 평면 나라는 두께가 없는 투명한 종이로 생각하면 된다. ― 옮긴이)를 살펴봐야 한다. 평면 나라를 몽땅 반대로 뒤집으려면, 우리는 그냥 그 평면을 뒤집어서 보면 된다! 사실 그 세계를 뒤집을 필요조차도 없다. 평면 나라가 세로로 놓여 있는 개미 농장과 비슷하고, 그 개미들이 2차원 평면에서만 살고 있다고 생각해 보자. 그 세계를 한쪽에서 보면 우선성으로 보이고, 반대편에서 보면 좌선성으로 보인다. 다시 말하면 관찰자가 어떻게 보는지에 관계없이 평면 나라 그 자체는 조금도 바뀌지 않고 그대로이다. 변한 것이라고는 평면 나라와 3차원에 있는 관찰자 사이의 공간 관계뿐이다. 이와 마찬가지로 고차원 존재는 4차원의 '위'에서 '아래'로 자신의 위치를 바꾸어서 조개껍데기를 보면 시계 방향 나선이 반시계 방향으로 보인다. 만약 조개껍데기를 주워 올려 뒤집으면, 우리에겐 그것이 기적으로 여겨질 것이다. 조개껍데기가 사라졌다가 거울 이미지가 되어 다시 나타나는 모습으로 보일 테니 말이다. 위상 동형 구조는 고차원 존재가 보기에는 서로 동일하며 겹쳐질 수 있다. 아마도 무한 차원에 존재하는 신의 입장에서는 모든 위상 동형체 쌍들이 어느 차원의 공간에서나 동일하고 포개질 수 있는 모습으로 보일 것이다. 이것 말고도 공간 왜곡에 관한 여러 가지 내용들은 『하이퍼스페이스』에 많이 소개되어 있다.

3 토러스와 다른 멋진 다양체들

뫼비우스의 띠와 클라인 병은 모두 표면들이며 수학자들이 쓰는 용어로 다양체(manifold)이다. 좀 더 정확하게 말하면, 어떤 물체를 이루고 있는 작은 영역이 거의 '평면'에 가깝다면, 그 물체를 다양체라고 할 수 있다. 예를 들면 구면의 아주 작은 부분을 크게 확대하면 구는 거의 평면으로 보인다. 그래서 몇 세기 전에도 사람들이 지구를 평평하다고 믿지 않았는가! 확대해 보면 지구는 정말로 평평해 보인다. 고대 그리스 인들은 배가 수평선 아래로 내려갈 때, 돛이 제일 나중에 사라지는 모습을 알아채긴 했지만 말이다.

구의 면은 2차원이지만 다양체는 어떤 차원이라도 가능하다. 완만한 곡선도 아주 작은 부분만 확대해 보면 직선이라 할 수 있기에 1차원 다양체이다. 곡선은 위상 기하학적으로 직선과 동일하다. 이와 마찬가지로 2차원 다양체는 평면과 위상 기하학적으로 동일하다. 3차원 다양체의 위상 기하학적 특성은 국소적인 3차원 공간과 동일하다.

지금 논의하고 있는 방향성이 없는 다양체 위를 어느 여행자가 여행을 마치고 돌아오면 자신의 거울 이미지로 바뀌어 버린다. 하지만 구면은 방향성이 있는 다양체이다. 구면에서는 여행자를 거울 이미지로 바꾸는 경로가 존재하지 않는다.

구 위에서는 어느 쪽으로 가든 출발점으로 되돌아올 수 있다. 면의 가장자리 밖으로 떨어질 수가 없다. 그런 까닭에 구는 경계가 없는 다양체의 한 예이다. 토러스나 도넛의 면 또한 경계가 없으면서 방향성이 있는 곡면이다. 한편 종이 한 장을 갖고서 오른쪽 모서리와 왼쪽 모서리를 붙여 만든 원기둥을 살펴보면 위쪽에 1개, 아래쪽에 1개, 총 2개의 모서리(가장자리 테두리)가 있다.

새로운 개념 몇 가지를 시각화시키려면 다시 한번 되짚어 봐야 할 내용이 있다. 뫼비우스의 띠도 원기둥과 마찬가지로 가장자리가 있기는 하지만, 2개가 아니라 1개뿐이다. 뫼비우스의 띠의 한 모서리에 빨간색을 다른 쪽에 파란색을 칠해 보려고 하면 쉽게 확인할 수 있다. 아예 불가능하니 말이다. 모서리를 따라 움직이다 보면, 처음 자리로 되돌아온다. 앞서 이야기했듯이, 뫼비우스의 띠를 원재료로 해서 '겉보기에 달라 보이는' 두 모서리를 서로 붙도록 띠를 구부려서 모서리를 제거해 버리면 다른 종류의 방향성 없는 물체를 만들 수 있다. 우리의 3차원 우주에서는 자기 자신을 가로질러 버리는지라 진짜로 이 새로운 다양체를 만들어 낼 수는 없다. 하지만 고차원 존재는 클라인 병이라고 불리는 폐곡면을 만들어 낼 수 있다. 3차원 세계에서 할 수 있는 일이란 고작해야 병의 목 부분에서 자기 자신을 뚫고 들어가는 모습이 보이는 클라인 병 모형을 만들 수 있을 뿐이다. 이것은 4차원 물체를 3차원에 투영한 것으로서, 원이 구의 2차원 투영면인 것과 비슷하다. 뫼비우스의 띠와는 달리 실제 클라인 병에는 경계가 아예 없다.

5장에서 말한 대로 방향성이 없는 곡면의 매력적인 예 가운데 하나로 사영 평면이 있다. 그림 5.14에 나와 있는 그림 중 클라인 병 만들기 정사각형에서, 왼쪽과 오른쪽 뒤틀어 붙이기뿐만 아니라 위와 아래까지도 뒤튼 뒤 붙여서 사영 평면 만들기를 상상해 보자. 사영 평면을 모형으로 만들어 볼 또 한 가지 방법은 반구를 상상한 다음, 그 테두리의 각 점을 그에 해당하는 반대 위치에 있는 점에 한 번 뒤튼 후 붙이면 된다.(그림 6.13)

사영 평면은 뫼비우스의 띠와 마찬가지로 한쪽 곡면이기는 하지만 3차원 공간에서는 절단면 없이는 실제로 구현할 수가 없다. 클라인 병

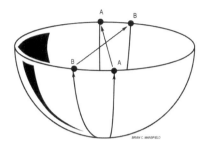

그림 6.13 사영 평면을 시각적으로 나타내기. 반구를 상상한 다음, 그 테두리의 각 점을 그에 해당하는 반대 위치에 있는 점에 한 번 뒤튼 후 붙이면 된다.

과 마찬가지로 사영 평면에는 경계가 없다.

일반적으로 경계가 없고 유한한 다양체는 그 속의 거주자가 살고 있는 차원과 동일한 차원에서 실제로 구현할 수가 없다. 하지만 낮은 차원에서 얻은 지식을 유추 적용해 이성의 힘을 빌려 우리의 상상력을 고차원 세계로 확대시키기는 그리 어려운 일이 아니다. 종이 한 장 (모든 방향으로 경계가 있는 2차원 다양체)을 갖고서 종이의 오른쪽과 왼쪽, 위쪽과 아래쪽을 단순히 연결해 토러스 만들기를 한번 상상해 보자.

이렇게 하려면 2차원 종이를 3차원 공간 안에서 접어야만 한다. 이와 비슷하게 이런 식의 연결은 속이 찬 정육면체(모든 방향으로 경계가 있는 3차원 다양체)에도 적용될 수 있다. 오른쪽 벽을 늘여서 왼쪽 벽에 연결시킬 수 있다고 상상해 보자. 당신이 그 공간 속에 있다면, 공을 오른쪽으로 던졌을 때 공이 움직이는 거리가 그리 멀지 않다면, 당신의 왼쪽에서 공이 굴러 나올 것이다. 자, 그럼, 이제는 앞쪽 면을 뒤쪽에 위쪽 면을 아래에 연결한다고 상상해 보자. 고차원 공간에서 이런 작업을 행한다면 3 토러스(three-Torus)라는 새로운 다양체가 창조된다. 이 물체는 경계가 없으며(2 토러스처럼), 이 3 토러스 우주 속에 산다면 그 우주는 무한한 듯이 보일 것이다.

오랜 세월 동안 과학자들은 우리의 우주에 대해 3 토러스를 위시한 온갖 가상 형태를 제시해 왔다. 만약 우리가 그 3 토러스에 산다면 이론상으로는 성능이 뛰어난 망원경으로 우주 저 너머를 바라보면 당신의 등짝이 보일 수도 있다.

직사각형의 양쪽을 반 뒤틀림 내지 반 뒤집기를 가한 후 연결해 뫼비우스의 띠를 만들 수 있음을 상기해 보면, 방향성이 없는 3차원 다양체도 시각적으로 구현할 수 있다는 생각이 든다. 육면체의 앞면과 뒷면에 반 뒤틀림을 가한 후에 연결할 수 있으면, 뒤쪽으로 걸어 들어가도 결국에는 거울 이미지로 바뀌어 앞쪽으로 걸어 나올 것이다. 육면체의 다양한 벽들을 뒤틀림을 가하기도 하고 가하지 않기도 하면서 다른 벽들과 연결해 보면 온갖 종류의 해괴한 우주를 만들 수 있다.

과학자들은 끊임없이 우주의 형태에 대해 진지하게 생각하고 있다. 찰스 사이프(Charles Seife)의 「다면체 모형은 우주에 예기치 못한 뒤틀림을 가한다(Polyhedral Model Gives the Universe an Unexpected Twist)」라는 논문에 따르면, 프랑스와 미국의 연구자들이 윌킨슨 우주 배경 복사 비등방성 탐사 위성(WMAP)이라는 위성으로부터 얻은 자료를 연구해 "우주는 유한하며 12개의 면으로 구성되어 있을지도 모른다."라는 놀라운 잠정적 결과를 얻었다고 전해 준다.

내가 이야기해 본 대부분의 천체 물리학자는 이 연구 결과를 주류 이론으로 보기보다는 가능성이 거의 희박한 이론으로 보고 있기는 하지만, 그렇다고 해서 이 이론을 무시할 수만은 없다고 본다. 그 모형에 따르면 12면체의 각 면들은 반대쪽에 있는 면과 이상한 방식으로 연결되어 있다. 사실 이 면들은 동일한 면이기 때문에 한쪽 면을 향해 날아가는 우주선은 다른 쪽 면으로 나오게 된다.

유한한 12면 공간을 만들려면, 5각형 면 12개로 되어 있는 축구공 모양처럼 살짝 휘어진 12면체의 각 면을 반대 방향에 있는 면과 붙이면 된다. 물론 그렇게 붙이기는 우리의 정상적인 3차원 공간에서는 상상조차 벅차기는 하지만 말이다.

이왕 말을 꺼낸 김에, 우주의 형태에 관한 과학자들의 이론은 매달 바뀐다는 점을 이야기하지 않을 수 없다. 2004년 4월에 독일 울름 대학교의 프랑크 슈타이너(Frank Steiner)가 제시한 바에 따르면, 우주는 매우 긴 깔때기 모양인 중세 시대의 뿔처럼 생겼다. 과학 용어로 피카드 위상 기하학(Picard topology)으로 알려진 슈타이너의 우주 모형에서는, 우주는 깔때기의 주둥이 방향으로 무한히 길지만 폭이 아주 좁은지라 면적은 유한하다고 한다.

다중 우주

물리학자인 내 동료들 대부분은 요즘 우주의 생성이나 궁극의 우주 형태와 같은 거대한 주제에 몰두하고 있다. 많은 천문학자들은 우리 우주를 탄생시킨 대폭발은 많은 대폭발들 중 하나에 불과하다고 주장한다. 우리 우주의 대폭발이 별과 행성을 만들어 냈다는 사실은 우리에겐 행운이 아닐 수 없다. 우리 우주에 있는 대부분의 행성은 죽은 세계이지만, 지구만큼은 생명이 진화할 수 있는 조건을 갖추고 있기에 특별하다. 이와 비슷하게 대폭발로 생겼을지 모르는 대부분의 다른 우주는 빛을 발하는 별들을 만들어 낼 환경을 갖추지 못했기 때문에 죽어 있는지도 모른다. 지난 수십 년 동안, 점점 더 많은 천문학자들이 다중 우주라는 개념을 받아들이기 시작했다. 초끈 이론의 영향을 다소 받은 이론인 다중 우주 이론에서는 여러 형태의 우주가 가능하다.

만약 무한개의 무작위적(계획에 따라 만들어진 우주가 아닌) 우주가 존재한다면, 우리 우주는 단지 탄소를 주성분으로 하는 생명체가 살기에 적합한 우주일 뿐이다. 어떤 연구자들이 추측한 바에 따르면, 아기 우주가 부모 우주로부터 끊임없이 싹트듯이 생겨나고 있으며, 아기 우주는 부모 우주와 비슷한 물리 법칙을 물려받는다. 이는 마치 지구에 있는 생명체의 생물학적 특성이 진화되는 과정을 연상시킨다.

천체 다윈주의의 관점에서 보면 '성공적인' 우주란 수명이 아주 긴 아기 우주를 많이 생산하는 우주이다. 예를 들어 어떤 사람들이 제안하는 대로 블랙홀 가운데 있는 특이점이 다른 우주들을 만든다고 가정할 때, 수많은 블랙홀을 지닌 우주가 성공적인 우주라고 할 수 있다. 여러 형태의 블랙홀이 생기려면 오랜 시간이 걸리기 때문에, 이 우주들은 은하를 형성하고 단백질의 핵융합(생명체가 필요로 하는 요소들을 형성하는 일)을 성공시킬 만큼 충분히 오래 살아 있다고 할 수 있다. 이 말은 성공적인 우주는 자동적으로 생명이 출현하기에 적합한 특징들을 갖추고 있다는 뜻이 된다.(그림 6.14) 다른 식으로 말하면, 우주 생태계가 진화함에 따라 가장 잘 진화된 우주는 블랙홀, 별, 생명체를 많이 만들어 낸다. 진화하는 우주에 관한 가상 시나리오가 사실이라고 한다면, 우리 우주는 별 탈 없이 진화된 우주인 셈이다.

지능을 가진 나비가 사는 우주
우리가 사는 우주

부모 우주

그림 6.14 천체 다원주의. 연구자들이 추측하는 바에 따르면, 아기 우주가 부모 우주에서 알을 까듯 부화하고, 이 아기 우주 또한 자신의 아기 우주를 낳는다. 아기 우주들은 부모 우주로부터 비슷한 물리 법칙들을 물려받으며, 성공적인 우주일수록 성공적인 아기 우주들을 낳을 확률이 높다. 성공적인 우주는 수명이 길며 자신의 아기 우주와 별을 많이 갖고 있는 까닭에 생물학적 환경이 생명체를 탄생시키기에 좋다.

몇몇 과학자가 제안하는 대로 우리 우주가 무한하다면 우리 눈에 보이는 우주는 전체 우주의 극히 미세한 일부일 뿐이다. 우리가 자연의 법칙이라고 부르는 것이 전 우주 가운데 작은 일정 영역에서만 통하는 법칙인지도 모르며, 다른 곳에서는 다른 법칙이 적용될지도 모른다. 만약 우리 우주가 무한하다면 보이는 우주의 원자 구조가 전 우주의 원자 구조와 같은지 어떨지는 우연에 달린 문제이다. 천체 물리학자 맥스 테그마크(Max Tegmark)에 따르면, 우주가 무한하고 균질하다고 가정했을 때 자신과 똑같은 사람(복사판)을 만나려면 $10^{10^{29}}$ 미터를 돌아다니면 된다. 그러니까 우연의 법칙만 따른다고 해도 무한한 우주에서는 자기와 똑같은 원자 구조를 가진 것이 어딘가에는 존재한다.

이 문제를 다음과 같이 바라볼 수도 있다. 폭이 1000억 광년이고 내부의 물질과 에너지를 구성하는 방법의 가짓수가 유한한 어떤 구에 우리 우주가 둘러싸여 있다. 우리에게 보이는 우주가 더 큰 우주의 내부를 둥둥 떠다니는 거대한 거품이라고 상상해 보자.(우주의 수명이 유한하고 정보가 빛의 속력보다 더 빠르게 전달될 수 없기 때문에 무한히 멀리까지 바라보기는 사실 불가능하다.) 몇몇 현대 물리학자의 믿음대로 우리 우주가 무한하다면, 우리 거품 우주와 거의 동일한 복사판 우주가 존재해서 그 안에 우리 지구와 당신의 복사판이 있을 수도 있다. 물리학자 맥스 테그마크에 따르면, 평균적으로 이러한 동일한 거품 가운데 가장 가까운 것이 약 $10^{10^{100}}$미터나 떨어져 있다. 당신과 똑같은 복사판이 무수히 존재할 뿐만 아니라, 당신의 모습이 약간씩 바뀐 변형판도 무수히 존재한다. 어떤 거품 우주에서 바로 지금 당신은 빨간 눈에 긴 어금니를 드러낸 채 고대 에트루리아 어로 말하면서 어떤 사람과 키스를 하고 있으리라. 현대 팽창 우주론이 제시하는 무한 우주라는 개념을 받아들인다면 당신의 복사판이 무수히 존재하게 된다.(환상적으로 더 아름다운 모습으로 존재할 수도 있고 아니면 흉한 모습으로 존재할 수도 있다.) 만약 당신이 애타게 찾고 있는 이상형을 이 세상에서는 결코 만날 수 없을지 몰라도, 어떤 우주에서는 분명 이상형과 함께 살고 있으리라. 기뻐하시길.

우리는 한갓 모의 실험일 뿐

이 우주 가운데 우리가 사는 이 지구에서는 컴퓨터가 개발되어 수학 규칙을 이용해 생명체를 모의 실험할 수 있게 되었다. 언젠가는 모의 실험으로 만들어진 살기 좋은 생태계에서 생각하는 능력을 갖춘 어떤 존재가 창조되리라고 나는 믿는다. 그때에는 현실 세계 그 자체를 모의 실험할 수 있게 될 것이다. 그리고 어쩌면 이미 고도로 발달된 어떤 존재들이 우주 어딘가에서 그렇게 하고 있을지도 모른다. 거대한 슈퍼컴퓨터들이 현실 세계의 아주 작은 부분만 모의 실험하는 것이 아니라, 전체 우주의 상당 부분을 모의 실험하게 될지도 모른다.

모의 실험으로 만들어진 이 우주의 개수가 실제 우주의 개수보다 많아진다면 어떤 일이 벌어질까? 우리도 또한 그 모의 실험 속에 살 수 있게 될까? 천문학자이자 철학자인 마틴 리스(Martin Rees)는 다음과 같은 이야기를 던진다. "모의 실험으로 만들어진 이 우주의 개수가 실제 우주의 개수보다 많아진다면, 많은 모의 실험 우주를 창조하는 많은 컴퓨터들이 한 우주 안에 존재하는 셈이니, 우리의 삶조차 모의 실험으로 존재하게 될지도 모른다." 이것은 마치 **우리**가 인공적인 생명체인 것만 같다. 이 이론에 따르면 그러한 모의 실험을 창조한 고도로 발달된 존재는 시간을 과거로 되돌릴 수 있기 때문에 '가상의 시간 여행'이 가능하다고 그는 주장한다. 리스는 그의 논문 「매트릭스 안에서(In the Matrix)」(또는 「다중 우주에 살면서(Living in a Multiverse)」)에서 다음과 같이 말한다.

일단 다중 우주란 개념과 더불어 어떤 우주의 복잡도가 엄청나게 높을 수 있음을 받아들인다면, 그러한 우주 가운데 몇 군데에서는 그 우주의 일부분을 모의 실험할 가능성이 있다는 논리적인 결론에 이르게 된다. 그리고 일종의 무한 퇴행이 반복되고 있을 수도 있기 때문에, 실제 세계가 어느 지점에 존재할지 정신과 사고가 어디에서 출현할지 알 수가 없으며, 우리가 사는 세계가 여러 우주들과 모의 실험으로 만들어진 우주들이 거대하게 뭉쳐 있는 곳의 일부분으로 존재할지도 또한 알 수가 없다.

천문학자 폴 데이비스(Paul Davies)는 『다중 우주에 관한 짧은 역사 (*A Brief History of the Multiverse*)』라는 책에서 비슷한 관점을 내비치고 있다.

결국 전 우주가 컴퓨터 안에서 창조된 것이며, 그 속에 사는 의식을 가진 존재들은 자신들이 모의 실험으로 만들어지고 어느 누군가의 기술로 만들어진 하나의 제품임을 알아차리지 못한다. 모든 실제 세계마다 무수한 가상 세계를 만들어 활용할 것이며, 그 가상 세계들 중 일부는 심지어 자신의 가상 세계를 모의 실험할 기계를 보유하게 될 테니, 이런 식으로 모의 실험은 영원히 진행된다.

일부 독자들은 컴퓨터 과학자들과 생물학자들이 '인공 생명' 분야에서 이미 장족의 발전을 이루고 있음을 아직 모를 수도 있겠지만, 그 분야에서 복잡한 특성을 지닌 '생명과 유사한 존재'들이 컴퓨터 소프트웨어 안에서 구현된 간단한 규칙을 이용해 모의 실험되고 있다.

인공 생명에 관한 연구는 내게 균학(곰팡이를 연구하는 학문)과 개미학 (개미를 연구하는 학문)을 떠올리게 한다. 연구자들은 수명이 짧고 간단한 형태의 사회 속에서 생활하는 단순한 유사 생명 형태(life-form)를 모의 실험했다. 오클라호마 대학교의 동물학부 교수인 톰 레이(Tom Ray)는 티에라(Tierra)를 창조했는데, 이 시스템에서는 자기 복제가 가능한 기계 코드 프로그램이 자연 선택으로 인해 진화되고 있다. 이 존재는 비록 몇 줄짜리 소형 명령어들이 모여서 이루어진 것이지만, 자연에서 발견되는 행동 패턴을 많이 나타내고 있다. 모의 실험으로 탄생된 생명체와 유사한 이 존재들이 앞에 나온 존재들과 상호 작용을 하면서 다양한 공동체들이 출현한다. 이와 같은 종류의 디지털 공동체들은 숙주-기생체 인구 조절, 공동체의 다양성을 향상시키기 위한 기생 생물의 영향, 진화상의 경쟁, 단속 평형성(종이 형성되면 오랜 기간 동안 변하지 않다가 아주 갑자기, 지질학상으로는 짧은 수만 년 사이에 크게 변한다는 개념. ― 옮긴이) 및 우연이 진화에 미치는 역할 등과 같은 생태론적·진화론적 과정들을 실험적으로 조사하는 데 이용된다.

다른 종류의 자연적 특성이 크레이그 레이놀즈(Craig Reynolds)의 '보이드(Boid)'에서 드러났는데, 이는 새나 물고기들의 집단이 모인 시스템이다. 지금은 소니 컴퓨터 엔터테인먼트에서 일하는 크레이그는 보이드의 생물들을 지배하는 규칙으로 단 3가지만을 사용했다. ① 이웃에게 너무 가까이 접근하지 않도록 조종하기, ② 무리의 선두 부분을 평균적인 상태로 유지하도록 조종하기, ③ 이웃들이 놓여 있는 위치에서 평균적으로 중간 지점 가까이에 위치하도록 조종하기. 목표 찾기 및 장애물 회피 등에 관한 규칙들을 추가해 주면 인공 생명체들을 온갖 물체들이 주변에 흩어져 있는 세상 속으로 돌아다니게 할 수 있다. 이처럼 단순한 규칙에 바탕을 둔 실험에서 주목할 만한 행동 특성이 드러났으며, 단세포 자동자로 알려진 이 단순한 규칙과 모의 실험이 자기 복제 능력까지 갖춘 복잡한 사회로 발전해 나가는 모습을 상상하기란 그리 어렵지 않다. 수백만 내지 수십억 개의 개체가 모여서 거대한 세계를 이루고 그 안에서 개체들 간의 상호 작용이 일어나니 말이다.

인공적인 유사 생명 형태의 예로는 케빈 코블(Kevin Coble)의 네오테 릭스(Neoterics), 래리 이거(Larry Yeager)의 폴리월드(Polyworld), 칼 심 스(Karl Sims)의 서로 경쟁하는 다중사지체 등이 있다. 다중사지체의 뇌는 여러 개의 센서가 달려 있는 신경망 구조이다. 경쟁을 통해서 이 생명체들은 인간의 설계로는 사실상 구현하기 어려운 지적인 행동 특 성들을 진화시켜 나간다.

아비달(Avidal) 시스템은 캘리포니아 공과 대학의 디지털 생명 연구 소와 미시간 주립 대학교의 미생물 진화 실험실의 공동 연구 프로젝트 로서, 보통 세균보다 수천 배나 빨리 디지털 유기체들을 증식시키는 소프트웨어 플랫폼(platform, 어떤 응용 프로그램을 작동시키는 데 바탕이 되는 하 드웨어와 소프트웨어를 총칭해서 일컫는 말. ─ 옮긴이)을 제공한다. 이것은 이제 껏 누구도 답을 내놓지 못했던 중요한 진화론상의 질문에 서광을 비 춰 주는 획기적인 프로젝트이다. 다윈앳홈(Darwin-at-Home)은 디지털 네트워크 생태계를 창조하고 컴퓨터 생물들을 진화시킴으로써 지구 에 생명의 진화를 의도적으로 일으키려는 전 지구적인 노력의 일환이 다.(www.darwinathome.org) 이곳의 팀원들은 가상 공간 혹은 로봇 공 간에서 생명체의 진화와 유사한 과정을 관찰하고자 한다. 이들이 갖 고 있는 상호 작용 컴퓨터 플랫폼은 대규모 네트워크 컴퓨터 망을 통 해 배포되어 있는데, 이를 이용하면 사람들이 저마다의 디지털 생태계 를 형성할 수 있다.

가장 유명한 최초의 세포 자동자(cellular automata) 생명 형태 중 하나는 존 호턴 콘웨이(John Horton Conway)의 「생명(Life)」이란 게임이다.(세포 자동자란 정해진 규칙을 따라 행동하는 세포를 일컫는다. 이것은 생명체와 유사한 행동 특성을 보여 생명의 본질을 이해하고 모의 실험하기 위한 중요한 수단으로 이용된다. 여기서 세포는 생명체의 세포가 아닌 일종의 유사 생명 형태의 기본 단위라고 볼 수 있다. ─옮긴이) 이 단순한 모의 실험에서 세포들은 2차원 세포 격자상에서 다음 2가지 규칙에 따라 생사가 결정된다.

① 3개의 이웃 세포들이 켜지면 1개의 세포는 켜진다.(산다.)
② 2~3개의 이웃 세포가 계속 켜져 있으면 1개의 세포는 계속 켜져 있다. 그렇지 않으면 꺼진다.(죽는다.)

이 간단한 규칙이 모든 세포의 탄생, 생존, 죽음을 시작부터 끝까지 지배한다. 때로는 여러 세포가 뭉쳐서 이루어진 형태처럼 보이는 실체들이 마치 작은 연못 속을 떠다니는 어떤 생물처럼, 전체적인 형태를 유지한 채 격자판 우주 위에서 떠돌아다닌다. 사실 어떤 형태들은 자신들의 형태를 그대로 유지하면서 주변 환경 '탐험' 능력을 갖춘 다른 형태를 생산하는 진화를 이루는데, 여기서 번식 행위가 모의 실험으로 인해 필연적으로 생겨난다. 유사 생명 현상이 이러한 간단한 규칙을 이용해 출현할 수 있으니, 격자판 우주에서 실행된 몇몇 규칙만으로도 복잡한 사회의 탄생을 기대할 수 있다.(시간을 충분히 들이고 진화를 이루어 내기에 충분한 크기의 세계를 제공해 준다면 가능하다.)

과학 소설 작가 그레그 이건(Greg Egan)은 『순열 도시(Permutation City)』라는 작품에서 의료 영상화 기술이 발달해 2020년에는 개별 뉴런의 자세한 구조가 밝혀지고 개별 시냅스의 특성들도 조직 파괴 없이 측정될 수 있으리라고 내다보았다. "스캐너로 조사한 정보 조합을 이용해 뇌 속의 모든 세세한 생리적 정보를 살아 있는 사람에게서 읽어 내 고성능 컴퓨터에 복사할 수 있으리라고 본다." 이건은 "기계로 구성된 시각 장치 설계자의 관심 사항은 시각 피질의 일부만을, 논란이 있는 팔다리 시스템의 경우에도 그 일부만을"이라고 말하면서, 처음에는 단지 고립된 뉴런들로 이루어진 신경 경로들만을 모형으로 삼을 것이라고 예측했다.

이 단편적인 뉴런 모형도 가치 있는 결과를 내놓긴 하겠지만, 전 생체 기관의 기능이 완전히 밝혀진다면 신경 수술학과 정신 약리학의 가장 큰 업적이 일찍 시험대에 오르게 될 것이다. 2024년에 보스턴의 신경 수술 전문가는 자신이 복사판임을 스스로 인식하고 있는 복사판을 만들어 낸다. 첫 번째 복사판이 태어나서 처음으로 한 말은 다음과 같다. "이것은 마치 산 채로 매장당하는 느낌입니다. 내 마음이 바뀌어 버렸다고요. 나를 이 몸뚱이에서 꺼내 달란 말입니다."

우주 형태 측정하기

앞 장에서 WMAP라는 위성에 대해 말한 적이 있다. 우주의 형태에 대한 심도 있는 연구를 가능하게 한 그 위성은 나사가 만들었으며 희미한 전파 복사를 포착해 우주의 열 분포 패턴을 기록한다. 이 복사는 대폭발의 '잔상'이기 때문에 초기 우주의 모습을 그 속에 담고 있다. 만약 우주가 무한하다면 대폭발의 흔적은 우주 어디에나 무작위적으로 나타나야만 한다. 하지만 위성 자료에 따르면, 전파 범위는 제한적이며 흔적이 나타나는 범위가 60도를 넘지 않는다. 우주를 관현악에 비유하자면, 첼로, 베이스, 튜바, 바순이 만들어 내는 저음부가 빠져 있는 셈이다. 빠진 저음부가 의미하는 것은 무엇일까? 아마도 우주는 유한하며 그보다 더 큰 전파를 우주가 만들어 내기는 불가능하다는 뜻이리라. 우주가 실제로 이러하다면, 우주 비행사는 아마도 공위를 기어 다니는 애벌레처럼 어느 한 방향으로만 계속 날아가다 다시 첫 출발점으로 되돌아올 가능성도 있다.

케임브리지 대학교의 조지 에프스타티오(George Efstathiou) 박사는 윌킨스 위성 자료가 초구(hypersphere)에서도 그대로 적용되리라고 믿는 과학자다. 만약 그렇다면 4차원에서 초구의 반지름보다 더 큰 진동은 감쇄를 일으키게 되고, 이 현상이 3차원에서 복사 패턴의 차단 현상(cutoff, 특정 주파수대만 남고 나머지 주파수대는 차단되는 현상. ─ 옮긴이)으로 관측되는지도 모를 일이다. 또한 우주는 여전히 구형이기는 하지만 너무나 큰지라 관찰 가능한 우주는 평평하게 보일지도 모른다. 마치 지구가 너무나 큰 구이기에 그 위에 살고 있는 우리에게 평평하게 보이듯이 말이다.

만약 우주가 원기둥이나 도넛처럼 최소한 어느 한 방향만이라도 유한하다면, 배경 복사 패턴은 그 유한한 방향으로 어느 정도의 제한된 특성을 띠게 될 것이다. 어떤 연구자들은 우주가 도넛 모양으로 탄생되었다고 주장하기도 한다. 다중 연결 우주의 한 예이기도 한 도넛 우주에서는 빛이 진행하는 경로가 점과 점 사이를 잇는 하나의 직선 말고도 더 많이 존재한다. 내가 인터뷰한 과학자들은 우주가 무한하다는 쪽과 무한하지 않다는 쪽으로 양분되어 있었다. 우주가 무한할 가능성이 높다고 보는 과학자들에 따르면, 앞서 이야기했듯이 이러한 우주에는 자기 자신의 복사판이 여러 곳에 흩어져 존재할 수도 있다. 어떤 곳에서는 머리에 뿔이 달려 있는 모습일지도 모르기는 하지만 말이다. 다른 과학자들은 유한한 우주라고 보는 편이 자연을 이해하기에 더 쉽다고 말한다.(유한한 우주의 예에는 '조밀한 다양체(compact manifold)'라고 알려진 곡면들이 있는데, 원, n차원 구, 토러스가 이에 해당한다. 조밀한 다양체라는 용어는 보통 닫혀 있고 경계가 없는 형태를 의미한다.) 데니스 오버바이(Dennis Overbye)의 「도넛 모양의 우주: 새로운 데이터, 새로운 논쟁(Universe as Doughnut: New Data, New Debate)」이란 제목의 기사에 따르면, 가장 가능성이 높고 가장 단순한 우주 형태는 간결하고 유한한 3 토러스이다. 이것은 3차원 공간에 감싸여 있는 도넛 모양이다. 반대편들끼리 서로 붙여 만든 정육면체에 대해 이야기할 때 이미 언급한 내용이다. 아니면 이런 컴퓨터 스크린을 생각해 보자. 이 스크린에서는 커서를 스크린 위로 끝까지 올리면 아래에서 커서가 올라오고, 왼쪽 끝까지 커서를 밀어 보면 오른쪽에서 나타난다. 3 토러스 우주는 수학적인 관점에서 보면 **평평한** 우주라고 할 수 있는데, 그 이유 가운데 하나로는 삼각형의 세 내각의 합이 평면 종이 위에서와 마찬가지로 180도이기 때문이다. 구 위에 있는 삼각형에서는 다른 결과가 나온다. 평행선들도 구에서와는 달리, 평면과 토러스에서는 결코 서로 만나지 않는다.

평면을 바로 토러스 위에 매핑할 수 있다는 사실에서 토러스가 평평하다는 점을 다시 한번 확인할 수 있다. 수세기 동안 알려진 대로 평면 지도는 구 위에 아무런 왜곡 없이는 대응시킬 수가 없다. 그러한 까닭에 구 형태로 된 지구를 표현할 유용할 지도를 제작하려고 수많은 세계 지도 제작 프로젝트가 개발되었다. 아마도 가장 유명한 프로젝트는 플랑드르 출신의 지리학자이자 수학자이면서 지도 제작자이기도 한 헤하르뒤스 메르카토르(Gerardus Mercator)가 1568년에 개발한 메르카토르 투영법일 것이다. 애석하게도 이 투영법은 극지방에 가까워지면서 위도에 심한 왜곡을 일으켜 그린란드가 남아메리카보다 더 커 보인다.

원기둥 위의 늑대들

평평한 닫힌 공간이라는 개념이 여전히 이해가 잘 안된다면 평평한 종이 한 장을 평평한 닫힌 공간을 나타내는 모형이라고 생각하자. 이 종이를 원기둥에 감아 보자. 이 공간이 여전히 평평한지를 알아보기 위해 원기둥 표면 내부를 따라 걷고 있는 늑대 한 마리를 상상해 보자. 늑대가 닫힌 경로를 따라 걸으려고 하면, 회전할 필요 없이 곧장 그 경로를 따라 걷기만 하면 되기 때문에 그 공간은 평평하다고 할 수 있다. 또한 원기둥을 따라 걷는 늑대는 언젠가는 첫 출발점으로 되돌아오니까 그 공간은 닫혀 있다고 말한다.(그림 6.15) 마찬가지로 토러스도 평평한 공간이다. 토러스를 시각적으로 표현하려면 토러스에 대한 기본 영역(fundamental domain)이라고 불리는 정사각형을 이용하면 된다. 그 정사각형은 오른쪽과 왼쪽을 서로 붙여서 감을 수 있는 한 장의 평평한 종이라고 여기자. 토러스는 종이 원기둥의 위와 아래를 연결하여 만들 수 있다.

위상 기하학자들은 평면, 원기둥, 토러스를 유클리드 공간이라고

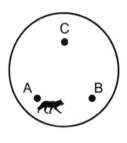

그림 6.15 원기둥 속의 늑대(왼쪽)와 구형 우주 속의 늑대(오른쪽). 늑대의 머리가 가리키는 방향이 화살표로 표시되어 있다. 원기둥에서 늑대가 닫힌 경로를 따라 걸으면, 몸은 회전하지 않는다. 겉보기와는 달리 이 공간은 휘어져 있다고 하지 않는다. 한편 구면 위에 있는 늑대는 그림에 나타나 있는 바와 같이 걸을 때 몸을 회전시키게 된다.

부른다. 유클리드 기하학에서는 한 직선이 있고 이 직선 밖에 한 점이 있다고 할 때 이 점을 지나면서 그 직선에 평행인 다른 직선은 오직 1개만 존재한다. 그리고 앞에서 말했던 대로 삼각형의 세 내각의 합은 180도이다. 토러스는 (평평한) 2 유클리드 다양체이다. 우리가 살고 있는 3차원 공간이 토러스 모양이라면, 우리는 3 토러스 안에 살고 있는 셈이다. 하지만 우리 우주가 확실히 유클리드식이라고 해도 3 토러스 이외에 많은 다른 형태가 존재한다. 사실 유클리드 다양체는 18가지만 가능하다. 이 18개의 다양체 가운데 8개는 방향성이 없다. 즉 그 8개 다양체에는 방향 반전 경로가 들어 있다. 그 방향 반전 경로를 따라 여행한다면 여행 중에 아무런 변화도 느끼지 못했는데, 다시 지구로 돌아와서 시계를 보면 전부 거꾸로 가고 있을 것이다.

천문학자들은 그칠 줄 모르는 호기심에 이끌린 나머지 우리 우주가 방향성이 없음을 밝혀 줄 단서를 찾으려고 하늘을 샅샅이 뒤진다.

원리적으로는 만약 그러한 공간에 우리가 살고 있다면 그에 맞는 에너지 패턴의 특성을 관찰하게 될 것이다. 아직까지는 그러한 패턴이 관찰되지 않았다.

그림 6.15로 다시 돌아가서, 구의 표면이 닫힌 공간의 모형이기는 하지만 평평하지는 않는 이유를 좀 더 자세히 알아보자. 평평한 공간과 휜 공간을 구별하는 방법은 다음과 같다. **그림 6.15**의 오른쪽을 보면 늑대는 A에서 B를 거쳐 C를 지나 A로 되돌아오는데, 그러는 동안에 언제나 이전 방향과 평행을 유지하려고 한다.(머리가 가리키는 방향은 언제나 오른쪽, 즉 반시계 방향이다.) 하지만 A 지점으로 되돌아오고 나면 머리가 가리키는 방향은 원래 가리키던 B 쪽보다는 C 쪽을 향해 가리키게 된다. 예를 들어 B와 C 사이를 걷는 동안에 몸이 차츰 위쪽을 향하게 된다.(이 움직임을 시각적으로 파악하기 어렵다면 존 설리번의 웹 사이트인 http://torus. math.uiuc.edu/jms/java/dragsphere/ 또는 유사한 여러 웹 사이트에 나와 있는 시각적인 그래픽들이 도움을 줄 것이다.) 늑대가 닫힌 경로를 따라 걸을 때 자신의 이전 위치와 언제나 평행을 유지하려면 몸이 회전을 겪기 때문에 그 공간은 휘어져 있다고 한다. 공간의 곡률은 이처럼 **평행을 유지한 이동(parallel transport)**이라는 과정에 따라 드러나게 된다. 한편, 원기둥상에서 늑대는 몸을 회전시키지 않은 채 처음 위치로 돌아올 수 있다. 원기둥 면은 휜 듯이 보이지만 공간의 모형이라는 관점에서 보자면 휘어있지 않다.

구형 우주, 평평한 우주, 쌍곡선 우주

천문학자들은 우리 우주가 가질 수 있는 여러 종류의 '형태'에 관해서 줄기차게 생각하고 있다. 예를 들면 공간은 양의 곡률을 가지며 구면과 비슷할지도 모른다. 우주의 기하학은 평평한, 즉 유클리드식이거나 말안장과 비슷한 쌍곡선 형태일지도 모른다. 많은 우주 과학자들은 '팽창 이론'과 밀접한 관련이 있는 평평한 우주 이론을 지지하는데, 이 이론은 우주 형성 초기의 급속 팽창이 아원자 입자의 요동을 증폭시켜서 지금 우리가 사는 우주의 구조를 형성했다고 주장하는 인기 있는 가설이다. 풍선을 크게 불면 작은 부분은 평평하게 보이는 현상과 거의 마찬가지로, 팽창으로 인해 우주가 늘어나서 원래 가졌던 곡률이 완만해졌다고 한다. 놀랍게도 우리는 지금 우주 배경 복사를 조사하는 인공 위성을 이용해 이 모든 가설들을 머지않아 검증할 수 있는 시기에 살고 있다. 예를 들면 이 우주가 쌍곡선 우주라면, 우주 배경 복사에서 나타나는 강한 온도 변이는 평평한 우주에서보다 더 작은 영역의 천체에서 일어나야만 한다.(「참고 문헌」에 있는 론 콘웨이와 이바스 페터슨의 1998년 《사이언스 뉴스》 기사 참고) 닫힌 쌍곡선 우주에서라면 과학자들이 아주 멀리 있다고 여기는 은하가 사실은 우리가 익히 알고 있는 은하수(우리 은하)일 가능성도 있다. 빛이 먼 우주에서 이 쌍곡선 우주를 돌아서 날아오려면 수십억 년이 걸리기에 은하수가 훨씬 젊어 보일 뿐인지도 모른다. 몬타나 주립 대학교의 닐 코니시(Neil Cornish)와 다른 천문학자들은 "우리가 만약 천만다행으로 조밀한 쌍곡선 우주에 살고 있다면, 우리 우주의 태초를 관찰할 가능성도 존재한다."라고 말했다.

아마도 우주는 이상한 위상 기하학적인 형태를 가졌기 때문에 어떤 부분은 마치 프레첼 과자처럼 얽혀 있을 수도 있다. 만약 그렇다면 무한해 보이는 우주도 단지 착시 현상에 지나지 않을 뿐이고, 다중 경로로 인해 우주의 이곳저곳에 있는 물질들이 서로 섞이게 된다. 프레첼 모양의 우주에서는 어떤 물체에서 나온 빛이 서로 다른 여러 가지 경로를 동시에 지나 우리에게 도달되기 때문에 그 물체의 여러 가지 복사판들을 볼 수 있어야만 한다. 우리 우주가 3 토러스라면 우주가 여러 번 되감긴 형태로 되어 있기 때문에 우주 공간을 바라볼 때 같은 별들을 보고 또 보기를 반복하게 될 수도 있다.

팽창 우주론에서는 우주가 형성 초기에 급속 팽창을 겪었다고 주장하는데, 이 말은 지금 관찰 가능한 우주는 지름이 1560억 광년인 하나의 거품이라는 뜻도 내포하고 있다.(팽창하는 동안 현재의 관찰 가능한 우주는 10^{-35}초 만에 양성자보다 작은 크기에서 포도알만 한 크기로 부풀려졌다.) 현재의 관찰 가능한 우주가 엄청나게 커 보이지만, 폭이 1조 광년 정도인 우주를 떠다니는 먼지 알갱이에 지나지 않다고 볼 수도 있다. '작고' 유한한 우주라는 개념은 팽창 이론과는 어째 모순되는 듯하다. 그리고 만약 팽창 이론을 받아들인다면, 다중 우주의 개념을 받아들일 가능성도 커진다. 왜냐하면 일단 팽창이 시작되고 나면, 거품 속에 거품이 들어가 있는 모습처럼, 팽창이 반복적으로 일어나서 여러 우주 다발을 탄생시키기 때문이다.

"대폭발 당시에 한 점에 집중되어 있던 우주가 어떻게 무한하게 커질 수 있는가?"라는 질문을 종종 듣는다. 이에 대한 한 가지 답은 대폭발 당시에 우주가 한 점에 꼭 집중될 필요는 없었으며 단지 관찰 가능한 우주에 관해서만 한 점에 집중되어 있었다는 가설이 있다. 우주가 대폭발 때부터 무한한 상태로 탄생했을 가능성도 배제할 수는 없다.(여기서 '관찰 가능한 우주'란 유한한 광속을 통해 관찰할 수 있는 우주를 말한다.)

우리 가까이에 있는 또 다른 세계들

오늘날 많은 물리학자들은 양파 껍질이 겹겹이 포개져 있듯이 우리 우주와 평행한 우주들이 존재할 가능성이 있으며, 평행한 층 사이의 중력 누출 현상을 감지해 낼 수 있을지도 모른다고 넌지시 말한다. 예를 들면 먼 별들에서 나오는 빛은 겨우 몇 밀리미터 떨어진 평행 우주 속에 존재하는 보이지 않는 물체의 중력으로 인해 경로가 왜곡될 수도 있다. 1997년 이래로 볼더에 있는 콜로라도 대학교의 과학자들은 바로 옆에 있을 가능성이 있는 이 우주를 탐색하기 위한 실험을 실시해 왔다. 이 연구자들은 평행 우주 또는 숨어 있는 차원 속에 있는 물질로 인해 생길지 모를 뉴턴 중력 법칙의 변동을 찾아내려 하고 있다.

다중 우주의 전체적인 개념은 그렇게 터무니없지만은 않다. 데이비드 라웁(David Raub)이라는 미국 연구자가 세계를 선도하고 있는 물리학자 72명을 대상으로 행한 최초의 설문 조사에 따르면, 스티븐 호킹(Stephen Hawking)을 포함한 58퍼센트의 물리학자들이 다중 우주 이론을 어떤 형태로든 지지한다고 한다.

우주의 생성에 관한 이론 중에 마음을 사로잡는 가장 최신 이론 중 하나에 따르면, 우리 우주의 모든 물질과 에너지는 또 다른 우주에 존재하는 4차원 파편들이 5차원 공간을 통과하면서 생긴 주름이 우리 우주에 찍힌 흔적이라고 한다. 찰스 사이프는 이른바 에크피로틱 모형에 관해《사이언스》에 다음과 같이 시적인 묘사를 하고 있다.

5차원 공간 속에 완전히 평평한 4차원 막 2개가 서로 평행한 두 빨랫줄에 걸려 있는 옷가지들처럼 허공에 떠 있다. 그 막 중 하나는 우리 우주가 되었고, 다른 하나는 '숨겨진' 평행 우주이다. 무작위적인 요동이 갑작스럽게 발생하자 보이지 않는 이 이웃 우주는 저절로 막을 벗어 버리고 우리 우주를 향해 흘러온다. 속도를 점점 내더니 우리 우주 속으로 갈라지며 들어오는데, 이때 충돌로 인한 에너지의 일부가 우리 우주를 이루는 에너지와 물질로 변환된다.

어떤 사람들은 에크피로틱 모형에 나오는 숨겨진 우주를 『성경』「창세기」 1장 2절의 "하느님의 영"에 비유하기도 한다. 1장 2절에는 다음과 같이 적혀 있다. "땅이 혼돈하고 공허하며, 어둠이 깊음 위에 있고, 하느님의 영은 물 위에 떠다니고 계셨다." 형태가 없고 어두우며 비어 있는 땅은 이곳의 물질과 우주를 창조한 4차원 막의 갈라짐 이전에 있었던 지구에 해당된다. '떠다님'은 그 막이 떠다니고 있었다는 뜻이다. 게다가 에크피로틱 모형에 따르면 또 다른 막이 껍질 벗겨지듯 갈라지면서 우리 우주를 향해 다가와서 삼라만상을 모조리 파괴하는 상황이 생길 수도 있다. 어떤 물리학자들은 우리 우주의 팽창이 급속히 진행되고 있다는 사실이 임박한 멸망의 전조라고 단언하면서, 이미 멸망의 신호들이 포착되기 시작했다고 호들갑을 떤다. 우리 우주에 관한 에크피로틱 모형이 예언하고 있는 임박한 멸망은 『성경』「묵시록」의 여러 구절, 특히 최후의 날에 관한 구절들과 일맥상통한다. 분명 이론 물리학을 『성경』 구절과 연관시키는 일은 너무 지나친 상상이기는 하지만, 그 덕분에 끊임없는 토론거리가 생겨나고 의식의 지평을 넓혀 주는 진지한 대화들이 오가게 된 것만은 분명 흥미로운 점이다.

이야기를 더 진행시켜 다중 우주의 광범위한 의미에 대해 생각해 보고 그 의미들이 우리와 신과의 관계에 대해 의미하는 바가 무엇인지를 살펴볼 수도 있다. 스탠퍼드 대학교의 물리학 교수인 안드레이 린데(Andrei Linde)는 물질을 아주 고온에서 압축시켜서 새로운 아기 우주를 창조하는 일이 가능하다는 가설을 내놓았다. 사실 1밀리그램의 물질만으로도 자기 복제를 행하는 우주를 탄생시킬지도 모를 일이다.(「참고 문헌」의 루커(Rucker) 편에 더 자세한 내용이 나와 있다.) 새로 만들어진 우주 속으로 들어가는 일이 불가능하지는 않지만 지극히 어려운 일이지 싶은데도, 그러한 우주를 창조하는 일이 경제적으로나 정신적으로 우리에게 어떤 이득을 가져다줄까? **우리가** 플랑크 길이, 원주율, 황금비의 값에서 그러한 증거를 찾아내야만 할까? 우리가 우리의 의지로 그러한 우주를 만드는 일에 대해 신은 어떻게 여길까? 안드레이 린데와 작가인 루디 루커는 물리학의 매개 변수들을 교묘히 조작해 새로운 우주에 살게 될지 모를 거주자들에게 보낼 메시지(입자의 질량이나 전하량 등)를 암호화시키는 방법에 대해 논의 중이다. 비록 그러한 매개 변수들을 메시지로 암호화시키거나 생명이 진화할 수 있도록 조작하기가 아주 어려운 일임을 감안할 때, 현실적으로 실현될 가능성이 희박한데도 말이다.

내가 좋아하는 변환 중에 수수께끼 애호가들이 '프레첼 변환'이라고 부르는 것이 있다. **그림 6.16 (a)**의 이중 연결 고리를 끊지 않고서 **(b)**처럼 분리하는 변환이다. 이 물체는 길게 늘어날 수 있는 탄성이 아주 큰 소재로 만들어졌다고 여기면 된다. 힌트를 하나 주면, 두 고리 중 어느 하나를 아주 크게 확대해 보라는 것.(답은 「해답」에)

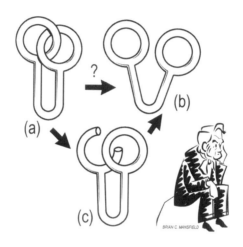

그림 6.16 프레첼 변환. (a)의 이중 연결 고리를 끊지 않고서 (b)처럼 분리할 수 있는 가?(물론 (c)처럼 고리를 끊으면 되겠지만, 그러면 너무 쉬운 문제다.)

당신이 초뫼비우스의 띠 공간에 산다면, 앞쪽을 보는데, 어떤 사람의 뒷머리가 보일 것이다. 가르마가 반대편에 나 있으니, 자기 뒷머리라고 여기진 않을 것이다. 오른손을 뻗어 그 사람의 어깨에 얹으면, 그 사람은 왼손을 들어 그 사람의 앞에 있는 사람의 어깨에 올려놓을 것이다. 이렇다 보니 손을 서로의 어깨에 얹어 놓은 무한 연결 인간 사슬이 생기게 되는데, 다만 왼손이 상대방의 오른쪽 어깨에 얹힌 점만이 다를 뿐이다.

— 미치오 가쿠(Michio Kaku),
『초공간(*Hyperspace*)』

뫼비우스의 띠나 쾨니히스부르크의 다리가 우주의 연결 구조와는 아무 관련이 없는 것으로 보이기는 하지만, 실제로는 그렇지가 않다. 바깥 우주 공간은 아인슈타인의 휘어진 시공 이론을 검증할 수 있는 시험대이다. 우주에는 멀리 떨어진 천체들이 만들어 내는 상상을 초월할 정도로 강력한 중력장이 펼쳐져 있는 까닭에 공간이 휘고, 어떤 곳은 찢기고 뫼비우스 형태로 뒤틀려 있거나, 아니면 이보다 더 심한 위상 기하학적 형태를 띠고 있을지도 모른다.

— 폴 데이비스,
『무한의 가장자리: 블랙홀을 넘어서(*The Edge of Infinity: Beyond the Black Hole*)』

스위스의 제네바 대학교의 루트 뒤러 연구팀은 '우리가 왜 3차원 우주 속에 존재하게 되었는지'에 대한 해답을 제시한다. 그의 이론은 다음과 같다. 우주는 한때 9차원 공간 사이를 이리저리 떠돌던 최대 8차원 공간이었다. 그 연구팀이 제시한 모형에서 이 9차원 우주는 토러스나 도넛 모양으로서 각 차원이 자기 차원 내에서 감겨 있다고 한다.

— 스티븐 배터스비(Stephon Battersby),
「3D 공간은 대멸망에서 어떻게 살아남는가
(How 3-D Space Survive the Great Destruction)」,
《뉴 사이언티스트(New Scientist)》

호머 씨, 당신의 도넛 모양 우주 이론은 정말 교묘합니다.

— '그들이 리사의 뇌를 구했다(They Saved Lisa's Brain)'(1999년 방송)에서
스티븐 호킹이 호머 심슨에게 한 말,
「심슨 가족(The Simpsons)」 에피소드

7장 | 게임, 미로, 미술, 음악, 건축

터놓고 말하자면, 뫼비우스는 어느 정도 노력파였다. 하지만 뫼비우스는 근면함, 우아함, 상상력을 두루 발휘해 차근차근 연구를 진행해 갔다. 결코 멈추지 않았으며, 결국 목적한 바를 이루고야 말았다. 그는 다른 사람의 아이디어를 잘 간추려 핵심을 파악했고 어떤 때는 아이디어를 낸 사람보다 더 아이디어를 잘 파악했다.

— 이언 스튜어트,
「뫼비우스가 현대에 남긴 유산」,
『뫼비우스와 그의 띠』

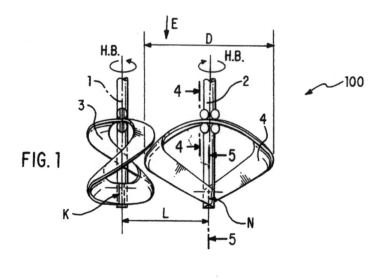

FIG. 1

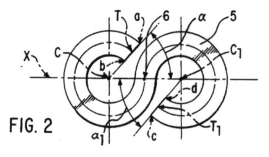

FIG. 2

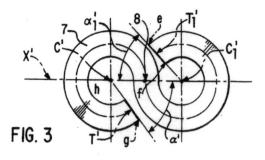

FIG. 3

취미파와 연구파 양쪽의 많은 수학자들이 뫼비우스의 띠가 위상 기하학에 기여한 역할 및 이 놀라운 띠가 나타내는 몇몇 수학적 성질에 대해서는 잘 알고 있지만, 19세기에 나온 이 고리가 문학, 회화, 음악, 심지어 게임에 이르기까지 흥미진진한 역할을 하고 있음을 아는 사람

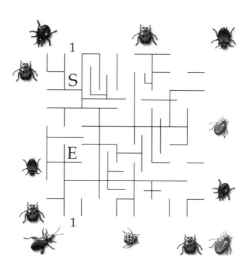

그림 7.1 토러스 면 위에서 진행되는 미로 찾기 놀이.

은 내가 보기엔 별로 없다. 아기자기한 재미가 있으면서도 꽤 어렵기도 한 게임들이 뫼비우스의 띠나 클라인 병 혹은 토러스 위에서 진행되도록 만들어져 있다. 이 책을 쓰고 있는 동안에도 나는 토러스나 뫼비우스의 띠 내지는 클라인 병 위에서 진행하는 틱택토 게임(3개의 돌을 연속적으로 이으면 이기는 일종의 삼목 게임. ─ 옮긴이), 미로 찾기, 글자 맞추기, 단어 찾기, 그림 맞추기, 체스를 즐기고 있다. 인터넷에 들어가 보면 이런 이상한 놀이에 도움을 주는 여러 가지 컴퓨터 프로그램이 올라와 있다. 종전과 다른 표면 위에서 진행하는 게임은 단지 시간 때우기가 아니라 수학의 초보자나 전문가 모두 곡면의 성질을 더 잘 이해하도록 돕기에 이 분야에 관한 지식을 심화시켜 준다는 점을 꼭 말씀드리고 싶다.

입맛 돋우기로 **그림 7.1**을 살펴보면 여기에는 토러스 위에서 진행되

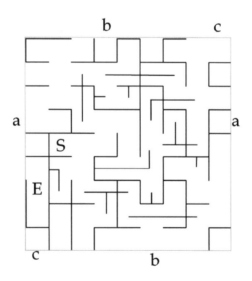

그림 7.2 클라인 병 곡면 위에서 진행되는 미로 찾기 놀이.

는 미로 찾기 게임이 나와 있다. 그림의 위쪽 아래쪽은 왼쪽 오른쪽과 마찬가지로 서로 연결되어 있다. 일단 물체를 S에서 출발시킨 뒤에 미로를 통과하여 E에서 멈춘다. 예를 들면 S에서 시작해 1로 올라간 뒤 미로의 아래에 있는 1에서 다시 계속 길을 찾을 수 있다. 종이의 양 끝을 맞붙여 토러스를 만들어 경로가 연결되도록 떠올려 보자. 답은 「해답」에 나와 있다.

그림 7.2는 시각화하기가 더 까다로운데, 그 이유는 토러스에서 행한 것처럼 오른쪽과 왼쪽을 서로 붙인 다음에, 위와 아래를 뒤튼 후 붙여야 하는 클라인 병 모양이기 때문이다. 따라서 클라인 미로에서 a는 a에, c는 c에, b는 b에 연결되어 있다. S에서 E까지 가면 임무를 완수한 것이다.

뫼비우스 미로

뫼비우스 미로에 관해 내가 처음 발견한 특허는 캘리포니아 볼더 크릭의 데이비드 맥거버런(David O. McGoveran)이 고안한 교묘한 놀이 기구의 형태 속에 있다.(미국 특허 6,595,519. 2003년) 그림 7.3과 그림 7.4에 나와 있는 대로, 공깃돌 하나를 뫼비우스의 띠 형태의 곡면에 나 있는 구멍으로 넣거나 그 구멍을 통해 빼내는 게 이 게임의 목표다. 그림 7.4에 공깃돌이 지나가는 통로가 나와 있다. 그 통로는 투명한 플라스틱 조각으로 둘러싸여서 공깃돌이 미로 안에서 돌아다니도록 해 준다. 데이비드의 설명에 따르면, 뫼비우스 기하학과 3차원 건축법을 이용한 퍼즐은 미로 놀이를 한층 더 흥미롭게 해 준다고 한다. 그 이유는 "안쪽 면과 바깥 면이 둘 다 똑같기에 게임하는 사람이 한번 슬쩍 보아서

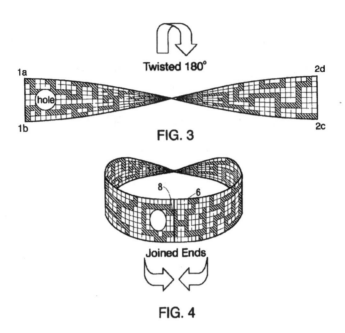

FIG. 3

FIG. 4

그림 7.3 뫼비우스의 띠 위에서 진행되는 미로 놀이에 대한 특허.(미국 특허 6,595,519)

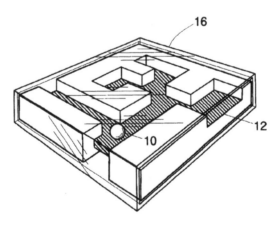

그림 7.4 뫼비우스 미로 속에서 공깃돌이 돌아다니는 경로 상세도.

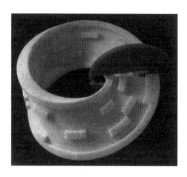

그림 7.5 모비 미로. 네덜란드의 M. 오스카 반 데벤테르 설계. 모비 미로를 풀려면 바깥 고리를 뫼비우스 트랙을 따라 밀어내야 한다.

는 길 찾기 경로들을 모두 찾아낼 수 없기 때문"이라고 한다.

개발 후 인터넷에서 팔리는 최초의 3차원 뫼비우스 미로 중에 네덜 란드의 M. 오스카 반 데벤테르가 고안한 '모비 미로(Moby Maze)'가 있 다.(**그림 7.5**) 모비 미로를 풀려면 뫼비우스의 띠 곡면 위에 새겨져 있는 여러 트랙들을 감싸고 있는 바깥 고리를 눌러서 그 고리를 뫼비우스 미로에서 빼내야 한다. 답을 찾기가 아주 어렵진 않지만, 이 퍼즐을 갖 고 놀다 보면 아주 재밌을 뿐만 아니라 뫼비우스의 띠가 한쪽 곡면 형 태임을 시각적으로 이해할 수 있다.

오스카는 내게 모비 미로 제작이 아주 어려웠으며, 그 이유는 퍼즐 설계에 사용된 3차원 모델링 프로그램이 '한쪽 곡면인 3차원 물체'라 는 개념을 이해하는 데 혼란을 겪었기 때문이라고 귀띔했다. 오스카 는 그러한 물체를 제작하는 일이 가능할 뿐만 아니라 나름의 가치가 있음을 그 게임을 통해 '입증한' 셈이다. 그 퍼즐은 '조지 밀러의 퍼즐 궁전(http://puzzlepalace.com)'에서 구입할 수 있다.

그림 7.6 미로의 전체 위상 기하학적 특징을 강조한 모비 미로의 개략도.

퍼즐을 좀 더 깊이 이해하려면 오른쪽에 있는 고리가 입구이자 동시에 출구 역할을 한다는 점에 유의해야 한다. 그 띠에는 양쪽 '면'에 장애물 벽이 놓여 있다. 미로를 위상 기하학의 관점에서 보면 360도의 고리 1개, 막다른 경로 2개, 긴 입구 및 출구 1개가 있다. 이 미로는 얼핏 보면 꽤 단순해 보이지만 이 퍼즐을 해 본 대부분의 사람들은 이 물체가 가진 위상 기하학적 구조에 혼란을 느낀 나머지 미아가 된 듯 미로 속을 뱅글뱅글 돌고 또 돈다. 해답은 올바른 위치에서 유턴을 하는 데 달려 있는데, 대부분의 사람들에게는 이렇게 하는 것이 직관에 반하는 행위처럼 보인다. **그림 7.6**에 그래픽으로 표현된 이 미로의 위상 기하학적 구조에는 막다른 경로 2개가 빠져 있다.

체스

그림 7.7에 나와 있는 뫼비우스 판 위에서 체스를 해 보면 온갖 놀라운 일들이 일어날 수 있다. 예를 들면 **그림 7.7 (b)**에 나오는 폰(paun, 졸)

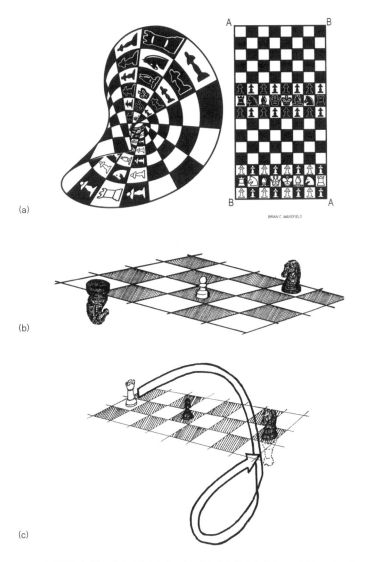

(a)

(b)

(c)

그림 7.7 뫼비우스의 띠 위에서의 체스. (a) 시작 전 판과 말의 배치. (b) 뫼비우스 체스에서는 위아래 양쪽의 나이트가 킹을 공격할 수 있다. (c) 이 배치에서는 폰이 반드시 킹을 보호한다고 볼 수 없다. 왜냐하면 루크가 아래편에서 올라와서 위에 있는 킹을 공격할 수 있기 때문이다.(그림: 브라이언 맨스필드)

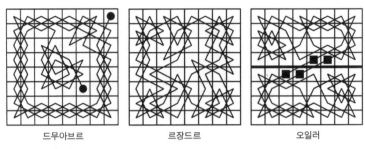

드무아브르   르장드르   오일러

그림 7.8 드무아브르의 나이트 의 여행.   **그림 7.9** 르장드르의 나이트의 여행.   **그림 7.10** 오일러의 나이트의 여행.

을 체스판의 다른 '면'에 있던 나이트(knight, 말)가 공격할 수 있다. 다시 말하면 나이트를 판의 '위'뿐만 아니라 '아래'에 둔 채 공격할 수도 있다는 뜻이다. **그림 7.7 (c)**를 보면 어떻게 해서 폰이 킹(king, 왕)을 보호할 수 없는지 알 수 있다. 상대편의 루크(rook, 성장)가 아래쪽에서 올라와 위에 있는 킹을 아래에서 공격할 수 있기 때문이다. 뫼비우스 체스를 갖고 계신 독자는 이 체스를 두면서 느낀 점을 귀띔해 주기 바란다.

　뫼비우스 체스의 진정한 묘미는 뫼비우스 판 위에서 행해지는 '나이트의 여행'일 것이다. 일반적으로 나이트의 여행이라고 하면 나이트가 체스판 위를 움직이며 8 × 8 체스판의 모든 칸을 다 지나가는 것을 말한다. 뫼비우스 판에 대해 논의하기 전에 표준 체스판이 어떤 것인지부터 알아보자. 나이트의 여행 문제에 대한 공식 해법은 프랑스 수학자인 아브라함 드무아브르(Abraham de Moivre, 1667~1754년)가 처음 내놓았는데, 그는 복소수에 관한 무아브르의 정리로 더 유명한 사람이다. 드무아브르의 해법(**그림 7.8**)에서는 여행이 끝나는 칸의 위치가 시작 칸의 위치에서 한 수 이상 멀리 떨어져 있다. 프랑스 수학자 앙

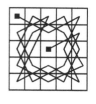 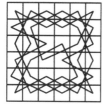 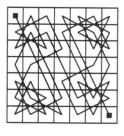

그림 7.11 나이트의 여행은 크기 5 × 5 또는 그 이상의 체스판에서도 구성할 수 있다. 여기서는 5 × 5, 6 × 6, 7 × 7 체스판이 나와 있다.

드리앵 마리 르장드르(Adrien-Marie Legendre, 1752~1833년)는 시작 칸과 끝나는 칸이 한 수 거리만큼만 떨어져 있는 더 나은 해법을 찾아냈다. 이 해답은 64번의 수로 폐곡선을 이루는 여행이다.**(그림 7.9)** 그러한 여행을 리앙트랑(reentrant, 다시 들어온다는 뜻. ─옮긴이)이라고 한다. 이에 질세라, 스위스 수학자 레온하르트 오일러는 교대로 체스판의 절반씩을 지나가는 리앙트랑 여행을 찾아냈다.**(그림 7.10**, 작고 검은 사각형은 기사가 체스판의 위쪽 절반에서 아래쪽 절반으로 위치를 바꾸는 지점이다.)

나이트의 여행은 크기가 5 × 5 또는 그 이상의 체스판에서도 이루어질 수 있다.**(그림 7.11)** 5 × 5와 7 × 7 체스판에 그려져 있는 모양은 리앙트랑이 아니다. 과연 컴퓨터라면 거대한 2001 × 2001 체스판에서 리앙트랑을 찾아낼 수 있을까?

'2001 질문'에 답하려면, 리앙트랑이 되려면 동일한 개수의 흰 칸과 검은 칸을 지나가야 한다는 점을 먼저 알아야 한다. 5 × 5 내지 7 × 7 판에서는(칸의 총 개수가 홀수 개인 어느 체스판에서도)는 따라서 리앙트랑이 불가능하다.

뇌비우스의 띠와 클라인 병 위에서 진행되는 나이트의 여행은 어떻게 될까? 콜로라도 대학교의 존 왓킨스 교수는 뇌비우스의 띠와 클라인 병 위에서 벌어지는 체스 게임에 관한 한 세계적인 전문가이다. 『체스판을 가로지르며(Across the Board)』라는 책에서 그는 클라인 병 위에 그려진 체스판에서 진행되는 나이트의 여행을 이론화시켰다.

m개의 행과 n개의 열로 구성된 $m \times n$ 뇌비우스의 띠 체스판(m개의 행은 뇌비우스의 띠를 따라 감겨 있음)에서는 아래 나오는 3가지 조건 중 어느 하나도 만족하지 않으면 나이트의 여행이 가능하다.

(a) m = 1 그리고 $n > 1$, 또는 $n = 1$ 그리고 $m = 3, 4$ 또는 5

(b) $m = 2$ 그리고 n은 짝수, 또는 $m = 4$ 그리고 n은 홀수

(c) $n = 4$ 그리고 $m = 3$

왓킨스의 규칙에 따르면 나이트가 체스판을 돌아다니다가 '반대쪽 면'으로 뒤집힌 상태로 되돌아오더라도, 출발 시의 칸과 동일한 칸에 있기는 마찬가지다. 뇌비우스의 띠가 2차원 곡면이므로 체스 말을 뇌비우스의 띠 내부를 움직이는 2차원 물체로 여기면 이해가 쉬울 것이다.

왓킨스는 클라인 병 체스판 위에서 체스 말들이 나타내는 **'장악 (domination)'** 현상에 매력을 느꼈다. 이것은 상대편이 말을 어떻게 움직여도 결국 다 잡힐 수밖에 없도록 자기 말을 배치하는 것을 말한다. 예를 들면 8 × 8 체스판을 장악하려면 퀸(queen, 여왕)이 5개 필요하며 5개의 퀸이 그 체스판을 장악하도록 배열하는 방법은 4,860가지이

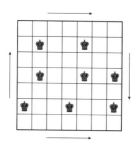

그림 7.12 7 × 7 클라인 병 체스판에서 킹의 장악. 화살표는 체스판의 모서리가 연결되는 방법을 나타낸다. 반대 방향으로 나 있는 화살표는 모서리를 결합시키기 전에 뒤틀림을 가하라는 뜻이다.

다. 2개의 루크가 2 × 2 체스판을 장악하도록 배열하는 방법은 6가지며, 8개의 루크가 8 × 8 체스판을 장악하도록 배열하는 방법은 모두 33,514,312가지이다.

그림 7.12는 나이트 8개가 클라인 병 위에 있는 7 × 7 체스판을 어떻게 장악할 수 있는지를 보여 주는 그림이다. 여기서 판의 오른쪽은 왼쪽과 한 번 뒤틀린 채 연결되어 있으며 위와 아래는 뒤틀림이 없이 연결되어 있다. 일반적으로 $m \times n$ 클라인 병 체스판은 $[\frac{1}{3} \times (n + 2)]$ $- k$가지 수로 장악할 수 있는데, 이때 조건은 $n = 6k + 1$의 형태일 때 가능하다. 이때의 장악은 정상 체스판보다 k개 더 적은 나이트로 가능하다. 더욱 일반화시켜 보면, $m \times n$ 클라인 병 체스판을 장악하기 위해 필요한 나이트의 수는

$n = 3k$일 때, $\frac{1}{9} n^2$

$n = 3k + 2$일 때, $\frac{1}{3} (n + 1)^2$

$$n = 6k + 1 \text{일 때, } [\frac{1}{3}(n + 2)]^2$$
$$n = 6k + 4 \text{일 때, } [\frac{1}{3}(n + 2)]^2 - \frac{1}{6}(n + 2)$$

체스판 장악을 심사숙고하느라 세월 가는 줄 모르는 아마추어들과 수학자들이 있다는 사실만도 꽤나 흥미로운데, 거기다가 클라인 병 모양의 체스판까지 다룬다고 하니, 정말 별난 사람들이 아닐 수 없다.

왓킨스가 알아낸 클라인 병 위에서 진행되는 직사각형 $m \times n$ 체스판에서 나이트의 장악 가능 수는 다음과 같다.

$$y(K_{m \times n}^{klein}) = \left\lceil \frac{m}{6} \right\rceil \cdot \left\lceil \frac{2n}{3} \right\rceil - \left\lceil \frac{n-1}{3} \right\rceil \text{, (m이 6으로 나누었을 때 나머지가 1, 2, 3인 수일 때)}$$
$$y(K_{m \times n}^{klein}) = \left\lceil \frac{m}{6} \right\rceil \cdot \left\lceil \frac{2n}{3} \right\rceil \text{, (m이 6으로 나누었을 때 나머지가 4, 5, 6인 수일 때)}$$

열린 꺾쇠 $\lceil$ 와 $\rceil$ 는 그 속에 있는 수보다 크거나 같은 가장 가까운 정수를 나타내는 올림 함수를 나타낸다.

클라인 병 체스판 위에서 비숍(bishop, 주교)이 어떻게 장악하는지 이

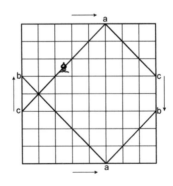

그림 7.13 클라인 병 위에서 나타나는 비숍의 대각선 경로.

해하려면 **그림 7.13**을 살펴보자. 왼쪽의 c 지점 근처에서 비숍을 출발시켜 보자. a까지 쭉 올라가서는 a 지점에서 판 밖으로 나가 버리는가 싶더니, 아래쪽에서 다시 나타나서는 b까지 계속 간다. 그곳에서 다시 밖으로 나가 버린 다음 ─ 클라인 병은 휘어 있기 때문에 ─ 왼쪽의 b에서 다시 나타난 후 아래로 향한다. 클라인 병 위에서의 $m \times n$ 체스판을 장악하기 위한 비숍의 최소 개수는 다음과 같다.

$$y(B_{m \times n}^{klein}) = \left\lceil \frac{1}{2} n \right\rceil$$

그림 7.14는 5개의 비숍이 클라인 병을 장악하는 모습을 보여 준다.

보통의 원기둥상에서도 나이트의 여행이 가능하다. 이것을 시각화하려면 원기둥 체스판을 평평하게 직사각형 형태로 펼친 다음, 그 양옆으로 가상의 직사각형 체스판을 덧붙여서 만들어진 체스판 위에서 진행하면 된다.**(그림 7.15 (a))** 가상의 체스판을 덧붙였기에 원래 펼친 판 바깥으로 나가게 되어 있던 말들도 이동할 칸을 갖게 된다. $2 \times n$

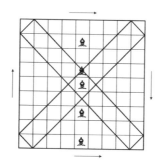

그림 7.14 5개의 비숍이 클라인 병 위에 표현된 9×9 체스판을 장악하고 있다. 판을 가로지르는 선들은 위쪽에서부터 2번째에 위치한 비숍이 장악한 칸들을 나타낸다.

원기둥 또는 뫼비우스의 띠 위에서의 여행은 n이 홀수일 때만 가능하다. $3 \times n$ 및 $5 \times n$ 원기둥 위에서의 여행은 단순한 반복 패턴을 쓰면 언제라도 가능하다. 그러한 원기둥의 높이는 $3a + 5b$ 형태이고 1, 2, 4, 7을 제외한 수이기만 하면 어떤 수라도 무방하다. 더욱 더 흥미로운 점은 그러한 원기둥 여러 개를 모서리 대 모서리끼리 결합시킬 수 있으며, 마찬가지로 토러스들도 적절한 위치에서 끊은 다음 다시 결합시켜서 서로 연결된 체스판을 구성할 수 있다.(**그림 7.15**)

4 × 4 토러스에서 여행이 가능하다는 것 또한 알려져 있다. 만약 원기둥 형태로 배열된 $m \times n$ 직사각형에서 여행이 가능하다면, 같은

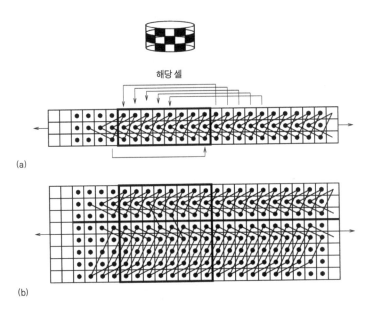

그림 7.15 원기둥 위에서의 나이트의 여행. (a) 원기둥 위에서 $3 \times n$인 체스판. (b) 양 끝에 '유령'판을 덧붙이면 여행을 시각적으로 나타낼 수 있다. (c) 평행사변형 간의 연결을 적절히 조절하면, 서로 크기가 다른 여러 가지 원기둥 위에서의 여행 경로를 하나로 결합할 수 있다.

차원의 토러스나 클라인 병 위에서도 가능할 게 분명하다.

뫼비우스 화랑

뫼비우스의 띠는 수없이 많은 회화, 판화, 조각의 기본 모티브로 사용되고 있다. 이 장에서는 화가, 디자이너, 조각가, 물리학자 들이 내놓은 미술 작품과 매듭 형태들로 이루어진 국제적 규모의 화랑을 선보이고자 한다. 처음 살펴볼 작품으로는 **그림 7.16**에 나와 있는 영국 작가 니키 스티븐스의 현대 모형 작품인 「뫼비우스 계단」이다.(www.nickystephens.com)

부드럽고 완만하게 비틀리며 위쪽이 아래쪽으로 이어지고 아래쪽

그림 7.16 영국 작가 니키 스티븐스가 제작한 뫼비우스 계단.

이 위쪽과 연결되어 있는 레일을 유심히 살펴보자. 얇은 판으로 된 세 층의 난간은 망치로 박아 넣은 구리 막대 위에 얹혀 매끄럽게 이어져 있으며, 조각이 새겨진 나무 기둥 몇 개 주위를 구불구불 지나간다. "이 난간을 이용하는 이들이 손으로 그 매끄러운 비틀림을 직접 따라가며 만져보고 싶은 충동이 들 정도로 난간을 매끄럽게 만들고 싶었습니다."라고 스티븐스는 제작 당시의 심경을 술회했다.

시카고 소재 일리노이 공과 대학의 로버트 크로직(Robert J. Krawczyk)과 졸리 툴라시다스(Jolly Thulaseedas)는 뫼비우스의 띠를 어떤 건물 전체의 주제로 사용해 보면 어떨까 생각해 보았다. 그렇게 한다면 통로

그림 7.17 1967년에 리우데자네이루에서 열렸던 제6차 브라질 수학 대회를 기념하는 우표.

그림 7.18 브라질 뫼비우스 우표.

그림 7.19 브라질 뫼비우스 우표.

그림 7.20 삼각형 모양으로 납작하게 표현된 뫼비우스의 띠가 나오는 1969년 네덜란드 우표.

는 어떻게 내야 할까? 통로를 따라 걷다가 뒤틀린 부분에서는 거꾸로 선 채 걸어야 한다면 난감할 게 분명하다. 이 문제의 해법 중 하나는 속이 빈 덮개를 씌워 바닥이나 통로를 감싸는 것이다.

여러 나라들이 뫼비우스의 업적이 갖는 신비스러움과 위대함을 깨닫고는 뫼비우스의 띠를 우표에 사용해 그를 기념하고 있다. 브라질에서 3가지 뫼비우스의 띠 우표를 발견할 수 있었던 걸 보면, 이 나라에

그림 7.21 막스 빌의 조각 작품을 담고 있는 스위스 뫼비우스 우표.

뫼비우스의 띠 애호가들이 많은 게 분명하다. **그림 7.17**은 1967년에 리우데자네이루에서 열렸던 제6차 브라질 수학 대회를 기념하는 우표이다. **그림 7.18**과 **그림 7.19**에는 좀 더 최신형의 브라질 우표 2개가 나와 있다. **그림 7.19**는 내가 보기에는 두 쪽 곡면처럼 보이는데도 우표 수집가들은 뫼비우스의 띠라고 여기는 점에서 특별히 흥미롭다. **당신은** 이 물체가 어떤 특별한 의미를 갖는다고 생각하는가?

그림 7.20은 삼각형 모양으로 납작하게 표현된 뫼비우스의 띠가 나오는 1969년 네덜란드 우표다. 이와 거의 동일한 우표가 동시에 벨기에에서도 발행되었다.

그림 7.21은 유럽 공동체를 강조하기 위해 1957년에 시작되어 매년 발행됐던 '유로파 우표' 시리즈 가운데 하나인 스위스 우표다. 이 우표 시리즈는 오늘날에도 여전히 계속되고 있다. 각 우표 세트는 '휴가' 또는 '요리법' 등의 주제를 담고 있다. 1974년의 주제는 스위스 조각이었는데, 1974년 우표에는 특별 디자인으로 예술가 막스 빌의 조각이 표현되어 있다. 이 우표와 비슷한 형태의 우표가 빌의 1986년 조각품「연속(Kontinuität)」인데, 이 작품은 도이치은행의 프랑크푸르트 본사 앞에 있다.

도이치은행에 설치되어 있는 빌의 화강암 조각은 그의 유작으로 4.5미터에 달한다. 그 조각은 빌이 30대 초반 이후 줄곧 탐구해 왔던 모티브인 뫼비우스의 띠를 묘사하고 있다. 빌이 뫼비우스의 띠에 너무나 몰두했기에, 전 스위스 예술가들에게 영향을 끼쳤다. 80톤이나 되는 이 특별한 조각을 도이치은행 앞에 설치하는 데 거대한 크레인이 동원되었다고 한다.

기타 여러 가지 뫼비우스의 띠 조각이 전 세계의 빌딩과 쇼핑 센터들을 장식하고 있다. 지름이 약 2미터인 스테인리스 스틸 뫼비우스의 띠는 일리노이 주 바타비아에 위치한 페르미랩의 램지 강당 제일 꼭대기 층에 있는 수영장에서 은은한 은빛 색조를 발하고 있다. 메사추세스 주의 케임브리지에 있는 하버드 대학교의 과학 센터의 입구 가까이에는 구리 조각이 설치되어 있다. 워싱턴 D. C에는 아름다운 뫼비우스 조각이 흘러넘친다. 스테인리스 스틸 조각이 국립 미국 역사 박물관 앞에 있는 받침대 위에 놓여 있다. 국립 항공 우주 박물관 현관에도 방문객들을 유혹하는 조각이 설치되어 있다. 버지니아 주 알링턴에 위치한 미국 특허 상표청 입구에 있는 광장에도 빨간색이 칠해진 강철 뫼비우스의 띠가 자태를 뽐내고 있다. 이 멋진 조각들은 대부분 띠의 횡단면이 띠를 따라 120도 회전하는 정삼각형이며 두께가 조금씩 다르다.

「여행을 시작하며」에서 미리 말했듯이 네덜란드 예술가 에스허르는 뫼비우스의 띠에 지대한 관심을 갖고 있었다. 이러한 관심은 그의 석판화 작품에 잘 나타난다. 「뫼비우스의 띠 I」(4가지 색깔의 목판, 1961년), 「뫼비우스의 띠 II(불개미)」(3가지 색깔의 목판, 1963년)에도 잘 나타나 있다. 그 판화에 나오는 개미들이 서로 반대편에 붙어 있는 듯이 보이지만, 뫼비우스의 띠는 한쪽 곡면이기 때문에 모두 동일한 면 위에 존재한다. 뫼비우스의 띠 I에서는 물고기 3마리 형태로 분리되어 있는 1개의 고리가 나오는데, 그 물고기 각각은 앞에 있는 물고기의 꼬리를 물고 있다. 브라이언 맨스필드는 뫼비우스의 띠를 주제로 한 에스허르의 작품에서 영감을 받아 자신도 직접 뫼비우스 형태를 만들었다.(그림 7.22,

그림 7.22 '뫼비우스 박사' 뫼비우스의 띠.(그림: 브라이언 맨스필드)

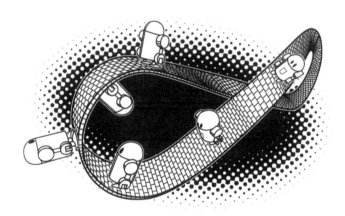

그림 7.23 로봇들이 다니는 뫼비우스의 띠.(그림: 브라이언 맨스필드)

그림 7.23) 브라이언은 로봇이나 다른 기계 장치와 같은 존재들이 등장 하는 수많은 세계를 창조해 냈다. 그는 최근에는 더욱 고차원적이고 방향성 없는 클라인 병의 형태뿐만 아니라 이 외의 몇 가지 형태 위에

기계 장치들이 등장하는 더욱 복잡한 세계를 창조하는 일에 매진하고 있다. 그러한 형태의 예로는 사각형 쐐기 형태를 단위 격자로 이용해서 구성한 삼중 주기 최소면(triply periodic minal surface) 및 가오리 몸통을 닮은 특이한 형태인 쇤(Schoen)의 「만타 곡면 지너스 19(Manta Surface of Genus 19)」 등이 있다.(http://www.susqu.edu/FacStaff/b/brakke/evolver/examples/periodic/disphenoids.html에 가 보면 이 곡면들의 모양이 자세히 나와 있다. ─ 옮긴이)

그림 7.23에 보면, 뫼비우스의 띠로 인해 로봇은 어느 한 면에서 다른 면처럼 보이는 곳으로 이동하고 있는데 이는 생성과 파괴, 삶과 죽음의 순환을 표현하고 있다. 이 세계에서는 솔레노이드와 전기 뇌가 재순환될 수도 있다. 맨스필드에 따르면, 로봇들은 자기조직화 형태의 존재들로 끊임없이 탈바꿈하며 순환하고 있는 인공 생명체의 진화를 상징한다고 한다. 이 로봇들은 2130년이 되면 거대한 의식 저장 장치 속으로 모두 흡수될 것이다.

레고 광(狂)인 앤드루 립슨(Andrew Lipson)은 수많은 뫼비우스의 띠를 만들었는데, 그는 레고 조각을 사용해 매듭과 뫼비우스 면을 관련시켰다. 이러한 작품들을 제작하기 위해 립슨은 그런 형태들의 전반적인 모양을 드러내 줄 여러 가지 컴퓨터 프로그램 코드를 작성했다. 매개 변수들을 여러 가지로 변화시켜 보면서 매력적으로 보이고 실제 제작했을 때도 균형을 잡고 서 있을 수 있는 물체들을 그래픽으로 시각화하는 데 노력을 기울였다. 그림 7.24는 작은 사람 모형이 걸어 다니는 레고 뫼비우스의 띠이다. 그림 7.25는 2장에서 논의했던 8자 매듭 레고 모형이다. 이 8자 매듭 모형은 길게 휜 곡선 부분이 공중에서 아무런

그림 7.24 레고 뫼비우스의 띠. ⓒ 앤드루 립슨. **그림 7.25** 레고 8자 매듭. ⓒ 앤드루 립슨.

그림 7.26 레고 클라인 병. ⓒ 앤드루 립슨.

그림 7.27 레고 클라인 병 횡단면. ⓒ 앤드루 립슨.

지지도 받지 않고 있는 까닭에 제작이 가장 어려웠던 작품에 속한다. **그림 7.26**은 손잡이가 병의 봉제 면을 뚫고 나가는 클라인 병 레고이며, **그림 7.27**에 이 레고 모형의 횡단면이 나와 있다.

립슨이 만든 횡단면 모형은 그가 '소화관'이라고 명명한 부분을 볼 수 있도록 활짝 열려 있다. 꼭대기와 맨 아래 부분의 색을 바꾸어서 튜브가 서로 교차됨을 강조하고 있다. **그림 6.3**에서 이미 살펴보았듯이, 이 병의 절반은 각각 위상 기하학적으로 뫼비우스의 띠이다.

인터넷에 들어가면 뫼비우스의 띠와 뫼비우스 옷을 만드는 온갖 방법들을 알려 주는 웹 사이트들이 가득하다. 예를 들면 뉴저지의 컴퓨터 과학자 마크 숄선(Mark E. Shoulson)은 꿰맨 자국이 없이 뫼비우스의 띠를 수놓거나 코바늘로 뜨는 방법을 상세히 설명해 놓았다. 그의 웹 사이트에 가 보면 머리에 유태인 스타일의 모자를 쓰고 있는 자신의 사진이 올라와 있다.

그림 7.28은 뫼비우스의 띠의 가로 방향을 따라 회전하면서 서로 맞물려 있는 기어들을 표현한, 물리학자 마이클 트로트(Michael Trott)의

그림 7.28 뫼비우스 기어. ⓒ 마이클 트로트, 허락을 받고 실음. 마이클 트로트의 『그래픽을 위한 매스매티카 안내서』의 해답 19c를 이용해 적절히 수정함.

애니메이션 중 정지 동작 한 컷이다. 기어들은 2개의 원 안에 배열되어서 '첫 번째' 기어와 '마지막' 기어가 동기화(同期化)되어 있다. 트로트는 독일 일메나우 공과 대학에서 이론 고체 물리학 박사 학위를 받고서 1994년 이후 볼프강 연구소의 연구원으로 일하고 있다. 그는 4권짜리 『그래픽을 위한 매스매티카 안내서(*Mathematica GuideBook for Graphics*)』(매스매티카(Mathmatica)는 컴퓨터 그래픽 전용 소프트웨어의 하나임. ─옮긴이)라는 책의 저자로서, 수학 전반 및 매스매티카 시스템의 세부 지식에 통달한 살아 있는 백과사전으로 인정받는 인물이다.

컴퓨터 프로그래머이자 디지털 조각가인 톰 롱틴(Tom Longtin)도 기어, 세잎 매듭 및 뫼비우스의 띠와 세잎 매듭의 조합으로 이루어진 기어를 재료로 한 뫼비우스의 띠 컴퓨터 그래픽 작업을 시험하고 있다. 그의 작품들이 **그림 7.29~7.34**에 나와 있다. 이 이미지들 대부분은 톰 자신이 개발한 모델링 소프트웨어에서 생성했고 SGI 컴퓨터에서 렌더맨(RenderMan)이라는 소프트웨어 패키지를 이용해 그래픽으로 만들었다. 컴퓨터는 정말 예술 표현에 막강한 수단을 제공하고 있다. 톰의 웹 사이트 www.sover.net/~tlongtin/에 몇 가지 이미지가 더 나와 있다.

그림 7.29가 좀 복잡해 보이기는 하지만, 뫼비우스의 띠의 특징을 제대로 갖추고 있다. 종이 띠를 갖고서 한쪽 끝을 반대편 끝에 대해서 180도 뒤튼(반 뒤틀림) 다음에, 양 끝을 서로 붙인 후 이 그림 속에 있는 톱니 자국을 그리고 나서 그 사이에 있는 종이 부분을 잘라내 버리면 이와 같은 모양이 나온다. **그림 7.30**은 매듭을 만들어서 양 끝을 서로 붙이기 전에 540도(3번의 반 뒤틀림)를 뒤틀어서 생기는 모습을 표현하

그림 7.29 뫼비우스 기어.(톰 롱틴 작품)

그림 7.30 기어가 달려 있는 뫼비우스 세잎 매듭. (톰 롱틴 작품)

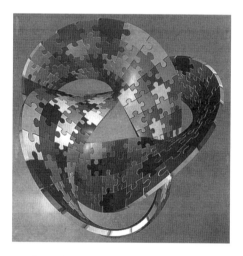

그림 7.31 뫼비우스 세잎 매듭 퍼즐 맞추기.(톰 롱틴 작품)

고 있다. 톰은 일단 기본 모형을 만든 다음에, 띠를 따라 구멍을 냈다. 그래도 이 기본 모형은 여전히 세잎 매듭이나 뫼비우스의 띠가 원래 갖고 있던 기하학 형태를 띠고 있다.

그림 7.31은 종이 띠에 반 뒤틀림을 3번 가한 다음에 양 끝을 연결해 매듭을 지은 모양이다. 이것도 또한 뫼비우스의 띠이자 동시에 세잎 매듭이다. 그림 7.32는 퍼즐 맞추기 조각들이 어떻게 뫼비우스의 띠에 딱 맞게 들어맞을 수 있는지를 보여 주기 위해 펼친 모양으로 표현한 작품이다. 그림 7.33은 표면에 육각형 퍼즐 조각 모양이 그려져 있는 전통

그림 7.32 뫼비우스 퍼즐 맞추기.(톰 롱틴 작품)　　　**그림 7.33** 세잎 매듭 퍼즐 맞추기.(톰 롱틴 작품)

그림 7.34 구멍이 뚫린 뫼비우스의 띠 같은 물체.(톰 롱틴, 라이너스 롤로프 작품)

적인 세잎 매듭이다. **그림 7.34**는 구멍이 나 있는 뫼비우스의 띠이다. 이 특이한 공간 배열에서 뫼비우스의 띠는 자신 속으로 감겨 들어간다. 정상적 종이 뫼비우스의 띠라면 180도 뒤틀면서 1바퀴를 돌 수 있다. 위의 모형에서는 180도 뒤틀면 2바퀴를 돌게 된다. 전통적인 뫼비우스의 띠와 마찬가지로 이것도 구멍을 뚫기 전에는 한쪽 곡면 물체이다.

롭 샤린(Rob Scharein)은 과학과 수학을 주제로 한 교육용 시각화 소프트웨어를 개발하는 연구자인데, 예술과 수학 두 분야를 결합시켜서, **그림 7.35~7.37**에 나와 있는, 매듭져 있으면서 서로 사슬처럼 연결된 뫼비우스의 띠를 제작했다.

이 구성에 나오는 모든 리본들은 뫼비우스적이다.(즉 방향성이 없는 면이다) 샤린은 그가 만든 사용자 설계형 소프트웨어인 노트플롯(Knot Plot)을 사용해 이 작품들을 만들어 냈으며, 독자들도 노트플롯 웹 사이트(www.pims.math.ca/knotplot)에서 무료로 그 프로그램을 다운로드해 직접 이러한 형태들을 구성해 보아도 좋겠다. 무엇보다도 그는 눈으로 직접 이 복잡한 모형을 검증해 보기를 바라지는 않는다! 롭은 **그림 7.38**과 **그림 7.39**에 나오는 작품들과 같은 지극히 복잡한 매듭 모형을 시각적으로 형상화하는 작업에는 세계적인 전문가에 속한다.

잘 알려진 슬로베니아 예술가인 테자 크라섹(Teja Krasek)은 펜로즈 타일로 장식된 뫼비우스의 띠 조각 제작에 몰두하고 있다.(**그림 7.40**) 영국 수리 물리학자인 로저 펜로즈(Roger Penrose)가 발견한 펜로즈 타일 무늬란 **반복되지 않으면서** 무한한 면을 완전히 다 덮을 수 있는 무늬를 말한다. 즉 타일 무늬가 화강석 벽에 붙어 있는 육각형 타일처럼 계속 반복되는 모양이 아니라는 뜻이다. 뫼비우스의 띠로 타일을 붙일

그림 7.35 뫼비우스의 띠와 매듭.(롭 샤린 작품)　　**그림 7.36** 뫼비우스의 띠와 매듭.(롭 샤린 작품)

그림 7.37 뫼비우스의 띠와 매듭.(롭 샤린 작품)

때, 테자는 2개의 서로 다른 타일 모양을 사용하는데, 그 각각에는 길이가 동일한 4개의 면이 있다. 특별히 어떤 마름모꼴 타일에는 각도가 72도, 72도, 108도, 108도인 4개의 꼭짓점이 있고, 다른 마름모꼴 타

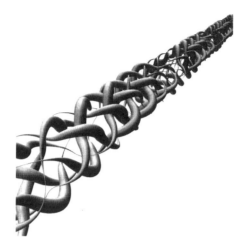

그림 7.38 복잡한 매듭.(롭 샤린 작품)

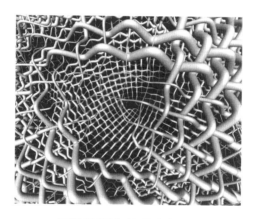

그림 7.39 복잡한 매듭.(롭 샤린 작품)

일에는 각도가 36도, 36도, 144도, 144도인 4개의 꼭짓점이 있다. 펜로즈 타일을 구성할 때, 하나의 평행사변형을 형성하기 위해서는 어떤 2개의 타일도 서로 면을 맞대어서는 안 된다. 이 조건이 가해지면 타일을 부착해도 어떤 틈도 생기지 않은 채 무수히 많은 방법으로 무한한 평면을 다 채울 수 있게 된다. 그 결과로 생기는 모양은 동일한 모습이 결코 똑같이 되풀이되지 않는다. 내부에 있는 원자들이 펜로즈 타일처럼 배열된 수없이 많은 실제 준결정체들이 과학자들에게 이미 알려져 있다.

뫼비우스의 띠 위에 펜로즈 타일을 부착하는 일은 테자에게는 당연히 만만치 않는 도전이라 할 수 있다. 예를 들면 띠의 양 끝이 정확히 맞아떨어지도록 결합시켜 한쪽 곡면 물체가 되도록 타일을 완벽하게 붙여야만 한다. 게다가 이 조각의 모서리에 그려진 삼각형 부분들은 두 모서리가 서로 맞붙을 때는 마름모꼴을 이루도록 설계되어야 한다. 난제가 하나 더 남아 있는데, 그것은 이 펜로즈 뫼비우스의 띠를 오직 3가지 색으로만 칠하는 작업이었다. 2000년에 수학자 토머스 시블리(Thomas Sibley)와 스탠 왜건(Stan Wagon)은 그러한 타일을 평면상

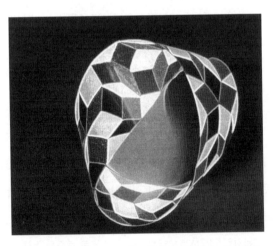

그림 7.40 뫼비우스의 띠에서 펜로즈 타일 붙이기.(테자 크라섹 작품)

에 구성할 때는 단 3가지 색만 있으면 이웃 타일이 서로 다른 색으로 칠해질 수 있음을 증명해 냈다. 테자가 이 조각 작품을 제작할 때, 그녀는 맨 처음 이들의 원래 형태와 거울 이미지 형태 2가지를 종이 위에다가 그리거나 프린트했다. 타일이 최종적으로 뫼비우스의 띠 위에 부착될 때, 띠의 양쪽 '면'에 똑같은 타일을 붙여서 한쪽 면 위에 붙어 있는 타일과 반대면 위에 붙어 있는 타일의 위치와 색이 똑같아지도록 했다. 그녀는 요즘에는 1개의 타일이 양쪽 면에서 다 보이도록 투명한 재료 위에 작업하고 있는데, 그나마 그 덕분에 작업 시간도 줄고 마음도 여유로워졌다고 한다. 그녀의 홈페이지 http://tejakrasek.tripod.com에 가 보면 더 많은 작품들을 감상할 수 있다. 하나 더 이야기하자면, 테자의 크리스마스트리는 내가 이제껏 본 뫼비우스의 띠 중에서 가장 아름답고 눈부신 금과 은으로 된 뫼비우스의 띠로 장식되어 있다.(그림 7.41) 그 띠 위에는 반짝이는 별들이 새겨져 있어서 낭만적인

그림 7.41 테자 크라섹이 크리스마스트리 위에 장식한 금과 은으로 된 뫼비우스의 띠.

수학자의 마음을 사로잡기에 손색이 없다. 뫼비우스 장식은 트리에 부착시키기 위해 끈을 이용할 필요가 없어서 좋다. 트리 가지에 그냥 뫼비우스의 띠를 끼우면 된다.

콜로라도 주의 브렉켄리지에서 열렸던 2005년 눈 조각 대회에서 한 팀이 삼중으로 갈라지며 뒤틀린 형상의 뫼비우스의 띠를 조각했는데, 이 모형의 설계는 캘리포니아 대학교 버클리 캠퍼스의 컴퓨터 과학자인 카를로 세퀸(Carlo H. Séquinn)이 맡았다.**(그림 7.42)** 세퀸뿐만 아니라

그림 7.42 「매듭-분리」, 미네소타 팀이 제작한 눈 조각, 콜로라도 브렉켄리지, 2005년.
(설계: 카를로 세퀸, 캘리포니아 대학교 버클리 캠퍼스, 사진: 리처드 실리)

눈 조각 팀에는 미네소타 주에 있는 맥칼레스터 대학교의 수학자 스탠 왜건, 베를린 공대의 존 설리번, 미니애폴리스 시의 단 슈발베(Dan Schwalbe), 콜로라도 주 실버트론 시의 리처드 실리(Richard Seeley) 등이 참여했다. 이 조각 작업은 맨 처음 10인치 × 10인치 × 12인치 크기의 눈덩어리를 가지고 시작했는데, 삼중 뒤틀림 고리 형태를 대략적으로 나타내는 데에도 눈 20톤을 절반가량 파느라 꼬박 이틀이 걸렸다.

뫼비우스 음악

6장에서 논의했듯이 뫼비우스 우주 속에서 여행하면 오른쪽과 왼쪽이 서로 바뀐 채로 출발점으로 되돌아오게 된다. 다시 한번 더 뫼비우스의 띠를 여행하면 내부 장기들이 다시 원래 방향으로 돌아와 제자리에 위치한 채로 출발점으로 돌아온다. 이와 비슷하게 뫼비우스 음악은 악보를 뫼비우스의 띠 위에 붙여서 만드는 음악이다. 처음 연주할 때는 정상적으로 연주된다. 음악가가 첫 시작점에 다시 도착할 때 음악이 다시 되풀이되기는 하지만, 이번에는 무언가 기하학적인 변형이 가해진다. 예를 들면 2번째 악보는 거울 이미지로 보이거나 아니면 위아래가 뒤집혀 있는 식이다.

요한 제바스티안 바흐(Johann Sebastian Bach)는 「게의 카논(Crab Canon)」과 같은 뫼비우스식 음악을 작곡했는데 이 곡에서는 연주가가 시작부터 끝까지 연주한 다음에 악보를 뒤돌아 다시 연주한다. 오스트리아-헝가리 제국의 작곡가 아널드 쇤베르크(Arnold Schoenberg)는 몇 세기가 지난 후에 게의 카논으로 그가 '거울 카논'이라고 이름 붙인 어떤 실험을 행했다.

쇤베르크는 어렸을 때부터 음악 신동으로 알려져 있던 인물이지만, 이런 비정상적 작품은 좋은 평을 얻지 못했다. 그의 실내악 교향곡 1번이 1913년 어느 콘서트에서 연주되었을 때, 청중들은 야유를 퍼부었다. 이 사건 이후에 오스트리아 작곡가 알반 베르크(Alban Berg)의 가곡 공연 중에는 청중들 간에 싸움이 일어나서 소요를 진정시키기 위해 경찰까지 출동하게 되었다.

뛰어난 화가이기도 했던 쇤베르크는 13이라는 숫자를 두려워하는 미신에 사로잡혀 있었다. 심지어 그의 오페라 「모세와 아론(Moses and Aron)」은 원래 'Aaron'이던 것을 'Aron'으로 a를 하나 빼서 고쳤는데, 그 이유는 원래 표기로 하면 철자가 13개가 되기 때문이었다.

러시아계 미국인 작곡가이자 언어학자인 니콜라스 슬로님스키(Nicolas Slonimsky)는 뫼비우스의 띠에서 직접적인 영감을 얻었다. 그가 작곡한 「뫼비우스 스트립 쇼(Möbius Strip Show)」를 2명의 가수와 1명의 피아니스트가 1965년에 로스앤젤레스에서 공연했다.(strip이란 단어에는 '띠' 이외에도 '(옷을) 벗기다, 벗다'라는 뜻이 있다. ─옮긴이) 다음은 그 노래 가사의 일부이다.

아! 뫼비우스 교수여, 위대한 뫼비우스여
아, 우리는 사랑한다네, 당신의 기하학적인
게다가 아, 실로 논리적이기도 한 그 띠를!
내부는 한쪽 곡면 외부는 두 쪽 곡면!
아! 마냥 즐겁고, 영광스러운 뫼비우스 스트립 쇼!

악보에는 다음과 같은 지시 사항이 적혀 있다. "68인치 × 6인치 크기의 110-b 형 카드로 이루어진 띠 위에 각 연주자 별로 음악을 복사해서 반 뒤틀림을 가해 뫼비우스의 띠를 만들어라." 뫼비우스의 띠 위에 작곡된지라 필연적으로 영원히 반복될 수밖에 없는 그 노래의 악보는 실제 공연 시에는 가수의 머리에 씌워 뱅글뱅글 돌린다고 한다.

니콜라스 슬로님스키는 아버지 어머니 모두 유태계인 전통 있는 가계에서 태어났다. 친척이나 선조 중에는 소설가, 시인, 문학 평론가, 대학교 교수, 번역가, 체스의 달인, 경제학자, 수학자, 인공 언어 개발자, 히브리 어 학자, 철학자 등이 있었다. 슬로님스키는 언제나 야망이 컸는데, 십대에 벌써 미래의 자서전을 쓰기도 했다. 1967년에 자신이 죽는다고 가정하고 쓴 자서전이었다고 한다.(가정은 빗나갔다.)

1945년에 슬로님스키는 하버드 대학교에서 슬라브 언어 및 문학을 가르치는 강사가 되었다. 그가 작곡한 음악은 특이한 구조에 초점을 맞추고 있으며, 몇몇 노래는 고분의 비문에서 그 내용을 따왔다. 그가 작곡한 관현악 작품인 「나의 장난감 풍선(My Toy Balloon)」은 브라질 노래를 변형한 것인데, 이 곡의 악보에는 클라이맥스에 이르렀을 때 여러 가지 색깔의 풍선 100개를 터뜨리라는 지시가 담겨 있었다. 그는 또한 12가지 성조와 12가지 쉼표를 담고 있는 「할머니 합창(Grandmother Chord)」으로 유명한 작곡가이기도 하다.

요즘 음악 밴드 중에도 몇몇은 이름에 '뫼비우스'가 들어 있다. 매사추세츠 출신의 '뫼비우스 밴드'는 기존의 악기(기타, 베이스, 드럼, 보컬)를 사용하는 3인조 신세대 밴드이다. 뫼비우스 밴드를 캘리포니아 주 오클랜드 출신의 뫼비우스 도넛(Möbius Donut)과 혼동해서는 곤란하다.

이들의 음악은 멜로디가 무겁고 우중충하다. 한국의 제주도 출신인 음악가 조윤은 여러 개의 신시사이저와 어쿠스틱 기타를 사용해「뫼비우스의 띠」라는 CD를 제작했다.(1996년 시완레코드에서 출시되었다. ― 옮긴이) 이 앨범을 틀면 교회 종소리로 시작해 드럼으로 연주되는 독특한 리듬이 뒤따른다. 이 앨범 뒷면에는 4개의 표지가 서로 분리되어 있는데, 그 각각은 공작의 깃털 사진을 담고 있다.

음악가 피터 해밀(Peter Hammill)의 노래「뫼비우스 고리(The Möbius Loop)」에는 다음과 같은 가사가 나온다. "망설임과 불확실성이 그대를 사로잡고 있네. 뫼비우스 고리 위에서 어느 쪽을 택해야 하는가?" 보스턴 출신의 하드락 메탈 밴드인 '인피니티 마이너스 원(Infinity Minus One)'은 2002년에「뫼비우스의 띠에서 나온 이야기들(Tales from Möbius Strip)」이라는 1집 CD를 내놓았다. 그들의 음악은 록, 메탈, 영화 음악, 비디오 게임 등 다방면에 영향을 미쳤다.

그림 7.43에 뒤틀린 '팔'과 구멍이 나 있는 만두 찜통 모양의 종이 띠 3개가 있다. 이 띠 3개를 각각 점선을 따라 자르면 어떤 모양이 될까? 첫 번째 띠에는 뒤틀림이 1번 있고, 두 번째 띠에는 방향이 같은 뒤틀림이 2번 있고, 세 번째 띠에는 서로 반대 방향의 뒤틀림이 2번 있다. 이 모양을 시각적으로 파악하려면 직접 종이로 이런 모양을 만들어서 시험해 보아도 좋다. 이 모형을 만드는 제일 좋은 방법은 **그림 7.44**에 나와 있는 두 타원형 부분을 점선을 따라 자르면 된다. 연결된 띠 형태로 만들려면 적당한 횟수의 뒤틀림을 가한 뒤 양 끝을 붙이기만 하면 된다.

그림 7.45에 나오는 2가지 모양을 점선 따라 자르면 어떤 모습이 될지 짐작해 볼 수 있는가? 여기 폭과 길이가 서로 같은 2개의 띠가 있다. 한쪽 모양의 팔에는 뒤틀림이 가해져 있다. 종이 한 장을 엑스(X) 모양으로 자른 다음 양 팔을 붙이면 이 모양들을 만들 수 있다.

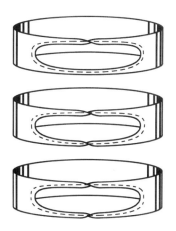

그림 7.43 가운데 있는 구멍을 점선을 따라 자르면 어떻게 될까?

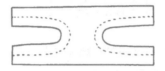

그림 7.44 만두 찜통 모양의 띠 만드는 법.

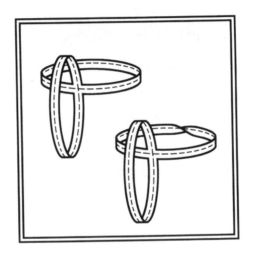

그림 7.45 점선을 따라 자르면 어떻게 될까?

🗨 심리학과 뫼비우스의 띠

생존자의 기억은 뫼비우스의 띠와 같다고 그는 말했다. 과거, 현재, 미래가 서로 연결되어 있고 그 고리상의 어느 곳에서 겪었던 경험들도 접속 가능하다. 자신을 치료하기 위해 그 고리를 두루 돌아다니다 보면, 과거의 경험을 찾아보고 그것을 현재와 연관시킬 수 있을 때가 있다. 즉 우리 스스로가 자기 삶의 발견자라는 뜻이다.

— 머조리 리벤슨(Morjorie Levenson),
『뫼비우스의 띠(The Möbius Strip)』

랭던은 살며시 미소를 지으며 "당신은 교사인가 봐요."라고 말했다.
"아닙니다. 단지 대가에게서 배웠을 뿐입니다. 제 아버지는 뫼비우스의 띠의 양쪽 곡면성에 대해 정통한 분입니다."
랭던은 크게 웃으며, 오직 한쪽 곡면만 있는 뒤틀린 뫼비우스의 띠의 예술적인 모양을 그려 보여 주었다.

— 댄 브라운(Dan Brown),
『천사와 악마(Angels and Demons)』

릴케는 완전성을 담고 있는 불가사의한 지도를 건네주었는데 가히 충격적이었다. 그 지도에서는 마치 뫼비우스의 띠에서 안과 밖이 영원히 서로 만나듯이, 실제의 안과 바깥이 서로 매끄럽게 연결되며 우리와 우리가 사는 외부 환경을 동시에 창조했다.

— 파커 팔머(Parker J. Palmer),
『가르침을 위한 용기: 교사 생활의 내면 풍경 탐험
(The Courage to Teach: Exploring the Inner Landscape of a Teacher's Life)』

프로이트의 논리는 진실로 뫼비우스의 띠와 같은 순환 논리였다. 환자에게 어린 시절의 성과 관련된 기억을 떠올려 보라고 해서 그에 따르면 말귀를 잘 알아듣는 환자라고 하는 반면, 따르지 않으면 환자가 진실에 저항하고 또한 진실을 억압한 다고 말했다.

― 토머스 루이스(Thomas Lewis), 파리 아미니(Fari Amini), 리처드 래넌(Richard Lannon),
『사랑에 관한 일반 이론(*A General Theory of Love*)』

돌아가는 상황들 ― 연인들 역시 ― 이 삐걱거리고, 희망이 부서져 슬픔만 남고, 갈망의 울림이 좌절이란 메아리로 되돌아오면, 결혼은 바위 위로 내던져져 다시 산산이 부서진다. 그 결과 결혼반지는 뫼비우스의 띠처럼 뒤틀려 버린다.

― 크리스 페이지(Chris Page),
「감동적인 이야기와는 거리가 먼 교묘한 장치가 '마지막 5년'에 연료를 공급한다.
(Clever Device, Not a Moving Story, Fuels 'The Last Five Years.')」,
《겟 아웃(*Get Out*)》 2005년호

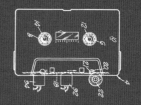

8장 | 예술로 승화된 뫼비우스의 띠

뫼비우스는 심오한 공식을 많이 발표하지는 않았지만, 수학을 효과적으로 연구하고 중요한 내용에 집중하는 건설적인 사고 방식을 지닌 개성 있는 사람이었다. 그것이 바로 뫼비우스가 현대에 남긴 유산이다. 그것만으로도 충분하다.

— 이언 스튜어트,
「뫼비우스가 현대에 남긴 유산」, 『뫼비우스와 그의 띠』

한 남자와 한 여자가 만나 서로 연인이 될 때에는 뫼비우스의 띠처럼 시작도 끝도 없는 영원한 관계 속으로 들어갈 가능성이 있다.

— 캐럴 버지(Carol Berge),
『뫼비우스라 불리는 커플: 11개의 감각적인 단편 소설
(A couple called Möbius: Eleven Sensual Short Stories)』

뫼비우스 스트립 댄서들은 결코 뒷부분을 보여 주지 않는다.

— 인터넷에 떠도는 농담

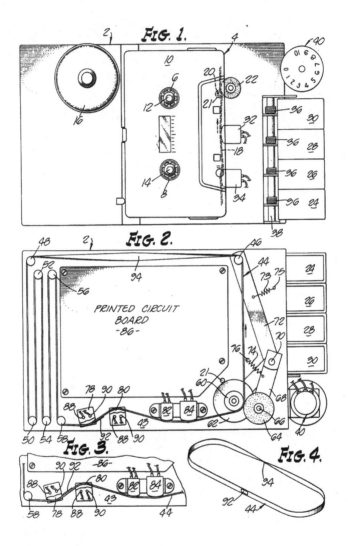

FIG. 1.

FIG. 2.

PRINTED CIRCUIT
BOARD
-86-

FIG. 3.

FIG. 4.

방향성 없는 곡면에 관한 뫼비우스 문학

뫼비우스의 띠가 중요한 역할을 하는 작품이 꽤 많은지라, 다음의 이야기들은 문학과 영화의 뫼비우스 관련 작품 중 극히 일부에 지나지 않는다. 뫼비우스의 띠에 초점을 맞춘 이야기는 1940년대가 전성기였다. 거기서부터 이야기를 시작해 보자.

뫼비우스의 띠에 관한 단편 소설 중 가장 초기의 독창적인 작품 중 하나로는 마틴 가드너의 「제로 곡면의 교수(No-sided professor)」(1946년)가 있는데, 이 작품은 클리프턴 패디먼(Clifton Fadiman)의 『판타지아 매스매티카(Fantasia Mathematica)』란 책에 실려 있다. 이 소설 속에서 뫼비우스 사회 — 위상 기하학을 연구하는 수학자들의 조직 — 의 구성원들이 스타니스와프 슬라펜나르스키 박사를 만나게 된다. 뫼비우스의 띠 모양처럼 생긴 은도금 냅킨 고리와 클라인 병 모양의 커피 잔들로 가득 찬 식탁에 모두 모여 앉았을 때, 슬라펜나르스키 박사는 위상 기하학 분야에서 자신이 발견해 낸 비밀스러운 내용을 설명한다.

슬라펜나르스키 박사는 면이 2개인 정상적인 띠를 면이 1개뿐인 뫼비우스의 띠로 만드는 방법에 관한 아우구스트의 뫼비우스의 논문

가운데 '별로 알려지지 않은' 논문 하나를 자신이 발견했다면서 강의를 시작했다. 이 (신비스러운) 논문에서 뫼비우스는 어떤 곡면이 두 면을 **모두** 잃고 제로 곡면(No-sided)이 되지 말라는 이론적 근거는 없다고 말한다!

어안이 벙벙해져 있는 청중들을 찬찬히 보면서 박사는 제로 곡면이 비록 상상하기는 어렵지만, 그렇다고 해서 실재하지 않거나 실제로 구현하기가 불가능하지는 않다고 주장한다. 고차원 기하학과 같은 많은 수학 개념들도 상상하기는 어렵지만, "그렇다고 해서 수학이나 현대 물리학에서 그 개념들의 유효성과 유용성을 부정할 근거는 어디에도 없다."는 것이다.

게다가 뫼비우스의 띠를 한 번도 보거나 만들어 본 적이 없는 사람에게는 한쪽 곡면조차 상상이 가지 않기는 마찬가지다. 뫼비우스의 띠를 이리저리 살펴본 사람도 가끔은 어째서 그것이 한쪽 곡면인지 헷갈릴 때가 있는 법이라고 박사는 말한다. 이런 점을 고려해 볼 때, 어떤 물체를 상상할 수 없다고 해서 그것이 존재하지 않는다고 말할 수는 없다.

그 교수는 가위, 풀, 폭이 얇은 종이 1장을 이용해 교묘한 방법으로 제로 곡면 '슬라펜나르스키 곡면'을 접기 시작한다. 접는 순서의 마지막 단계에 이르자, 그는 청중을 둘러보며 미소를 짓더니, 튀어나온 종이의 한쪽 끝을 다른 끝에 대고 누른다. 그러자 손 안에 있던 종이의 형체가 통째로 사라져 버린다! 제로 곡면이 되고 말았다! 그 방 안에 있던 수학자들이 순전히 속임수일 뿐이라고 비아냥대자, 슬라펜나르스키는 화가 난 나머지 그 수학자들 중 한 명을 골라 그 사람의 팔과

다리를 이리저리 접어서 우격다짐으로 제로 곡면 인간으로 만들어 버리고 만다. 그 결과 그 수학자는 옷만 덩그러니 남겨 놓고 사라져 버린다. 청중들은 너무 놀라 숨이 막힐 지경이고 한바탕 소동이 그 뒤를 따른다.

아서 클라크(Arthur C. Clarke)의 1946년 단편 소설 「어둠의 벽(The Wall of Darkness)」에서 주인공은 하나의 별과 '트릴론(Trilorne)'이라고 불리는 한 행성만이 존재하는 우주에 살고 있다. 그곳에서는 불가사의한 벽이 트릴론의 전 거주 지역을 감싸고 있다. 그 벽이 하늘 끝까지 뻗어 있는 듯 보이는지라 어느 누구도 그 벽을 뚫고서 바깥 세계를 탐험해 볼 엄두를 내지 못하고 있다. 트릴론의 거주자들은 그 벽의 바깥에 무엇이 있을지 늘 궁금해했다. "저 너머에 있는 세계가 무엇인지는 우리가 죽고 난 다음에야 알게 될 것이다. 그곳은 죽은 자가 가는 곳이 분명하다."라고 트릴론의 어느 철학자는 말했다. 다른 철학자는 "저 벽 뒤에는 우리가 태어나기 이전에 살던 땅이 있다. 전생을 기억할 수 있다면 해답을 찾게 될 텐데."라고 말하기도 한다. 몇몇 현자들은 그 벽이 어떤 위험한 것이 이 세계로 들어오지 못하도록 지어진 보호막이 아닐까 생각하기도 한다.

결국 어느 부유한 사람과 그의 기술자 친구 2명에서 그 벽의 모서리를 따라 거대한 계단을 쌓아 그 벽을 타고 올라가 보기로 결심한다. 그 벽의 반대편에 무엇이 있는지 알아내려는 일념으로 이 일은 열정적으로 추진된다. 이 탐험을 끝내고 보니 그들이 사는 세계는 뫼비우스의 띠 위에 존재하며 벽을 넘어가도 다시 밖에서 안으로 되돌아올 뿐임을 알아차린다.

내가 보기엔 잘 납득이 되지 않기는 하지만, 하여튼 벽의 반대편에 무엇이 있는지를 알아낸 이 발견이 너무나 감당하기 어려웠던지 두 탐험가는 어느 누구도 그 비밀을 알 수 없도록 그 계단을 폭파시켜 버린다. 사실상 그 벽의 목적은 기이한 위상 기하학적 형태의 세계를 거주자들이 알아차리지 못하도록 거주자들을 벽 내부에 가두는 것이라고 볼 수 있다.

거주자들이 벽에 대해 신비감을 느낀 나머지 벽을 넘어 여행하면 거주자들의 방향성이 바뀔 수 있으니 이를 예방하거나, 전쟁을 일으킬 새로운 전투로를 찾지 못하게 한다는 점에서 벽은 유용한 면도 있다. 클라크는 주인공이 왜 거대한 계단을 파괴해 그 세계의 모양을 비밀로 간직하려 했는지는 전혀 드러내지 않는다.

윌리엄 해즐릿 업슨(William Hazlett Upson)의 『A. 보츠와 뫼비우스의 띠(A. Botts and the Möbius Strip)』(1945년)에서는 뫼비우스의 띠가 실제로 오스트레일리아 병사 여러 명의 목숨을 구한다. 이야기는 1945년에 일어난 일이다. 그해에 알렉산더 보츠 소령은 자기에게 비협조적인 딕슨 중위를 따돌릴 방법을 찾고 있었다. 마침내 그는 건물 벽에 나 있는 2개의 구멍 사이로 움직이고 있는 어떤 벨트에 색칠을 하도록 지시해 딕슨을 그 일에 붙들어 맬 결심을 한다. 비밀리에 보츠는 벨트를 풀어 반 뒤틀림을 가한 다음 다시 연결해 뫼비우스의 띠를 만든다. 딕슨은 지시받은 대로 벨트의 안쪽만 칠하지 않고 바깥쪽만 칠하려고 해 보지만, 막상 해 보니 어찌해야 할지를 몰라 일을 제대로 진척시키지 못하고 울화통만 터뜨린다. 이를 틈타 보츠 소령은 뉴기니에 있는 오스트레일리아 병사들의 생존에 절대적으로 필요한 장비였던 트랙터 한

대를 몰고 몰래 도주할 수 있게 된다.

이 소설의 저자가 지은 또 다른 작품 『폴 번연 대 컨베이어 벨트 (*Paul Bunyan Versus Conveyor Belt*)』(1949년)에서는 우라늄 광산의 광부들이 광석 수송을 위해 뫼비우스의 띠처럼 생긴 길이 1.6킬로미터(1마일)가량의 벨트를 이용한다. 이 소설의 주인공은 그 길이를 늘릴 필요가 있어서 벨트를 잘라 보면 어떨까 생각한다. 채굴갱이 더 멀어지자 번연은 그 벨트의 길이를 2배로 늘리기 위해 가운데를 따라 자르기로 작정한다.

"그렇게 되면 벨트가 2개로 늘어난다고." 포드 포드센이 말했다. "벨트를 옆으로 자른 다음 2개를 연결시켜야 해. 마을로 내려가서 붙이는 데 필요한 재료를 사와야 하고."

폴이 외쳤다. "아냐. 이 벨트에는 반 뒤틀림이 가해져 있어. 소위 뫼비우스의 띠라고 하는 기하학 형태란 말이야."

광부들은 그 벨트의 길이를 늘려야 하자 또다시 잘라야 한다는둥 안 된다는둥 갈팡질팡하고, 벨트를 자르면 어떤 결과가 생길지 궁금해한다.

A. J. 도이치(A. J. Deutsch)가 1950년에 「뫼비우스라는 이름의 지하철(A Subway Named Möbius)」을 썼을 때, 그는 하버드 천문학부에 다니고 있었다. 그가 보스턴의 지하철 시스템에 관한 이야기를 쓸 때, 아마도 매일 지하철로 통근하기가 무척 지겨웠나 보다. 보스턴 지하철은 아주 노선이 복잡하고 꾸불꾸불하기로 유명하니 어쩌면 차원을 이탈

해 뫼비우스의 띠가 되어 버릴 수도 있는 일! 그 지하철의 일부는 우리 세계에 남아 있고, 한 고리만 고차원 세계 속으로 빨려 들어간다. 철컥 철컥 지나가는 기차 소리를 들어 보면, 바로 곁을 스치고 가는 듯한데 기차는 좀처럼 보이지가 않는다. 도무지 이해가 안 되는 이 상황에서 소설 속의 한 인물은 다음과 같이 말한다. "새로 추가된 선로 구간으로 인해 전 지하철 시스템의 연결망이 너무나 복잡해져서 그 복잡함은 계산이 불가능할 지경이다. 아마도 무한대가 아닐까 추정된다."

구스타보 모스케라 감독의 1996년 영화 「뫼비우스」에는 부에노스 아이레스 지하철에서 갑작스럽게 사라져 버리는 기차 한 대가 등장한다. 이 이야기 구성은 「뫼비우스라는 이름의 지하철」과 흡사한 점이 많다. 그 지하철 시스템은 여기저기 갖다 붙인 시설들이 너무 많고 너무나 거대해져서 어느 누구도 심지어 열차 기술자들도 그 지하철의 전체 윤곽을 파악할 수가 없을 정도이다. 어느 날 기차 한 대가 사라져 버렸다. 선로를 따라 휙휙 달리는 소리만 들릴 뿐이었다.

지하철 책임자는 이 현상을 설명해 내려고 애를 쓰는 중에 지하철이 복잡하게 커지는 데 책임이 있는 기술자 한 명을 부른다. 그 기술자는 짐짓 발을 빼면서, 자신의 친구인 수학자 대니얼을 보내 책임자를 도와주라고 한다.

대니얼은 불가사의한 인물인 미슈타인 박사를 찾아 지하철 설계도를 얻으려 하지만, 아뿔사! 그 박사는 집을 비우고 어딘가로 잠적해 버리고 말았다. 대니얼은 그 문제를 곰곰이 생각해 보다가 다음과 같은 믿음에 도달한다. 그 지하철은 해마다 끊임없이 시설을 추가시킨 까닭에 너무나 복잡해져 버려서 저절로 뫼비우스의 띠가 생겼으며, 사라진 기차는 그 뫼비우스의 띠 속에 갇혀 버렸다. 지하철 책임자는 뫼비우스의 띠라는 발상에 코웃음을 치기는 하지만, 더 이상 기차가 사라지는 일을 막기 위해 지하철을 일단 폐쇄한다.

자기가 내놓은 이론이 진지하게 받아들여지진 않았지만, 대니얼은 개의치 않고 지하철 내부 탐사를 계속한다. 이 영화의 대부분은 대니얼이 지하철 전체 윤곽을 파악하기 위해 돌아다닌 지하철 터널에서 일어난 이야기다. 어느 날 집에 돌아가려고 지하철에 탑승하고 보니, 실종된 그 기차에 자신이 타고 있지 않는가! 그 기차의 제일 앞 차량에 가보니 실종된 미슈타인 박사가 기차를 운전하고 있었다.

'사라지는 지하철 기차'라는 아이디어는 「뫼비우스라는 이름의 지하철」에서 처음 나오기는 하지만, 모스케라 감독은 '실종되는 기차'라는 아이디어를 아르헨티나 독재 정치 시기에 사라진 사람들에 대한 은유로 이용했다. 대학교에서 공학을 전공할 때 수학 및 추상적인 아이디어를 이해하고 에스허르와 같은 화가의 예술 작품들을 감상할 기회가 있었기에 그러한 개념들이 하나로 뭉쳐지기 시작했다고 그 감독은 영화 속에서 이야기한다. 정말로 그 영화는 수학 영웅 — 요즘의 영화에는 좀처럼 보기 드문 — 을 등장시켰으며 고급 기하학에 관련된 여러 가지 개념들을 선보였다. 모스케라는 학생 45명을 고용해 적당한 촬영 장소를 물색하게 했는데, 그 장소 중 하나가 바로 버려진 부에노스 아이레스 지하철이었다.

뫼비우스의 띠는 「스타트렉: 더 넥스트 제너레이션(Episode of Startrack: The Next Generation)」에 나오는 '타임 스퀘어드(Time Squared)'에서도 언급된다. 우주 전함 엔터프라이즈 호가 어떤 돌연변이를 만나게 되자

6시간 이후의 미래에서 온 피카드 선장이 동요하기 시작한다. 현재의 피카드 선장은 미래의 자신이 무슨 결정을 내리든지 간에 그 결정 때문에 그와 전 승무원들도 동일한 시간대를 영원히 반복하게 되고 또한 과거의 엔터프라이즈 호가 미래의 피카드 선장을 계속 반복적으로 만나는 그런 상황이 생기지 않을까 염려하고 있다. 에피소드에서 워프 중위는 "시간이 고리 속을 돌고 돌아 탈출구가 없게 되는 우주 공간의 뒤틀림 현상, 즉 뫼비우스 이론이 존재합니다."라고 말한다. "그렇다면 우리가 그러한 순간을 만나면, 어떤 일이 생기든 그 일이 계속 반복된다. 엔터프라이즈 호는 파괴되고, 우리를 만나기 위해 보내진 '또 다른 피카드 선장'은 영원히 계속해서 우리를 만나러 온다. 그것은 어떤 사람이 내린 '지옥의 정의'와 비슷한데."라고 조르디는 반문한다.

어린이 또는 청소년을 위한 몇몇 소설도 뫼비우스의 띠를 플롯으로 삼고 있다. 앤 캐머런(Ann Cameron)의 『아만다 우즈의 비밀 생활(*The secret life of Amanda K. Woods*)』(1998년)에는 표지에 뫼비우스의 띠가 그려져 있다. 주인공인 아만다는 열한 살이며 위스콘신 출신으로서 수학에는 도사다. 아만다에겐 부모님의 직업이 수학자인 친구가 한 명 있다. 어느 날 그 수학자인 부모님이 찾아와서는 아만다에게 뫼비우스의 띠를 살펴보라면서 건넨다. 아만다는 그것이 한쪽 곡면임을 단박에 알아챘다. "이것은 뫼비우스의 띠란다. 기하학에서 아주 중요한 것이지. 그리고 인생살이에서도 마찬가지로 중요한 거고. 살다 보면 바깥쪽이 안쪽으로 바뀌고 안쪽이 바깥쪽으로 바뀌지. 인생이란 그런 거야."라고 수학자는 아만다에게 말해 준다. 아만다에게는 뫼비우스의 띠가 지혜, 성숙, 상충되는 욕구들을 조절하는 자제력 등을 뜻하는 상징물이다.

마크 카시노(Mark Kashino)의 『뫼비우스와 시드의 여행(*The journey of Möbius and Sidh*)』(2002년) 속에는 그 이야기의 줄거리가 적힌 약 1미터 길이의 실제 뫼비우스의 띠가 들어 있다. 그 띠는 여러 번 반복해서 사용이 가능하도록 얇은 막으로 되어 있으며, 썼다 지웠다 할 수 있는 펜이랑 세트이다. 출판사에서는 이렇게 말한다. "뫼비우스의 띠의 특징은 그것이 우리의 긴 인생살이를 잘 드러내 주는 비유라는 점입니다. 등장인물들은 특정 인종에 속하지 않는 여러 가지 피부색을 가진 인물이기도 합니다."

내가 쓴 과학 소설 『로보토미 클럽』(2002년)도 뫼비우스의 띠를 생물학과 관련해서 독창적으로 이용하고 있다. 이 책에서 뇌 전문 외과 의사인 아담은 뇌 속에 있는 뉴런의 어떤 뫼비우스 형태의 기하학적 구조가 새로운 세계로 들어가게 해 주는 비밀스러운 입구임을 발견한다. 아래에 애덤과 사요리라는 어느 미녀 사이에 오고간 대화 한 토막을 소개한다.

애덤은 눈을 감은 채, "내가 왜 여기 있죠?"라고 물었다.

사요리는 고양이를 어루만지고 있었다. 그 고양이는 그녀 곁에 몸을 쭉 뻗고 누워 마냥 즐겁다는 듯 야옹야옹 소리를 냈다. "CMS(Cerebral Möbius Strip, 대뇌 뫼비우스의 띠)에 대한 애덤 씨의 연구는 이미 알고 있어요." 고양이가 눈을 깜빡일 때마다 그녀도 따라 깜빡였다.

키에르케가드는 먹고 버린 중국 음식 용기에서 무언가를 뒤지고 있다가 쓰레기통에 용기를 던져 버렸다. 그러고는 해조류 색깔을 띤 육각형 알

약을 마지못해 입에 털어 넣었다.

와사비는 궁금한 듯이 아담에게서 사요리 쪽으로 눈길을 돌리며, "CMS?"라고 물었다.

사요리는 고개를 끄덕였다. "CMS는 뉴런 네트워크의 특별한 기하학적 구조인데, 환영을 본 뒤 경련을 일으키고는 하루 만에 숨진 성직자들의 뇌를 울프 박사가 연구하다가 발견했어요. 두 명의 티베트 승려도 똑같은 환영을 본 뒤 사망한 것으로 보고되었고요."

이쿠라는 껌을 씹다가 멈추었다. "왜 CMS가 그 사람들에게서 발생했나요?"

사요리는 베개처럼 볼록한 고양이의 배를 계속 쓰다듬으면서 "글쎄요."라고 대답했다. "우리가 아는 사실은 CMS로 인해 초월적인 느낌을 경험했고 고차원적인 방법으로 깨달음을 얻었다는 점뿐이에요. 아담 씨가 그 신경 배열을 보고 "대뇌 뫼비우스의 띠"라고 별명을 붙였는데, 그 까닭은 그 신경들이 8자 모양을 이루며 자신과 겹쳐지거든요."

이 책 속의 인물들은 우리가 당연하다고 여기는 실제가 사실은 하나의 환영일 뿐이고, CMS를 이용하면 참된 실제를 경험할 수 있다는 사실을 알게 된다. 애덤은 로보토미 클럽에 속한 회원들의 뇌 속에 CMS를 인위적으로 발생시켜 회원들이 안전하게 새로운 세계 속을 들여다보도록 돕겠다고 한다.

문학 작품에 등장하는 내가 가장 좋아하는 뫼비우스 동물은 이언 스튜어트의 『플래터랜드(*Flatterland*)』(2001년)에 나오는 소 '무비우스' (Moobius, 서양에서는 소 울음을 moo라고 하기에, 뫼비우스의 mö를 moo로 바꾸어 지은 이름. — 옮긴이)이다. 똑똑한 무비우스는 엄청나게 꼬리가 길어서 온몸을 휘돌아 자신의 얼굴에 닿을 수 있을 정도이다. 그 꼬리는 코에 붙어 있다. **부분적으로는** 2개의 면이 있지만 전체적으로 보면 꼬리에 있는 뒤틀림 때문에 결국은 1개의 면만 있는 셈이라고 한다.

아마도 뫼비우스와 관련한 책 제목 중 가장 섹시한 것은 바나 위트의 『뫼비우스 스트리퍼(*Möbius Stripper*)』(1992년)를 들 수 있겠는데, 이 소설은 1970년대 샌프란시스코의 뒷골목에서 섹스와 마약에 탐닉하는 한 여자를 그리고 있다. 그 책은 포르노 영화에 출연할 수 있는 방법을 진지하게 찾고 있는 19세 성우의 이야기로 시작된다. 그 이야기는 저자의 삶에서 직접 겪은 아주 멋진 단편적인 체험들을 모아서 엮었는데, 섹스와 마약에 관한 이야기들도 나온다. 이 책은 아주 화끈한 이야기로서 내숭 떠는 이야기와는 거리가 멀다.

뫼비우스 구조로 된 문학 작품

뫼비우스의 띠는 영화와 문학 작품 속에서 등장할 뿐만 아니라 기이하게도 시작점으로 되돌아오는 줄거리 일반에도 사용된다. 뫼비우스 구조의 문학 작품에서 줄거리는 때때로 재귀적, 즉 메아리처럼 원래 자리로 되돌아오는데, 첫 시작 때의 모습에 비해선 등장인물들이 약간 변형된 형태이다. 그러한 예로서 프랭크 카프라(Frank Capra)의 『멋진 인생(*It's a Wonderful Life*)』(1946년)이 있는데, 이 작품에서 조지 베일리는 새롭게 얻은 지혜를 그대로 지닌 채 자기 삶의 어린 시절로 되돌아갈까 말까 하는 선택의 기로에 선다.

물론 수학적인 관점에서 보자면 뫼비우스의 띠와 실제 관련이 없지만, 많은 이들이 뫼비우스의 띠에 담긴 함축성을 이처럼 기이한 순환형 줄거리에 이용하는데, 이것은 종종 이야기를 신비스럽고 감동적으로 만드는 데 기여한다. 예를 들면 과학 소설 작가 새뮤얼 들레니(Samuel R. Delany)의 800쪽에 달하는 방대한 소설 『달그렌(Dhalgren)』은 뫼비우스 형태의 암시로 가득 차 있다. 주인공 중 한 명인 키드는 달그렌의 실제 모습을 그려 낼 책을 한 권 집필중이다. 가끔씩 시간의 흐름이 멈추는 듯한 느낌이 든다. 키드가 한쪽 방향으로 쭉 걷다 보면 끝에 가서는 다른 방향에 서 있다. 건물들의 위치가 어떨 땐 바뀌어 있다. 눈 한 번 깜빡하니까 하루가 그냥 지나가기도 한다. 아니면 어떤 위치에서는 몇 시간 정도 걸리던 시간이 단 몇 초 만에 지나가기도 한다. 마지막 장은 키드가 발견한 어떤 공책을 중심으로 이야기가 진행된다. 그 공책의 여백에 글을 쓰는데, 어째 공책을 발견하기도 전에 이미 그 여백에 뭔가를 적어 놓은 흔적이 있다. 결국 그 공책이 공책 자체를 삼켜 버리고 나자 세상은 모조리 파괴된다. 그 책의 끝에 나오는 몇 구절들은 책의 시작 부분과 아주 비슷한 줄거리로 다시 진행된다. 줄거리가 마치 뫼비우스의 띠처럼 진행되는 소설이기에, 끝부분에 이르자 인물들의 역할만 이전과 반대로인 채 첫 부분이 다시 시작되었다.

마르셀 프루스트(Marcel Proust, 1871~1922년)의 『잃어버린 시간을 찾아서(In Search of Lost Time)』(1913년)에도 주인공 마르셀이 지난 삶을 되돌아보기 위해 과거로 되돌아오는 과정에서 뫼비우스적인 구성이 직간접적으로 나타난다. 프루스트의 작품에서는 때때로 시간이 송두리째 사라진 듯이 보일 때도 있다. 인물이나 상황에 나타난 성격이나 개념을 알아내려면 수백 쪽이나 읽어 봐야 될 때도 있는데, 이때도 시간이 아주 느릿느릿 흐르는 듯하다. 조너선 월리스(Jonathan Wallace)는 「프루스트의 부서진 거울(Proust's Ruined Mirror)」이란 글에서 "프루스트의 소설에서 시간은 등장인물들이 헤엄치는 강이라 할 수 있다. 그 강이 등장인물들을 아래로 **쓸어내리지만** 어떤 물고기들처럼 때로는 강을 거슬러 올라가려고 시도하는 인물들도 있다." 프루스트의 간절한 바람은 시간을 거꾸로 타고 올라가 잃어버린 기억과 사람들을 되찾게끔 과거를 되살리는 일이다. 어떻게 보면 『잃어버린 시간을 찾아서』는 과거, 현재, 미래가 뒤섞인 시공간 덩어리다. 이 덩어리에서 독자와 프루스트는 서로 다른 시간대의 여러 항구에 닻을 내려가며 시공을 이리저리 흘러 다닌다. 마치 미지의 시공간 바다를 항해하는 원정 함대처럼.

프루스트의 작품은 마을을 통과하는 여러 갈래의 길들도 예사로 여기지 않는데, 이 길들은 뫼비우스의 띠를 은연중에 암시한다. 특별히 주인공 마르셀은 콩브레라는 마을에서 친척들과 보낸 유년 시절을 회상한다. 숙모님이 사는 집의 한쪽 끝에는 '메제글리제 길' 또는 '스완 길'이라고 불렸던 길로 향하는 문이 하나 있었다. 다른 쪽 끝에 있는 문은 '게르망트 길'로 통했다. 일단 그 길들은 마르셀 가족들이 매일 걷는 여러 길 중 하나일 뿐이다. 길 하나는 부유한 게르망트 가족이 있는 곳으로 통하고, 다른 길은 중산층인 스완 씨가 사는 곳으로 통한다. 하지만 프루스트에게는 그 이상의 의미, 즉 인생에서 서로 다른 방향 내지는 선택을 의미한다. 이 걸작의 마지막 부분에 이르면, 이미 늙어 버린 화자는 콩브레 마을을 다시 찾아오는 도중에 두 길을 하나로 이어 주는 지름길을 발견한다. 그제야 두 '길'이 결국에는 서로 연결되어 있음을 깨닫게 된다.

나는 그제서야 평행선을 걸어 온 여러 부류의 삶들 중 어느 한 삶에서 일
어난 수많은 자잘한 일상사들과 메제글리즈 길과 게르망트 길이 서로 사
슬처럼 연결되어 있음을 알았다. 그 삶은 여러 일상사들로 가득 차 있었고,
가장 풍성한 이야깃거리였으며, 정신의 삶 그 자체였다.

비록 게르망트 길이 귀족적인 게르망트 가의 우아한 대저택에 이르
는 길이기는 하지만, 그 길이 너무나도 긴 까닭에 마르셀이 실제로 그
대저택에 이르기는 어려웠으리라. 그렇게 보면, 한 길은 정상적인 곳으
로 이르는 통로를 의미하고, 다른 한 길은 시간, 공간, 정신이라는 더
먼 곳에 이르는 통로를 의미한다고 볼 수 있다. 나의 책『섹스, 마약, 아
인슈타인, 꼬마 요정(Sex, Drugs, Einstein, and Elves)』에 프루스트의 작
품에 대한 더욱 심도 있는 분석이 실려 있다.

이탈리아의 시실리아 출생의 작가 루이기 피란델로(Luigi Piriandello,
1867~1936년)가 쓴 희극『어느 작가를 찾아 나선 여섯 명(Six Characters
in Search of Author)』(1921년)에는 훌륭한 뫼비우스 플롯이 나온다. 이 희
극의 여섯 주인공들은 작가가 직접 창조하긴 했지만 미완성의 극중 인
물이다. 그들은 피란델로의 연극 리허설을 하는 곳으로 찾아와서는
감독에게 자신들의 공연 기회를 달라고 요청한다. 그래야만 온전한 등
장인물이 될 수 있다면서 말이다. 감독은 결국 그들에게 재생의 기회
를 줄 작가를 자청한다. 이 여섯 명의 등장인물들과 함께 연극을 하는
동안에 몇 명은 죽게 되는데, 감독은 연기를 하는지 정말로 죽는지 분

간하지를 못한다. 마지막에 가서는 감독도 배우들도 무엇이 실제인지 혼란스럽기만 하다.

영국 작가 존 보인턴 프리슬리(John Boynton Priestley, 1894~1984년)는 1937년에 『시간과 콘웨이스(Time and the Conways)』라는 희곡을 발표 했는데, 이 연극에서는 2막의 끝부분이 1막보다 30년 뒤의 사건이고, 그다음에 3막이 나오고는 다시 1막의 끝부분으로 되돌아간다. 그러 다 보니 3막은 중간 부분에 잘못 놓여 있는 것만 같다. 그 연극은 1919 년을 시대 배경으로 시작하는데, 시작 장면에서 부유한 콘웨이스 는 캐이의 21번째 생일을 즐거운 마음으로 축하해 주고 있다. 장면이 1938년으로 건너 뛰어, 전쟁이 막 발발하기 직전의 유럽 상황하에서 가족이 다시 둘러 앉아 있다. 마지막으로 1919년으로 다시 되돌아가 기 때문에, 아직 이야기가 진행되기도 전에 미래의 일을 이미 알고 있 는 상황이 되어 관객에게 묘한 느낌을 불러일으킨다. 조금 더 깊이 들 여다보면, 이 연극은 관객들로 하여금 진정한 행복이 무엇인지, 우리 의 운명을 바꿀 수 있는지 없는지 궁금하게 여기게 만들며, 또한 시간 은 직선적이지 않을 뿐더러 과거와 미래가 언제나 현재와 함께 우리 곁 에 있다는 생각을 불러일으키게 만든다.

리처드 켈리(Richard Kelly) 감독의 영화 「도니 다코(Donnie Darko)」 (2001년)는 초자연적인 스릴러와 시간 여행 역설이 뒤섞인 작품으로서 버지니아 주 미들섹스 교외에 사는 16세 소년 도니가 주인공으로 나 온다. 한 악마가 나타나서는 온 세상이 28일 16시간 42분 12초 후에 멸망한다고 도니에게 일러 준다. 영화 내내 도니에게는 사람들의 배에 서 액체처럼 보이는 어떤 것이 튀어나와서 그 사람이 조금 후에 움직일 방향을 가리키는 모습이 보인다. 자신의 배에서도 그런 현상이 일어난다. 마치 자신의 행동이 미리 다 예정되어 있다는 듯이 말이다. 결국 시간의 함정에 사로잡힌 볼모 신세가 되고 만다.

이 영화의 줄거리는 너무나 이상하게 꼬여 있어서 대부분의 관객들은 두고두고 이상한 영화라면서 아리송해했다. 마지막 장면에서 그 영화는 첫 시작 장면으로 되돌아가지만, 이때 도니는 이미 미래의 일을 알고 있기에 자신을 희생시켜서 사랑하는 사람들을 구할 수도 있었을 지도 모른다. RogerEbert.com(저명한 영화 평론가 로저 에버트의 홈페이지 — 옮긴이) 편집자이기도 한 영화 평론가 짐 에머슨(Jim Emerson)에 따르면, "도니가 새벽에 언덕 위의 도로에서 깨어나는 시작 장면은 끊임없이 반복 순환 형태(즉 뫼비우스의 띠 형태)를 표현하기 위해서는 필수적인 부분이고, 관객을 첫 시작점으로 되돌아오게 해 주는 부분이다. 제일 마지막에 본 장면이 첫 시작 장면 속에 들어 있으니 꿈속에 들어 있는 꿈, 그 꿈속에 들어 있는 또 다른 꿈처럼 말이다. 그런 식으로 생각한다면, 도니의 양쪽 귀 사이에서 발생한 시공간의 뒤틀림을 통해서 그 영화 전체의 의미를 찾을 수도 있다." 나는 그 영화를 재밌게 보았다. 그 영화를 보고 뫼비우스의 띠 형태의 영화에 빠져들기를 바란다.

다른 많은 소설과 영화에도 시간 반복 구조가 나타나는데, 이 구조 속에서는 등장인물들이 머리가 더 똑똑해진 채로 이전의 삶을 다시 살거나 그들의 삶을 새롭게 만들 수 있는 능력을 지닌 채 영화의 시작 부분으로 되돌아간다. 브라이언 드 팔마(Brian De Palma) 감독의 영화 「팜므 파탈(Femme Fatale)」(2003년)에서 로어 애시는 도둑으로 나오는데, 인생을 다시 시작해서 더 현명한 인생길을 선택할 수 있는 불가사의한 기회를 얻는다. 나의 책 『액체 지구(*Liquid Earth*)』에서 맥스라는 등장인물은 자신의 삶 전부를 다시 처음부터 시작할 기회를 얻자, 새로 얻은 지식을 활용해 뒤틀리고 왜곡된 이 세상을 구하려고 나선다.

「첫 키스만 50번째(50 First Dates)」라는 영화에서 루시 피트모어에게는 뫼비우스의 띠처럼 돌고 도는 삶이 끊임없이 계속된다. 그 전날 헨리 로스를 만난 기억을 잃은 채 매일 똑같은 아침에 깨어난다. 루시는 자동차 사고 후 단기 기억 상실증에 걸려 영원한 반복의 고리 속에 갇혀 버린다. 이 아가씨에게는 언제나 똑같은 10월의 어느 일요일만 계속되기 때문에, 새로운 인간관계를 맺을 수가 없다. 헨리는 사랑의 감정을 느끼게 되자 어떻게 하면 루시의 마음을 얻을 수 있을까 고심한다. 차츰 루시는 자신의 장애에도 불구하고 마음속에 남아 있던 가느다란 한 가닥 희망의 끈을 놓지 않은 덕분에 뫼비우스의 띠를 벗어나 그다음 날을 찾고자 애쓴다. 다음 날이 되면 누군지 기억하지도 못할 연인의 초상화를 매일 그리면서 말이다.

나의 책 『시간여행 가이드(*Time: A Traveler's Guide*)』에는 시간 여행 역설과 인간관계의 고리를 소재로 한 놀라운 뫼비우스 시나리오가 나온다. 이 시나리오는 내가 가장 좋아하는 플롯이기도 한데, 이 어리둥절한 이야기 속으로 들어가 보자. **그림 8.1**에는 등장인물들이 시공간을 따라 이동하는 경로가 개략적으로 그려져 있다.(등장인물들이 타임머신을 갖고 있다고 가정한다.) 이 그림에서 가운데 있는 ♟는 나를 나타내고, 내가 사랑하는 여인인 모니카는 ♟로 나타냈다. 1로 표시된 시공간에서 우리가 처음 만났다고 하자. 조금 지나서 2로 표시된 지점에서 결혼해 모니카 주니어라는 딸을 낳는다. 이 아기의 인생 경로는 점선으로 표시된다. 불행하게도 모니카 주니어는 태어나자마자 괴한에게 납치되어 우리 부부는 그 아기를 영영 볼 수 없게 된다. 이 아기가 자라서 스무 살이 되었을 때(3으로 표시) 아가씨가 된 모니카 주니어는 시간을 거꾸로 올라가서 자신이 어디에서 왔는지 파헤쳐 보기로 결심한다. 태어난 시점으로 시간 여행을 해 아기로 되돌아간 뒤 또다시 20년간 자라서 평범한 아가씨가 되어 있다. 결국 이 아가씨와 나는 1 지점에서 만난다! 우리는 사랑에 빠지고 결혼하게 되고 이후에는 알다시피, 앞서 일어났던 일이 반복된다. 그녀는 내가 1 지점에서 이전에 만났던 바로 그 여자다. 한편 4로 표시된 지점에서 '원래'의 모니카와 나는 잃어버린 딸을 찾겠다는 일념으로 시간 여행을 하기로 결심한다. 시간을 거슬러 올라가 5 지점에서 남자 아기를 한 명 낳게 되는데, 이 아이가 커

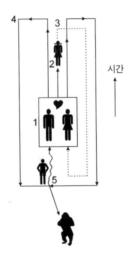

시간

그림 8.1 만약 시간 여행이 가능하다면, 세상은 폐곡선 모양일지도 모른다. 나는 모니카를 [1]에서 만나고, 딸 모니카 주니어를 낳는다[2]. 이 아기는 점선을 따라 자라서 [3]이 된다. 그러고는 시간을 거슬러 올라가기로 결심한다. 모니카 주니어는 다시 자라서 [1]에서 나를 만난다! 자세한 내용은 본문에 나와 있다.

서 1 지점에 있는 내가 된다.(그림에서 꼬불꼬불한 선) 그림 제일 밑부분에서는 '원래'의 모니카와 나는 인간이 동굴에 사는 선사 시대로 여행한다. 모니카 자신이 자기의 어머니이자 할머니이고, 나 또한 나 자신이 나의 아버지이자 할아버지가 되는 상황이지 않는가!

그렇다면 누가 모니카의 아빠, 엄마, 할아버지, 할머니, 아들, 딸, 손녀, 손자란 말인가? 모니카와 모니카 주니어는 같은 사람이다. 모니카의 가계도를 더 자세히 그려 보면, 모든 가지들이 고리처럼 안쪽 및 뒤쪽으로 되돌아오는 모습이 보인다. 모니카에서 시작해 다시 모니카에게로 돌아올 수 있다. 이것은 어떤 사람이 시간을 거슬러 올라간 다음 자신의 할머니를 죽여서 과거를 바꾸는 상황과는 조금 다른 모순적인 상황을 나타내는 한 사례이다. **그림 8.1**에 나타나 있는 상황에서는 등장인물들은 과거를 더욱 **풍성하게** 하지 결코 파괴하지는 않는다. 그러므로 그림에 나와 있는 선들은(물리학 용어로는 세계선(world-line)이라고 한다.) **폐곡선** 안에서 움직이며 과거를 바꾸지 않고 오히려 풍성하게 만든다.

『뫼비우스 더 스트리퍼』(1974년) 속에 포함되어 있는 가브리엘 조시포비치(Gabriel Josipovici)의 소설에서도 뫼비우스 구조가 나타난다. 이 작품은 글을 쓰다가 막히게 되는 상황을 두려워하는 어떤 작가에 대한 이야기다. 뫼비우스의 이야기가 각 쪽의 상단에 나오고, 뫼비우스에 관한 화자의 이야기가 각 쪽의 하단에 나온다. 상단 이야기의 끝 부분에서 뫼비우스가 자살을 하게 되니까, 하단 이야기에는 그 쪽이 빈 여백으로 남겨진다. 하단 화자의 이야기가 끝날 때쯤, 작가는 글쓰기 막힘 증세를 극복하고 뫼비우스의 이야기를 상단에 쓰기 시작한다.

비슷한 분위기의 작품으로 블라디미르 나보코프(Vladimir V. Nabokov)가 쓴 『선물(The Gift)』(1937년)이란 작품이 있는데, 표도르라는 이름의 주인공이 여기에 나온다. 표도르는 베를린에 사는 러시아 사람이며, 자신이 쓴 작품을 출간하기 위해 고심하고 있는 작가다. 책의 끝 부분에 가까워지면, 표도르는 자신의 여자 친구인 지니아에게 자신이 어떻게 해서 글쓰기를 시작하게 되었는지, 그리고 지니아를 어떻게 만나게 되었는지에 관한 책을 쓰고 싶다고 말한다. 표도르가 쓰고자 하는 책은 어쩐지 지금 독자들이 읽고 있는 『선물』인 것만 같다! 그렇게 보면 표도르는 소설 속의 등장인물이 아니라 그 소설의 작가인 셈이다.

뫼비우스 문학에서 줄거리는 종종 재귀적이며 자기 자신의 반향이기도 하고, 한 줄거리가 다른 줄거리 속에 포함되기도 한다. '메털렙시스(metalepsis)'라는 용어를 들은 적이 있는데, 이 말은 뫼비우스 구조에 나오는 어떤 시간을 가리키는데, 정확하게 말하면 등장인물이 다층적인 구조로 된 시간과 시간 사이의 경계를 통과하는 것을 말한다. 예를 들면 콜맨 도웰(Coleman Dowell)의 소설 『섬 사람들(Island People)』(1976년)에는 하위 단계가 상위 단계로 바뀌면서 화법이 따라 바뀌게 되어 뫼비우스의 띠가 형성된다. 이 소설에는 도시를 떠나 작은 섬에 사놓은 집에 가서 사는 어느 이름 없는 사람이 등장한다. 그 사람은 섬 토박이들에게 외로운 사람 내지는 이방인으로 여겨진다. 개와 함께 고독한 삶을 살지만, 가끔씩 도시에서 찾아오는 손님이 그나마 위안거리다. 독자들은 이쯤에서 불현듯 무언가를 깨닫는다. 섬에 사는 고독한 사람이 나오는 이 이야기는 그 사람과 똑같은 상황에서 살고 있는 또 다른 이름 없는 사람이 쓴 『기념품(Keepsake)』이라는 소설에 나오는 내용이 아닌가! 비록 더욱 고립된 섬이 나오는 이야기이기는 하지만 말이다. 평론가 크리스토퍼 소렌티노(Christopher Sorrentino)는 『책 문화의 중심(Center of Book Culture)』이란 책을 쓰면서 다음과 같이 해설하고 있다. "이 소설은 겉보기와는 달리 은근히 꼬여 있는 작품이다. 등장인물들이 드러내는 이미지는 소설의 갈라진 틈 사이에서 서로를 되비춰 준다. 이 작품에 나오는 여러 장면들은 다른 많은 장면과 서로 공명하고 있다." 결국 그 사람은 또 다른 자기 자신이라 할 수 있는 여성을 만들어 내는데, 그 여성은 그 사람의 마음이 산만할 때마다 불쑥 나타나서는 그를 따라다닌다.

대니얼 헤이스(Daniel Hayes)의 『눈물나게 슬픈 작품(Tearjerker)』이란 소설의 이반 울머는 자신의 책이 자꾸만 출판사에서 거부당해 낙담이 크기는 하지만, 그래도 출판 사업에 대해 더 열정적으로 배우려고 한다. 이반은 뉴욕 출판계의 권위 있는 편집자 한 명을 납치해서 자기에게 출판 사업이 흘러가는 과정을 설명해 달라고 요구한다. 이반은 실패한 작가가 편집자를 납치하는 내용을 소재로 한 책을 써 오고 있으며, 이 책을 출판하기를 원한다는 사실이 드러난다. 희생자를 납치해서 감금해 두고 있는 동안에, 이반은 프로미스라는 이름의 낯선 여인을 만난다. 이 여인은 이반을 자신이 집필 중인 소설의 등장인물로 이용한다. 그 소설 속에서 이반은 50세의 여인과 불륜 관계에 있다. 프로미스는 자신의 소설을 더욱 사실적으로 그려 내려고 자기 엄마와 이반을 만나게 해 둘 사이의 관계를 연구하고 싶어 한다. 그 와중에 납치된 편집자가 이반의 소설을 비평하기 시작하는데, 이 이반의 소설이 독자들이 읽고 있는 책이다. 《시애틀 타임스(*The Seattle Times*)》는 『눈물나게 슬픈 작품』을 가리켜 "자기 성찰 화법을 구사하는, 약간은 음흉하기까지 한 뫼비우스의 띠"라고 평했다.

외젠 이오네스코의 「대머리 여가수」에는 결론 부분에 뫼비우스적 반전이 깃들어 있다. 이 연극에서 스미스 부부는 마틴 부부를 저녁 식사에 초대한다. 그 연극의 시작 부분은 영국식 풍습이 드러나는 평범한 희극처럼 보인다. 스미스 씨가 팔걸이 의자에 앉아서 슬리퍼를 신는다. 파이프 담배를 피우며 아내와 음식에 관해 이야기를 나누며 방갈로 옆에서 신문을 읽는다.

그러다가 갑자기 자명종이 이상하게 울리자 나누는 대화가 약간 이상해지면서 해괴한 방향으로 이야기가 흘러간다. 정상적이던 대화가 이내 대화의 통일성과 의미성을 상실하더니 등장인물들의 응답이 제멋대로 지껄이는 소리처럼 들린다. 클라이맥스에 이르니 마치 환각제를 먹은 음악가들이 연주하는 불협화음 교향곡을 듣는 기분이다. 등장인물들이 서로 의사 소통을 할 수 없게 되니까 서로 짜증을 내며 싸우게 된다. 내 생각에는 어느 독자도 그 희곡의 마지막 쪽을 읽을 때쯤에는 무슨 소린지 이해를 못하지 싶다. 이 작품의 끝 무렵에 나오는 대화의 한 토막이다.

마틴: 검은 왁스로 안경을 닦지는 않습니다.

스미스의 아내: 아뇨. 돈만 있으면 뭐든 다 살 수 있다고요.

마틴: 정원에서 노래하느니 토끼를 죽이는 편이 낫습니다.

스미스: 코카투스, 코카투스, 코카투스, 코카투스, 코카투스,

코카투스, 코카투스, 코카투스, 코카투스, 코카투스.

스미스의 아내: 그런 카카, 그런 카카, 그런 카카, 그런 카카,

그런 카카, 그런 카카, 그런 카카, 그런 카카, 그런 카카.

결론 부분에는 신비감을 더 깊게 하기 위한 일종의 뫼비우스식 고리가 분명히 드러난다. 등장인물들이 역할을 서로 바꾸어 연극을 처음부터 다시 시작하려 하니 말이다. 그 연극의 마지막 부분의 무대에는 다음과 같은 지시 사항이 걸려 있다. "마틴 부부는 연극 시작 때의 스미스 부부처럼 앉는다. 연극은 마틴 부부가 등장하며 새로 시작하는데, 대사는 첫 장면에서 스미스 부부가 이전에 했던 내용과 같다." 그 연극은 사실 뒤틀린 순환형 주제를 여러 가지로 변화시키면서 공연하기는 하지만, 동일한 대화를 다른 부부들끼리 바꾸어 가면서 진행할 뿐이다. 비평가들이 내놓은 평에 따르면 「대머리 여가수」는 인간의 대화나 기타 인간들끼리의 소통들이 진부하고 쓸데없는 헛소리로 어떻게 바뀌는지 그리고 평범한 영국인이 의사 소통을 하는 능력을 잃을 때 얼마나 큰 언어 소통상의 대혼란이 일어나는지를 잘 보여 준다.

조금 이해하기 쉬운 편이고, 온갖 말도 안 되는 상황들로 가득 찬 작품으로는 덴마크 작가 솔베이지 발레(Solvej Balle)의 『법에 따라(According to the Law)』(1996년)가 있다. 이 책에는 꼬여 있는 기하학적 고리 구조 안에서 4가지의 서로 얽혀 있는 이야기들이 나온다. 이 책은 어느 캐나다 인 생화학자가 등장하면서 시작되는데, 그는 어느 젊은 여성의 뇌를 검사한다. 그녀는 최근에 저체온증으로 사망했으며 자신의 몸을 의학 연구용으로 기증했다. 그다음에 환자가 나오는데, 스위

스의 한 법학도로서 지나가는 사람을 고통에 몸부림치게 만들 수 있는 초능력의 소유자이다. 세 번째 인물은 덴마크 수학자 르네인데, 이 사람은 부피가 0이 될 때까지 자신의 몸을 축소시킬 수 있기를 갈망하는 인물이다. 마지막으로 캐나다 인 조각가인 앨럿은 무생물과 자기를 하나로 융합시키기를 꿈꾼다. 이 여성이 나중에 자살을 감행해서 책의 시작 부분에 연구용으로 조사되고 있는 뇌를 제공하는 여인이 됨으로써 뫼비우스의 띠를 완성한다.

스티븐 킹(Stephen King)의 『다크 타워 6: 수잔나의 노래(Song of Susannah: Dark Tower VI)』에서 킹은 자신을 책 속에 등장시킨다. 소설 속에 나오는 어느 총잡이가 1977년의 마인에 도착해서는 젊은 공포 소설 작가에게 최면을 걸어 어두운 탑 시리즈를 완성해야 한다고 말한다. 온 세상의 운명이 달린 문제라고 덧붙이면서. 킹은 그 소설을 자신의 죽음을 알리는 신문 기사로 끝맺는다.

존 바스(John Barth)의 『도깨비집에서의 실종(Lost in the Funhouse)』의 머리말에는 어떻게 해서 몇 가지 이야기들이 마치 되돌아오는 메아리처럼 시작과 끝이 서로 연결된 구조를 갖게 되었는지, 그리고 비코니안(Viconian, 「참고 문헌」의 8장 부분에 저자가 직접 이에 대해 설명한다. — 옮긴이)식의 영원한 반복의 대명사가 된 제임스 조이스(James Joyce)의 『피네건의 경야(Finnegan's Wake)』와 같은 단순 순환 구조가 아니라, 뫼비우스의 띠처럼 뒤틀림이 있는 순환 구조 형식을 취해서 무엇을 표현하고자 했는지에 대한 설명이 나와 있다. 아무튼 일독을 권하는 책이다.

『도깨비집에서의 실종』에 나오는 바스의 첫 이야기는 「틀-이야기」란 제목의 글인데, 실제로 뫼비우스의 띠이다. 왜냐하면 이 이야기는 단 한 장짜리 소설로서 **"한때 그곳에"**라는 문장이 한쪽 면에 적혀 있고, **"이야기가 시작되었다"**라는 문장이 반대편에 적혀 있으면서, 두 면을 붙여서 뫼비우스의 띠를 만들라는 지침이 있으니까. 마틴 가드너의 언급에 따르면, 더블데이 출판사의 「틀-이야기」는 진짜 뫼비우스의 띠 위에서 읽도록 되어 있다고 한다. 독자는 점선을 따라 페이지를 자른 뒤 반 뒤틀림을 가해 뫼비우스의 띠를 만들어야 하는데, 그 뫼비우스의 띠 위에는 다음과 같은 문장이 끝없이 되풀이된다. "한때 그곳에서 이야기가 시작되었다 한때 그곳에서 이야기가 시작되었다 한때 그곳에서 이야기가 시작되었다……."

바스는 직접 「짐 레러와 함께하는 뉴스」라는 프로그램에서 엘리자베스 프란스워스(Elizabeth Fransworth)에게 다음과 같이 말했다.

그 이야기를 뫼비우스의 띠 위에 구현하는 건 저의 본래 의도였습니다. 이후에 나오는 책 내용과 마찬가지로 그 이야기는 뒤틀려 있는 순환 고리입니다. 등장인물도 소수이고, 줄거리도 단순하고, 무엇보다도 이야기가 짧습니다. 그리고 그 작품은 인간의 의식 속에 무한히 포개져 있는, 이야기하고픈 충동을 연상시킵니다. 세헤라자데가 이 방법을 알았더라면, 매일 밤마다 이야기를 해야만 하는 고민을 한방에 해결했을 테죠. 이 방법으로 왕을 간단히 잠재우고 난 후에, 왕비는 자기 자신의 이야기를 쓸 수 있었을 겁니다. 이상입니다.

이와 비슷한 분위기로 데니즈 두하멜(Denise Duhamel)의 시 「뫼비우스의 띠: 망각(Möbius Strip: Forgetfulness)」이 있는데, 2005년에 나온

이 시인의 책『둘 그리고 둘(*Two and Two*)』에서는 독자들이 위의 시를 사진으로 찍은 뒤 뫼비우스의 띠 위에 붙여서 장식해야 한다. 그 시는 알츠하이머에 걸린 사람들의 의식 상태가 왜곡되고 파편화되는 현상을 독자들이 인상적으로 느낄 수 있도록 뫼비우스의 띠를 이용하고 있다.

클라인 병과 관련된 문학 작품

클라인 병에 대해 언급하는 장단편 소설들은 아주 많다. 폴 나힌(Paul. J. Nahin)의 수수께끼와도 같은 소설『트위스터(*Twister*)』는 1998년 5월 《아날로그(*Analog*)》라는 잡지에 실렸는데, 한 중소 도시의 내과 의사인 애덤스 박사가 출입 금지 구역을 지나가다가 바로 전날까지 그 자리에 없었던 도넛 가게를 발견하게 되면서 이야기가 시작된다. 애덤스 박사는 현대의 건축 기술을 고려해 볼 때, 그러한 가게를 하루 만에 짓기가 불가능하지는 않으리라고 짐작한다. 가게 안에 들어가니 여러 종류의 보통 도넛뿐만 아니라, 너무나 이상하게 꼬여 있어서 처음에는 도넛인지조차 분간하기 어려운 몇 가지 특이한 형태의 도넛들도 있었다. 그는 꼬여 있는 도넛을 몇 개 산다. 사무실에 돌아와서 보니, 그 도넛은 커피 잔에 있는 커피에 닿자마자 커피를 다 빨아들여 버렸다. 도넛에 귀를 가까이 대어 보니 바람이 부는 듯한 소리가 도넛의 가운데쯤에서 들려왔다. 이 도넛을 누가 덥석 물면 그 사람의 모든 체액을 빨아들일 테니 얼마나 위험한 도넛들인지 알아챈다. "입속으로 넣기는 분명 아무 문제도 없겠지만, 이빨 근처 부분에서(또는 칼슘이 있는 부위에서는 더욱 심할 테고) 체액을 빨아들일 것이 틀림없다." 애덤스는 이 뒤틀린 도넛들이 클라인 병이며, 외계인 주인이 만든 치명적인 살상용 덫임을 간파한다. 이제 애덤스의 목표는 맛있기는 하지만 치명적인 클라인 병에 어느 누구도 입을 대지 못하게 막는 일이다.

마틴 가드너의 『오즈에서 온 방문자(*Visitors from Oz*)』(1999년)는 오즈의 마법사의 후속편으로, 깡통 인간의 몸통을 만들었던 기술자가 2개의 뫼비우스의 띠를 붙여 제작한 클라인 병을 만들었는데, 이 병을 통해 뉴욕 시를 여행하는 도로시의 이야기다. 뉴욕에 있는 동안 도로시는 「오프라 윈프리 쇼」에도 출연한다. 그 프로그램의 다른 방청객들도 당연히 허수아비와 깡통 인간이 배우일뿐이지 실존 인물이라고는 상상도 하지 못한다.

브루스 엘리엇(Bruce Elliot)의 「마지막 마술사(The Last Magician)」(1952년)에서 한 마술사는 외계인에게 공연을 하는 동안 클라인 병을 이용한다. 그 마술은 위험하다고 알려져 있다.

두닌은 정말로 곤란하기 짝이 없는 처지에 놓였다. 클라인 병에 몸통의 반이 끼었으니 말이다. 안쪽이 바깥쪽이고, 결코 오른쪽만 따로 존재할 수 없는 클라인 병에 들러붙어 있다. 하필 그 병에 둘러붙어 꼼짝달싹할 길이 없다. 그와 함께 최후를 맞이할 다른 모든 것들과 함께 그 박물관에서. 또한 그곳에서 영원히 머무르게 되리라. 그 병을 깨트릴 수도 없다. 그렇게 되면 두닌의 몸이 반반씩 분리되어 버리지 않는가! 병을 깰 수도 없는 상황이니, 삶도 죽음도 아닌 상태로 이곳과 저곳 사이의 어중간한 지점에 붙들린 채 영원히 그곳에 남으리라.

앤드루 크루미(Andrew Crumey)의 『뫼비우스 딕(Möbius Dick)』(허먼 멜빌의 소설 『모비딕(Moby Dick)』을 패러디한 제목. — 옮긴이)이란 소설의 표지에 뫼비우스의 띠가 나온다. 크루미는 이론 물리학 박사 학위를 갖고 있으며 《스코틀랜드 온 선데이(Scottland on Sunday)》 잡지의 문학 담당 편집자이다. 그 소설에서 물리학자 존 링거는 "내게 전화해 주시기 바랍니다. H."라고 녹음된 메시지를 전화기에서 듣는다. 그런데 H란 누구인가? 몇 년 전에 사귀었던 옛 애인 헬렌(Helen)인가? 이것이 계기가 되어 그는 스코틀랜드의 어느 마을에 있는 연구 시설에서 진행 중인 이동 전화의 기술 개발에 대한 조사를 벌이게 된다. 링거가 조사를 벌이는 동안에 세상이 요지경으로 바뀌어 사람들이 기억 상실증, 텔레파시, 엉뚱한 기억, 납득할 수 없는 우연의 일치 등을 경험하게 된다. 그 소설의 줄거리는 정신 분석, 거꾸로 뒤집기, 순환 고리, 자기 고백 등의 모티브로 가득 차 있다. 링거는 우연의 일치가 엄청나게 자주 일어날 수 있는지 의아해한다. 만약 그렇다면 양자 물리학적 실험으로 인해 우리 우주의 시공 연속체가 붕괴되었다는 말이 된다. 아마도 이 소설의 뒤틀린 구조는 평형 우주 때문이리라.

해리 딕이라는 소설가가 존 링거라는 등장인물이 나오는 소설을 쓰고 있다는 사실을 알게 되면 독자로서는 어느 우주가 '실제'인지 또는 '실제'란 것이 무슨 의미를 뜻하는지 의아스럽기 시작한다. 『뫼비우스 딕』 전체에 걸쳐 세잎 매듭의 형태처럼 여러 가지 이야기가 좌충우돌하면서 꼬여 있다. 「악질적인 사이클로이드」란 제목으로 진행되는 한 여성의 낭독회에 링거가 참석하게 될 때 가장 재밌는 상황이 발생한다. 그녀는 모비딕에 나오는 한 구절을 해석한다. "연약한 상대주의의 관점으로, 객관적인 확실성을 부인하며 지적인 게임을 추구하니." 이 말은 『뫼비우스 딕』에도 바로 적용되는 말이다.

방향성이 없는 물체 내지는 놀랍고도 전위적인 고리 형태를 보여 주는 문학이나 소설의 줄거리를 소개해 주는 아래의 짧은 문장을 음미해 보기 바란다. 그 구절들을 읽고 난 독자의 소감을 듣게 되기를 간절히 바란다. 그래서 혼란스러움과 기쁨을 동시에 담고 있는 뫼비우스 이야기 목록을 더 많이 확보하게 되면 좋겠다. 나를 묘하게 사로잡는 다음 세 구절을 소개하며 이 장을 끝맺는다.

나는 네가 지금 생각하고 있는 그 생각이다.

— 더글라스 호프스태터(Douglas Hofstadter),
『초마술적 주제(*Metamagical Themes*)』

어떤 사람이 그것을 통과할 때, 그가 통과한 문이 그것을 통과했던 자기 자신임을 그는 알게 된다.

— R. D. 레잉(R. D. Laing),
『경험의 정치학(*The Politics of Experience*)』

그는 그녀를 오랫동안 바라보았고
그녀는 그가 자기를 바라보고 있음을 알았고
그는 그녀가 그가 자기를 바라보고 있음을 안다는 것을 알았다.
그리고 그가 안다는 것을 그녀가 아는 것을 그가 알았다.
일종의 이미지들의 퇴행처럼

거울 두 개가 서로 마주 보고 있어서

거울에 얽힌 상들이 끊임없이 되비치며 계속되는

일종의 무한한 반복과도 같이

— 로버트 퍼시그(Robert Pirsig),

『릴라(*Lila*)』

👁 개미 행성 수수께끼

리사는 혼자 벌레들이랑 놀고 있다. 과학 실험 후 남은 자투리 철사로 미로 같은 모양을 만드느라 마냥 즐겁기만 하다. 어떤 물체가 철사를 건드리면 부저가 울린다. 오늘 리사는 개미를 갖고 실험을 한다. 이 미로 속에 놓인 개미의 임무는 부저를 울리지 않고 어떤 부분을 통과하기이다.

개미 감옥 미로들은 특이한 형태이다. 위상 기하학적으로 말하자면 **그림 8.2**에

그림 8.2 조르당 곡선에 갇힌 개미.

나와 있는 조르당(Jordan) 곡선인데, 그냥 뒤틀린 채로 감긴 원형 형태라고 보면 된다. 어떤 원이라도 임의의 평면을 원의 안과 바깥의 두 부분으로 나눈다는 점을 상기해 보자. 원과 마찬가지로 조르당 곡선에도 안과 바깥이 있으며, 한쪽 부분에서 다른 쪽으로 건너가려면, 최소한 한 번은 선(철사)을 건너가야만 한다.

개미 이야기로 다시 돌아가자. 리사는 공상 속에서 지능이 있는 영리한 개미를 만들어 낸다. 어느 날 미스터 나드로치라는 이름의 '감옥살이' 개미가 미로의 안에 있는지 밖에 있는지 정확히 알아내기 위해서 철사 너머로 머리를 내밀어 어느 한쪽 방향을 슬쩍 쳐다본다. 이 조르당 감옥의 안에 있는지 밖에 있는지 알아내기 위한 가장 빠른 방법은 무엇일까? 어떻게 하면 그림 속에 있는 개미가 실제로 바깥으로 나가는 길을 직접 따라가 보지 않고도 쉽게 출구를 알아낼 수 있을까?(답은 「해답」에)

💬 뫼비우스의 띠의 변두리에서 산다는 것

스웨데스보로는 사우스 저지의 통상적인 이미지와는 판이하게 다른 특이한 곳이다. 같은 구역 표시를 달고 있고 우글대며 서로 모여 있기 좋아하는 편이지만 서로 닮은 데라곤 거의 없는 큰 상자처럼 생긴 소매상들이 끝없이(끔찍할 정도까지는 아니지만) 다닥다닥 붙어 있는 가히 뫼비우스의 띠 쇼핑몰이라 해도 좋을 곳이다.

— 케빈 리오던(Kevin Riordon),
「사우스 저지 시에 관한 논쟁의 정체(South Jersey Town Debates Identity)」,
《커리어 포스트(*The Courier-Post*)》 2004년 9월 19일자

"어느 장소, 어느 시간대에도 존재할 수 있는 곳을 뭐라고 부르죠?"

"바로 뫼비우스의 띠라고 합니다." 헨리는 말했다. "정말 멋진 생각 아닙니까? 과거로 돌아가서 가 보고 싶은 어떤 장소나 시간대에도 다 갈 수 있으니까요".

팔리가 대답했다. "마치 파리잡이 끈끈이 같군요."

— 앤 리버스 시던스(Anne Rivers Siddons),
『섬(*Islands*)』

여행을 마치며

무엇이 위대한 수학자를 만드는가? 형태에 대한 감각, 무엇이 중요한지를 파악하는 예민한 통찰력. 뫼비우스는 이 두 가지를 다 갖추었다. 그는 위상 기하학이 갖는 중요성을 간파했으며, 대칭성이야말로 근본적이고 막강한 수학적 원리임을 알고 있었다. 후손들이 내린 판단은 명쾌하다. 뫼비우스가 옳았다!

— 이언 스튜어트,
「뫼비우스가 현대에 남긴 유산」, 『뫼비우스와 그의 띠』

FIG. 1

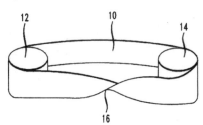

FIG. 2

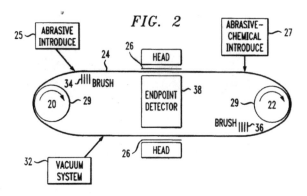

FIG. 3

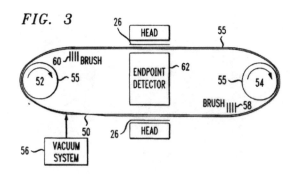

뫼비우스의 띠를 발판으로 삼아

이 장을 마지막으로 뫼비우스의 띠를 과학, 수학, 예술 분야에서 살펴보는 대장정을 마감한다. 각 분야에서 우리가 다룬 내용은 빙산의 일각에 지나지 않지만, 독자께서는 다양한 분야에서 한쪽 곡면 뫼비우스의 띠의 활약상을 잘 이해하게 되었으리라고 본다. 뫼비우스의 띠에 대해 내 자신이 왜 그토록 깊이 생각하게 되었는지, 그리고 많은 사람들이 왜 그토록 뫼비우스의 띠의 놀라운 성질에 환호하는지 궁금할 때가 가끔 있었다. 아마도 그 까닭은 뫼비우스의 띠가 갖는 아주 단순하면서도 놀라울 뿐만 아니라 예측 불가능한 어떤 은유적인 측면 때문이리라. 보편적 상징성을 갖는 그 띠는 몇몇 소설에서 드러나듯이, 우리의 마음을 변화시켜 새로운 세상을 보도록 해 주는 수단이다. 아울러 마술의 재료이자 꿈의 상징이기도 하다.

뫼비우스의 띠가 여러 분야의 과학 기술 발명에도 응용되는 점도 언제나 흥미롭다. 4장에서 다룬 바 있는 약간 휘어진 삼각형인 뢸로 삼각형에서 드러나듯이, 뫼비우스의 띠라는 이 단순한 기하학 형태는 인간 지성 발달의 후반기에 와서야 실제로 이용되기 시작했다. 프란츠

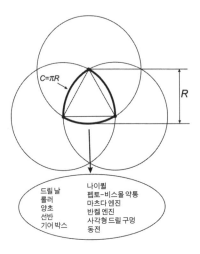

그림 C.1 뢸로 삼각형(굵은 선)과 몇 가지 응용 사례.

뢸로가 정삼각형의 세 꼭짓점을 중심으로 하는 3개의 원을 그리고 가운데 부분에 있는 3개의 교선을 이어 구성한 유명한 뢸로 삼각형(**그림 C.1**)을 내놓기 전에는, 휜 삼각형은 널리 이용되지 않았다. 비록 뢸로가 그러한 곡선을 그린 최초의 사람은 아니지만, 그 삼각형의 넓이가 일정함을 증명하고 그 삼각형을 다수의 실제 기계 장치에 이용한 사람으로서는 최초이다. 그 삼각형을 구성하는 일이 너무나 간단한지라 현대의 연구자들은 뢸로 이전에는 왜 아무도 그 삼각형의 응용에 대해 연구해 보지 않았는지 의아할 정도이다. 그 형태는 폭, 즉 두 꼭짓점 사이의 거리가 언제나 동일하기 때문에 원에 가깝다. 둘레는 πR로서 원의 둘레의 절반에 해당한다. 다만 뢸로 삼각형에서의 R는 **그림 C.1**에 나와 있는 길이임을 유의해야 한다.

　밤에 잠자리에 들 때, 나는 반짝이는 뫼비우스의 띠와 뢸로 삼각형을 상상하며 새로운 발명이나 우주의 구조에 대해 곰곰이 생각해 보곤 한다. 자연을 들여다보고 있노라면 무한한 우주 속에서 마냥 외로워만 보이는 우리 자신에 대해 궁금해진다. 아마도 이런 까닭에 철학자들과 작가들은 우주와 뫼비우스의 띠와 같은 고차원 세계에 대해 그리고 그 세계 속의 거주자들인 우리 인간에 대해 사색했으리라. 많은 전도유망한 젊은 과학자들에게 뫼비우스의 띠는 더욱 더 오묘한 위상 기하학 탐험을 위한 발사대이다.

많은 우주 모형이 발표되고 있으며, 그 모형을 통해 우리 우주가 4차원 세계 내에 휘어져 있는지의 여부가 적어도 이론적으로는 실험되고 있다. 예를 들면 아인슈타인은 우리 우주는 우주선이 어느 방향으로 출발해도 종국에는 출발점으로 되돌아오는 구조라고 제안했다. 이 모형에서 우리의 3차원 우주는 거대한 초구(hyper sphere)로 취급된다. 이 우주를 따라 떠나는 여행은 큰 구 위를 기어 다니는 개미의 여행과 비슷하다. 다른 우주 모형에 따르면, 우리 우주는 클라인 병이나 3차원 상에 포개져 있는 도넛 형태인 3 토러스와 같은 4차원 공간 속에서 뒤틀려 있는 초곡면이다.

여러 가지 위성을 사용해 먼 우주의 온도 변동을 연구하면서, 천문학자는 우주의 형태에 대한 단서를 찾으려고 열심히 노력중이다. 비록 최근의 단서들에 따르면 가까운 우주는 지극히 정상적인 형태인 듯하지만, 전 우주가 어떤 모습일지는 아무도 모른다.

게오르크 베른하르트 리만 시대의 수학자들은 서로 다른 영역의 시간과 공간이 서로 짜깁기된 다중 연결 우주의 특성에 대해 연구했다. 한때 그러한 연구는 그저 머리 쓰기 운동에 지나지 않다고 여겼던 많은 물리학자들이 우리 우주의 실제 모형을 찾아내고 평행 우주의 가능성, 웜홀을 통한 공간 이동, 시간 여행 방법 등에 대해 더 잘 이해하려는 목적에서 지금은 열심히 그러한 고등 수학을 연구하고 있다. 비록 그와 같은 특이한 우주가 현실성이 없거나 지금까지 개발된 현재 기술로 확인할 길이 없다손 치더라도, 이 책에 나와 있는 형태들은 물리학자들이 위상 기하학적 분류 작업 — 우주의 본질에 대해 파악하기 위해 모형들을 정리하고 유사성에 따라 분류하는 작업 — 을 정밀하게 하는 데 도움을 준다. 또한 일반인들과 과학자들이 추상적인 물체나 뒤틀린 우주가 시각적으로 어떤 의미를 갖는지 더 잘 이해하게 해 줄 것이다.

선종의 승려들은 공부의 길잡이 역할을 하는 공안(公案)이라 불리는 질문과 말을 발달시켜 왔다. 새로운 직관, 개념과 아이디어를 마음이 받아들일 수 있도록 공안이 인도한다. 공안은 역설인지라 정상적인 방법으로는 답을 할 수가 없다. 하지만 마음을 뒤흔들어 깨달음에 도움을 주는 역할을 한다. 이와 비슷하게 뫼비우스에 대한 사색은 공안으로 가득 차 있는 까닭에, 이 책은 아주 다양한 주제들로 독자의 마음을 뒤흔들려고 시도했다. 비록 지면상의 제약으로 인해 어느 한 주제도 깊이 탐구해 볼 수는 없었지만 말이다. 뫼비우스의 띠는 과학자에게 던져진 공안이다.

이터널 선샤인

내 개인적으로 뫼비우스적 행태 및 뫼비우스 화두가 가장 흥미진지하게 드러나는 분야는 뫼비우스의 띠가 순환형 구조를 나타내는 은

유로 쓰이는 문학 쪽이다. 8장에서 이미 여러 가지 작품들을 살펴보았다. 뫼비우스 관련 영화와 소설들은 형이상학적 일탈을 선보일 때도 있다. 종종 그 작품들은 침울하고, 자기 폐쇄적이며 특수한 몽환적 논리로 구성되어 우리를 자아의 좁은 의식에서 벗어나게 한다.

마무리로 뫼비우스 구조를 띤 작품 한 편을 소개한다.「이터널 선샤인」이란 잊을 수 없는 영화에서 조엘과 클레멘타인은 헤어진 후 서로에 대한 기억을 지우려고 맘먹는다. 소중한 추억을 고스란히 간직한 채, 둘은 운명적인 재회 후 또 사랑에 빠진다.

영화 속 대부분의 사건은 조엘의 의식 속에서 일어난다. 조엘은 기억을 삭제하는 중에 자신이 사랑했던 여인에 대한 기억이 지워지고 있음을 알아차리자 기억 삭제를 중단한다. 그러자 조엘은 최대한 클레멘타인에 대한 기억이 사라지지 않도록 하면서 몽환적인 기억 삭제 과정에서 벗어나야 하는 난관에 봉착한다.

영화가 끝나갈 무렵에 다시 첫 시작 부분으로 되돌아가는지라, 관객들은 등장인물들이 어떤 역경을 겪게 될지를 알고 있는 상태에서 시작 화면을 다시 보게 된다. 뫼비우스 모양의 리본이 영화 곳곳에 나온다. 기억 삭제 중 펼쳐지는 몽환적인 몇몇 장면에서 조엘이 어떤 길에서 클레멘타인을 쫓아가는데, 그 길은 다시 원래 자리로 되돌아오는 형태로 되어 있는지라, 조엘은 자기 등 뒤에서 달리고 있는 클레멘타인을 쫓아 허둥지둥 앞으로 달리고 있다. 그러니까 이 영화에는 등장인물의 기억이 바뀐 채 영화 끝부분이 시작 부분으로 되돌아오는 식의 외형적 뫼비우스 구조뿐만 아니라, 실제와 환상을 구별하기 위해 한때 나누었던 사랑을 기억해 내려고 애쓰는 조엘과 클레멘타인의 내면에 자리 잡고 있는 뫼비우스적 고리도 삽입되어 있다. 고리 속에서 돌고 도는 한 쌍의 연인이 지금 현재 일어나고 있는 일이 이전에 이미 일어났던 일이며 조금 있으면 또 지워지리란 점을 깨닫는다 해도, 만남과 헤어짐이 반복되는 이 영원한 고리는 계속될 수밖에 없는 것일까?

아마도 영화의 끝 부분에 조엘과 클레멘타인은 뫼비우스의 띠를 탈출할 방법을 찾은 듯하다. 서로에게서 도망치는 대신에, 사랑의 힘으로 서로의 불완전함을 메우고 나니 꿈과 현실의 구별은 더 이상 무의미해진다. 둘은 서로 함께 있는 시간을 소중히 여기고 '지금 이 순간'을 살며, 그 꿈을 즐긴다. 언제라도 그 꿈이 둘의 기억에서 영원히 지워질 수 있다는 점을 받아들이면서.

단순한 수학

이 책에 나와 있는 많은 뫼비우스 수수께끼들은 취미로 수학에 관심을 가진 이들이나 중요한 수학적 발견을 이룬 회원들을 두고 있는 수학 모임에서 관심을 가질 만한 문제들이다. 1998년에 독학파 발명가 할란 브라더스(Harlan Brothers)와 기상학자 존 녹스(John Knox)는 기본 상수인 e(대략 2.718)의 값 계산을 향상시킬 방법을 개발했다. 지수적 성장 — 세균 증식에서 이자 계산에 이르기까지 — 은 e의 값을 어떻게 잡느냐에 따라 달라진다. 이 값은 분수 형태로 표시될 수도 없고 컴퓨터를 이용해서 근삿값을 구할 수 있을 뿐이다. 아마추어도 수학 발전에 큰 기여를 할 수 있고 수학의 기본 상수를 계산하는 정확한 방법을 내놓을 수 있음을 증명한 산 증인이 바로 녹스다. 이 글을 읽는 독자 중에도 뫼비우스의 띠가 갖는 주목할 만한 새로운 성질을 찾아내거나 뫼비우스의 띠가 갖는 특이한 성질에 기반을 둔 새로운 장난감을 발명해 낼 분이 있을 터이다.

수학에 실질적인 기여를 한 또 한명의 '초보자'로는 다섯 자녀의 어머니이자 주부인 샌디에이고의 머조리 라이스(Marjorie Rice)가 있다. 이 여인은 1970년대에 부엌 식탁에서 연구를 해 수학 교수들도 불가능하다고 여겼던 수많은 기하학적 패턴들을 발견해 냈다. 라이스는 고등학교 이후 전혀 교육을 받지 않았는데도 1976년까지 이전에는 대부분 알려지지 않았던 58종의 특이한 오각형 타일들을 발견했다. 공식 수학 성적이라고 해 봐야 고등학교 재학 중인 1939년에 받은 일반 수학 과목 점수뿐이다. 이 이야기의 교훈은 미지의 분야에 뛰어들어 새로운 발견을 해내기에 결코 너무 늦지는 않았다는 점이다. 또 다른 교훈은 여러분의 어머니를 과소평가하면 안 된다는 말씀!

아주 단순하면서도 매우 심오한 수학이라는 아이디어는 의외로 그리 과장된 말이 아니다. 예를 들면 20세기 중후반의 수학자 스타니스와프 울람은 단순하면서도 독창적인 아이디어들을 쏟아냈는데, 이로 인해 세포 자동자 이론(Cellular automata theory)이나 몬테 카를로 방법(Monte Carlo method) 등을 다루는 수학 분야가 출현했다. 마틴 가드너가 「스타니스와프 울람의 모험」에서 언급했듯이 "거듭해, 울람은 자신의 전공이 아닌 분야에서 심오한 업적을 이루었다. 잘 모르는 분야였기에 오히려 참신한 방법으로 문제들을 바라볼 수 있었기 때문이리라."

7장에서 이미 언급한 펜로즈 타일은 단순성과 심오함의 또 다른 사

그림 C.2 단순한 수학 공식에서 끊임없이 생겨나는 세부 모양들이 표현되어 있는 프랙털의 한 예.

레이다. 펜로즈 타일은 지금으로부터 꽤 가까운 1974년에 로저 펜로즈가 발견했다. 이 타일들은 반복하는 모양 없이 무한한 공간을 다 채울 수 있는 패턴이다. 비반복적 타일은 처음에는 순전히 수학적인 호기심에서 다루어졌지만, 펜로즈 타일과 같은 비반복적 형태의 원자배열이 실제 물리 현상에서도 이후 발견되었으며, 현재 이 분야는 화학과 물리학에 중요한 역할을 하고 있다. 또한 교묘하면서도 아름답기 그지없는 망델브로 집합의 특성에 대해서도 살펴보자. $z = z^2 + c$ 라는 단순한 공식으로 기술되는 이 복잡한 프랙털 형태는 20세기가 끝나갈 무렵에서야 발견되었다.(**그림 C.2**)

머지않아 컴퓨터의 도움으로 인해 단순해 보이면서도 놀라운 성질을 띠고 있는 수학적 내용에 대한 발견이 더 수월해질 것이다. 망델브로 집합이 보여 주는 놀라운 사례에 대해, 아서 클라크는 『그랜드뱅크스에서 온 유령(*The Ghost from the Grand Banks*)』에서 이렇게 기술했다.

원리상으로 보자면 '망델브로 집합'은 인간이 셈을 시작한 이후에 곧바로 발견할 수도 있었다. 하지만 연구에 지치거나 실수한 적이 없는데도, 이제껏 살았던 어떤 사람도 적당한 크기의 망델브로 집합을 표현할 수 있을 정도의 아주 기본적인 연산도 충분히 처리하지 못했다.

망델브로 박사 스스로도 2004년 《뉴 사이언티스트》와의 면담에서 자신의 발견에 대해서 다음과 같이 말했다.

그 집합이 화면에 나타났을 때 드러난 놀랍도록 복잡한 형상은 나의 예상과는 완전 딴판이었습니다. 그때 다음과 같은 점이 의아했지요. 즉 내가 그 집합을 처음으로 본 날에는 그건 그저 흐트러진 모습일 뿐이었는데, 둘째 날에는 어째 그리 낯설지가 않는 느낌이었고 며칠이 지나자 마치 전부터 그 형상을 알고 있었던 듯 완전히 익숙해져 버렸어요. 물론 그런 적은 없지요. 어떤 사람도 이전에 본 적이 없는 형상이었어요. 그 집합의 수학적 속성이 드러나지 않았던 데다가, 수많은 뛰어난 이들조차도 못 밝혀 내고 있었으니 나는 정말 행운아가 아닐 수 없습니다.

망델브로 집합과는 달리, 뫼비우스의 띠의 심오함을 드러내는 데는 군이 컴퓨터를 이용할 필요도 없다. 그렇게 본다면 뫼비우스의 띠야말로 단순하면서도 심오한 어떤 것, 그리고 어느 누구라도 발견하려면 했을 수도 있지만, 끝내 발견해 내지 못한 어떤 것에 대한 궁극적인 상징이라 할 수 있다. 뫼비우스의 띠는 마법과 불가사의에 대한 상징이며 우리로 하여금 새로운 꿈을 꾸도록 하고 얕아 보이는 물도 한없이 깊을 수 있다는 진리를 잊지 않게 해 주는 영원한 상징이기도 하다.

👁 아리송한 고리

그림 C.3에 아리송한 고리가 나와 있다. 이 고리는 어째서 뫼비우스의 띠일까? 혹은 그렇지 않다면 왜 그런가?(답은「해답」에)

BRIAN C. MANSFIELD

그림 C.3 아리송한 고리. 이 고리도 뫼비우스의 띠일까?

💬 정치·경제와 뫼비우스의 띠

오늘날의 정부는 일종의 뫼비우스의 띠와 같이 구성되어 있는지라, 정부에 대한 국민들의 불신이 꼬리에 꼬리를 문다.

― 필립 하워드(Philip K. Howard),
『공공선의 붕괴: 미국의 소송 문화는 어떤 식으로 우리의 자유를 침해하는가?
(*The Collapse of the Common Good: How American's Lawsuit Culture
Undermines Our Freedom*)』

개인의 이름도 선순환의 고리, 일종의 뫼비우스의 띠를 만들어 낼 수 있다. 어떤 회사에 소속된 사람이 좋은 평판을 얻으면, 회사 전체의 평판도 올라간다.

— 해리 벡위스(Harry Beckwith),
『의뢰인이 좋아하는 것: 사업을 성장시킬 현장 안내서
(What Clients Love: A Field Guide to Growing Your Business)』

CIA가 고문을 가했다는 소식에 대해 낄낄대며 얼렁뚱땅 넘어가 버리는 장면을 얼떨떨한 심경으로 시청했다. 대통령은 결코 죄가 없다는 뫼비우스적 확신에 바탕을 둔 텔레비전에서는 아무런 문제 없는 소식이나 마찬가지였다.

— 마이클 길선 드레모스(Michael Gilson-De Lemos),
「MG의 이제껏 가장 논쟁적인 기사(MG's Most Controversial Article Yet)」,
『합법적인 정부를 위한 시민들(Citizens for Legitimate Government)』

모든 것이 다시 우리 자신의 삶 속으로 되돌아오는 뫼비우스의 띠의 세계에서 얻어진 그러한 결과들은 단지 '저기 바깥쪽'의 문제가 아니라 '여기 안쪽', 즉 우리의 영혼 내부에 관한 문제이다. 우리의 내면에 도사리고 있는 자기 기만이라는 오염물질이 미국인의 믿음, 즉 우리는 선량하다 내지는 독특하다는 믿음을 위협하고 있다.

— 리처드 티엠(Richard Thieme),
「나는 KGB의 희생자였다(I Was a Victim of the KGB)」,
《커먼 드림스 뉴스 센터(Common Dreams News Center)》

해답

FIG. 2A

FIG. 2B

1장 | 뫼비우스 마술 쇼

러닝 머신 벨트는 아마 뒤엉킬 것이다. 유능한 뫼비우스 박사가 앞으로 달린다고 가정하면, 기계에 장착된 회전축은 독자가 보는 쪽에서 시계 반대 방향으로 회전한다. 하지만 8자 모양 벨트가 제대로 작동하려면 각 회전축을 이전 방향의 반대 방향으로 회전시켜야 한다.

만약 8자 모양의 벨트가 고리 모양(8자 모양이 아니고)의 뫼비우스의 띠로 대체되면, 작동도 물론 정상적으로 되고 그 기계에 부착된 회전축도 이전 방향과 동일한 방향으로 회전한다. 사실 그 벨트는 보통의 벨트보다 일반적으로 더 우수하다. 고무의 양쪽 '면' 모두 회전축에 닿는지라 마모되는 속도가 보통 벨트보다 2배 더 느리니 말이다.

2장 | 매듭과 문명

이 매듭 문제를 풀려면, 만나는 각 점마다 교차되는 방법도 2가지임을 먼저 알아야 한다.(끈이 위로 지나는 경우와 아래로 지나는 경우. ― 옮긴이) 그러므로 $2 \times 2 \times 2 = 8$, 8가지의 교차 방법이 있다. 이 모든 경우의 수 중에 단 2가지만 매듭을 만든다.(실로 띠를 만들어 직접 시험해 보면 알 수 있다.) 그러므로 매듭져 있을 확률은 $\frac{1}{4}$ 이다. 매듭이 져 있다는 쪽에 건다면 꽤 위험한 도박이다. **그림 A.1**에는 또 다른 모양이 나와 있다. 매듭이 져 있을 확률은 얼마일까? 교차점의 수가 커짐에 따라 매듭이 져 있을 확률도 커질까?

밧줄이나 전기줄 등을 창고 안에 아무렇게나 던져 두면 늘상 서로 뒤엉키게 되는 머피의 법칙과 이 경우는 어떤 관계가 있을까?

그림 A.1 다른 형태의 모양. 매듭져 있을 확률은 얼마일까?

3장 | 뫼비우스의 생애

그림 A.2는 데이브 필립스의 '뫼비우스 미로'에 대한 답 중 하나이다.

그림 A.2 데이브 필립스의 '뫼비우스 미로'에 대한 답 중 하나.

그림 A.3에 이 문제에 대한 답 중 하나가 나와 있다. 천재 축에 드는 내 친구들 대부분이 해결 불가능한 문제라고 투덜댔지만, 하루 지나서 이 문제를 다시 봤다면 단번에 풀 수 있었을지도 모른다.

그림 A.3 노아의 방주 문제에 대한 답 중 하나.

5장 | 신성한 위상 기하학, 그리고 그 너머

휘갈겨 그린 그림 문제를 풀려면 아래 사항에 먼저 주목해 보자. 연필을 종이에서 떼지 않은 채 연속적인 선으로 평면 위에 지도를 그리면서 시작점으로 돌아오려면, 단 2가지 색만 사용하면 된다. **그림 A.4**는 그러한 색칠의 한 예이다. 다른 형태로도 시도해 보길!

그림 A.4 휘갈겨 그린 지도 문제에 대한 답 중 하나.

피라미드 수수께끼에 대해서는 2번째가 틀린 모양이다. 우선 2번째와 4번째 모양부터 살펴보자. 둘 다 초록색이 빠져 있음이 눈에 띈다. 그렇다면 초록색이 피라미드 바닥에 놓여 있다는 말이 된다. 따라서 둘 중에 하나는 틀릴 수밖에 없다. 그렇기 때문에 1번째, 3번째, 5번째 모양은 올바른 모양임이 확실하다.

자, 그럼 이제 3번째 모양을 살펴보자. 초록색 면을 바닥에 놓는다고 상상하면서 3번째 모양을 바라보자. 그렇다면 피라미드는 빨간색, 보라색, 노란색 면이 보일 것이다. 이 모양은 4번째 피라미드와 동일해진다. 따라서 2번째 모양이 틀렸음을 알 수 있다.

6장 | 우주, 실제, 초월

그림 A.5에 사슬로 연결된 고리를 푸는 변환법이 하나 나와 있다.

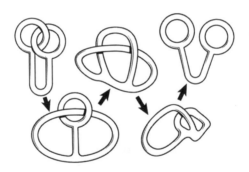

그림 A.5 고리를 끊지 않고서 사슬로 연결된 고리를 푸는 변환법 중 하나.(데이비드 웰스의 『흥미롭고 궁금한 펭귄 기하학 사전』에 따름.)

마지막으로 고리 문제를 하나 더 살펴보자. 답은 여기서 바로 제시할 테니 머리를 쥐어짤 필요는 없다. **그림 A.6**에서 왼쪽에 있는 3개의 얽힌 고리 각각을 오른쪽과 같이 변환할 수 있다.

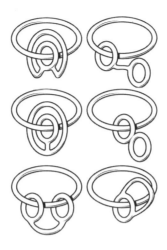

그림 A.6 고리를 끊지 않고서 사슬로 연결된 고리를 푸는 다른 사례들. 왼쪽에 있는 3개의 얽힌 고리 각각을 오른쪽과 같이 변환할 수 있다.(데이비드 웰스의 『흥미롭고 궁금한 펭귄 기하학 사전』에 따름.)

7장 | 게임, 미로, 미술, 음악, 건축

그림 A.7에 토러스 미로를 풀어 줄 이동 경로가 표시되어 있다. 단순히 1에서 2, 3을 거쳐 4에 도착하면 된다. **그림 A.8**에 클라인 병 미로에 대한 답이 나와 있다. 1에서 2로 가면 임무 완수!

만두 찜통 모양은 **그림 A.9**에 나와 있는 것처럼, 반 뒤틀림이 1번 나 있는 띠에 다른 띠 하나가 단순 연결된 형태와 구조적으로 동일하다. 만약 뒤틀림이 1번 있는 것이든 2번 있는 것이든 반 뒤틀림이 홀수 번 나 있다면 점선을 따라 잘랐을 때, 단 1개의 고리만 생긴다. 반면에 반 뒤틀림이 짝수 번 나 있다면 2개의 서로 얽힌 고리가 생긴다.

그림 7.44에 그려져 있는 문제에 대한 답은 그 그림의 테두리인 큰 정사각형 모양의 띠이다. 가로로 놓인 띠에 반 뒤틀림이 몇 번 있는지에 상관없이 답은 언제

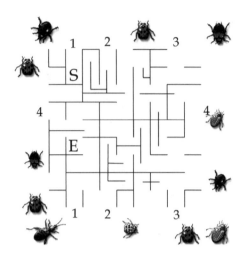

그림 A.7 토러스 미로에 대한 답.

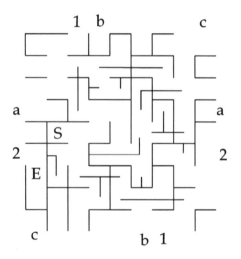

그림 A.8 클라인 병 미로에 대한 답.

나 똑같이 평평한 정사각형 모양의 띠가 나온다. 이 문제는 제임스 탠턴(James Tanton)의 『도전 수학 문제: 학생과 동호인들을 위한 수학 뇌 운동(*Solve this:*

그림 A.9 단순 연결된 띠가 덧붙어 있는 뒤틀린 띠.

*Math Activities for students and clubs)*과 마틴 가드너의 『수학 마술 쇼』에서 배운 문제다.

8장 | 예술로 승화된 뫼비우스의 띠

미스터 나드로치가 조르당 곡선의 안에 있는지 밖에 있는지를 가장 빨리 알 수 있는 방법은 자기 몸에서 철사 바깥 세계로 가상의 직선을 그어서 철사와 그 선이 만나는 횟수를 세어 보면 된다. **그림 A.10**에 보기로 몇 가지 선이 그려져 있다. 그 직선이 조르당 곡선과 짝수 번 만나면 개미는 그 미로 바깥에 있고, 홀수 번 만나면 미로 안에 있다.

실제로 프랑스 수학자 마리 에네몽 카미유 조르당(Marie Ennemond Camille Jordan, 1838~1922년)은 이러한 종류의 곡선의 내부와 외부를 판단하는 위의 해법과 동일한 규칙을 증명해 냈다.(이 증명은 1905년에 오스발트 베블렌이 수정했다.) 조르당의 원래 전공은 공학이었다.

조르당 곡선은 구부러진 원 모양의 평면 곡선이며, 단순 곡선(곡선 내부에 서로

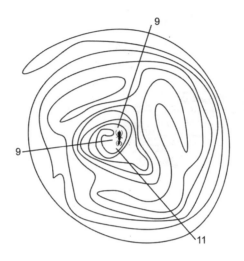

그림 A.10 길을 직접 따라가 보지 않고 개미가 감옥 내부에 있는지 외부에 있는지 알아낼 수 있는 쉬운 방법.

만나는 교차점이 없는 곡선)이고 폐곡선(끝나는 점이 별도로 존재하지 않고 완전히 연결된 닫힌 모양의 곡선)이어야 한다는 점에 유의하자. 평면이나 구 위의 조르당 곡선에는 내부와 외부가 존재하며 한쪽에서 다른 쪽으로 이동하려면 최소한 한 번은 그 곡선을 지나가야만 한다. 하지만 토러스에서는 반드시 지나갈 필요가 없다.

여행을 마치며

이 물체는 착시 현상 내지는 '불가능한 물체'에 속한다. 이와 비슷한 불가능한 물체로서 유명한 것들로는 프리미시 나무상자(Freemish crate), 펜로즈 계단(에스허르가 이 계단을 자주 그렸는데, 이 사다리를 타고 올라가면 영원히 '위쪽'으로만 올라갈 수 있다.), 펜로즈의 세 막대(Penrose tribar, 이상하게 배열되어 있는 원기둥 모양의 세 막대기), 펜로즈 삼각형, 양쪽 나선 육각형 너트 등이 있다. 웹 사이트에서 이런 모양들을 더 많이 찾을 수 있다. 「여행을 마치며」에 나온 아리송한 고리(**그림 C.3**)는 면이 2개인 것 같으므로 뫼비우스의 띠는 아니다.

그림 A.11에 나와 있는 아리송한 고리가 뫼비우스적인 성질을 가질까? 이 모양은 펜실베이니아의 록 하벤 대학교의 물리학과 교수인 도널드 시매넥 박사가 고안했다. **그림 A.12**에 나와 있는 펜로즈 삼각형은 한쪽 곡면 물체일까?

손으로 그린 **그림 A.11**의 오른쪽이나 왼쪽 3분의 1 부분을 가리고 보면 이 그림에는 아무런 모순이 없다. 고리의 왼쪽을 보면 위쪽에서 내려다보는 모양의 결이 나 있는 지극히 정상적인 모습이다. 마찬가지로 고리의 오른쪽을 보면 아래쪽

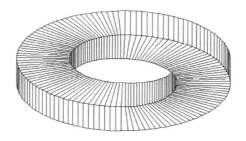

그림 A.11 도널드 시매넥 박사가 그린 아리송한 고리.

그림 A.12 펜로즈 삼각형.

에서 올려다보는 모양의 결이 나 있는 지극히 정상적인 모습이다. 하지만 전체를 한꺼번에 보면, 뇌의 분석 회로가 삐거덕거리며 "말도 안 돼!"라고 외치게 된다.

하지만 "잘 모르겠음"이란 말은 케리를 포함해서 많은 베트남 참전 군인들이 군
사 작전에서 느꼈던 심경이다. "이건 뫼비우스적 수사법이라고요. '집으로 돌아
갈 수 있을지 잘 모르겠어.'와 '올바른 일을 하고 있는지 잘 모르겠어.'라는 문구가
뫼비우스의 띠의 양면에 적혀 있는 식입니다. 이런 예는 한 입으로 두 말을 하는
정치인에게서 흔히 볼 수 있는 경우죠." 케리는 이 말을, 정 원한다면, 다른 식으로
해석해도 된다는 듯한 투로 말했다.

— 매트 타이비(Matt Taibbi),
「한낱 말일 뿐(Mere Words)」, FreezerBox.com 게시글에서

아무런 방해를 받지 않더라도 두 시간쯤만 지나면, 뫼비우스의 띠처럼 돌고 도는
대화는 점점 어디를 향해 가는지 알 수 없게 되어 정상에서 완전히 동떨어진 결론
에 이르게 된다.

—「희미한 빛이 극장을 떠돈다(Shimmer Traverse Theatre)」,
《에딘버러 파이낸셜 타임스(*Edinburgh Financial Times*)》

데이브 필립스가 만든 미로를 살펴보며

긴 여행을 마무리 짓도록 하자.

한 로봇이 다른 로봇을 만날 수 있는 가장 빠른 길을 찾아 주자.

나선의 끝은 막다른 길이다.

가장자리를 넘어가면 반칙.

부록

해밀턴 공식(임시 게이지 $W_0 = 0$)에서의 $G = SU(2)$와 $r = 2_L$ 카이럴 양-밀즈
이론의 2차 양자화 페르미온 진공 상태는 x^3-독립 정적 게이지 변환의 특수
한 비신축성 고리를 덮는 '뫼비우스 다발' 구조를 갖고 있다.

— F. R. 클링카머(F. R. Klinkhamer),
「Z-끈 글로벌 게이지 변형과 로렌츠 비불변
(Z-string Global Gauge Anomaly and Lorentz Non-Invariance)」,
『뉴클리어 피직스 B(*Nuclear Physics B*)』(1998년)

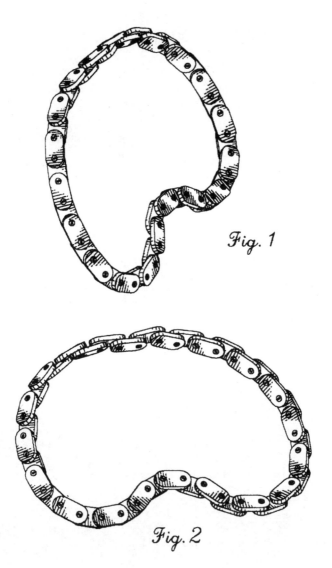

Fig. 1

Fig. 2

이 책을 쓰면서 조사하고 참고한 대부분의 자료의 근거가 될 참고 문헌 목록을 모아 놓았다. 책이나 잡지 및 웹 사이트 등에서 모은 내용들이다. 많은 독자들이 알고 있듯이, 웹 사이트는 생겼다가 사라지기도 한다. 때로는 주소가 바뀌기도 하고 어떨 땐 완전히 사라져 버리기도 한다. 여기 나와 있는 웹 사이트 주소들은 이 책을 쓰는 동안 중요한 배경 지식을 제공해 주었다. 물론 www.google.com에서 제공하는 자료 검색을 이용하면 뫼비우스의 띠와 관련된 수많은 웹 사이트들을 찾을 수 있다.

　뫼비우스와 관련된 흥미로운 수학 수수께끼, 인물, 참고 문헌 내지 사실 자료 중에 내가 소홀히 다루어 그 진가를 제대로 음미해 보지 못한 것이 있다고 여기는 독자께서는 그 내용을 내게 꼭 알려 주기 바란다. 내 웹 사이트 www.pickover.com에 와서 그 내용에 대한 설명과 아울러 독자의 의견을 내 이메일로 보내면 된다. 한정된 지면의 제약으로 인해, 고급 수학 개념들은 이 책에 굳이 싣지 않았다. 그러한 개념들에는 뫼비우스 그물, 뫼비우스 쌍대성(duality), 뫼비우스 변환, 뫼비우스 통계, 뫼비우스 군(group), 뫼비우스 반전 공식, 뫼비우스 다발 등이 있다. 이러한 주제도 꼭 알아야겠다고 여기는 독자가 많아진다면, 다음 기회에 이런 난해한 주제들을 전문적으로 다루는 책을 쓸 계획 도 갖고 있다.

그러한 책이 나오기 전에는, 로저 펜로즈의 『실제에 이르는 길: 우주의 법칙에 대한 완벽 길잡이(*The Road to Reality: A Complete Guide to the Laws of the Universe*)』(2005년)를 읽어 보기 바란다. 이 책에는 뫼비우스와 관련된 기쁜 소식의 하나로 뫼비우스 섬유 다발(fiber bundle)에 대한 소개 글이 나와 있다. 개략적으로 말하면, 위상 기하학에서 말하는 섬유 다발이란 부분적으로는 두 공간의 곱과 흡사하지만 전체적으로는 이와 다른 구조를 갖는 공간을 가리킨다. 섬유 다발을 수학적으로 그리면 종종 두피(기반 다양체)에서 자라고 있는 머리카락(섬유)이 뭉친 모습과 비슷하다. 매스월드 사이트인 http://mathworld.wolfram.com/FiberBundle.html에 가 보면 그 모양이 묘사되어 있다. 섬유 다발은 입자 물리학 연구에 편리한 이론적 수단을 제공해 주는 역할을 한다.

다른 고등 뫼비우스 관련 개념에 대해 어렴풋하게나마 분위기를 전달해 주려는 차원에서 다음 형태의 식으로 표현되는 뫼비우스 변환에 대해 살펴보자.

$$f(z) = \frac{az + b}{cz + d}$$

$ad \pm bc$ 그리고 a, b, c, d는 복소수이다. $z = -\frac{d}{c}$ 점은 $f(z) = \infty$에 대응되고 $z = \infty$인 점은 $f(z) = \frac{a}{c}$에 대응된다. 수학과 물리학에

그림 R.1 클라인 군(Klein group) 영상. $z \rightarrow (az + b)/(cz + d)$라는 공식의 뫼비우스 변환으로 만든 영상의 일부. 좀 더 구체적으로 말하면, 이 프랙털 영상은 2개의 뫼비우스 변환과 그 역변환을 이용해 만들었다. 이 반복 과정으로 인해 시작점의 위치는 복소평면의 여러 군데에 위치하게 된다. 그 결과 나타나는 점의 집합들이 이 영상을 만들어 냈다. 아무리 여러 번 반복이 이루어지든지 또는 어떤 차수로 진행되든지 간에 새로운 점이 그림의 곡선 모양 위의 어떤 지점에서 다시 반복적인 모양을 만들어 낼 수 있다. 뫼비우스 변환은 원을 원으로 변환시키는데, 이 성질로 인해 위의 영상에 구형의 물체가 나타난다.(조스 레이스 작품, www.josleys.com)

그림 R.2 그림 R.1에서 a, b, c, d를 달리해 얻은 영상.(조스 레이스 작품, www.josleys.com)

그림 R.3 뫼비우스 변환을 이용해 실험적으로 만들어 본 영상.(에드 펙 주니어 작품, www.mathpuzzle.com)

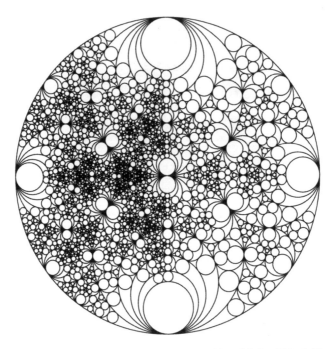

그림 R.4 아스무스 슈미트(Asmus Schmidt)의 복소 연속 프랙털 알고리듬은 뫼비우스 변환을 이용해 평면의 무한 미세 모자이크 구성을 창조해 낸다. 더그 헨슬리(Doug Hensley)의 5차 모자이크 구성의 일부를 표현한 그림들은 수학으로 수놓은 환상적인 자수의 세계를 펼쳐 보인다.

서의 이용은 별도로 하더라도, 뫼비우스 변환은 예술가들이 놀라운 프랙털 영상(**그림 R.1, 그림 R.2, 그림 R.3, 그림 R.4**)을 제작하는 데 이용될 수 있다. 이러한 뫼비우스 변환 그래픽의 대부분에 숨어 있는 깊은 수학적 의미는 데이비드 멈포드(David Mumford), 캐롤린 시리즈(Caroline Series), 데이비드 라이트(David Wright) 공저의 『인드라의 진주: 펠릭스 클라인이 본 세계(*Indra's Pearls: The Vision of Felix Klein*)』(2002년)에서 찾을 수 있다. 프랙털 형상들은 뫼비우스 변환 및 역변환을 반복적으로 사용해 얻어진다. 작은 부분을 아무리 확대해도 그곳에는 또다시 전체 모양이 담겨 있다. 마치 끊임없이 포개져 있는 러시아 인형처럼.

양의 정수에서 정의된 함수 f에 대한 뫼비우스 변환 Tf는 다음과 같이 표시된다.

$$(Tf)(n) = \sum_{d|n} f(d)\mu(\frac{n}{d}) = \sum_{d|n} (\frac{n}{d})\mu(d)$$

여기서 μ는 통상의 뫼비우스 함수이고, $d|n$은 d로 n을 나눌 수 있다는 것을 뜻한다. 함수 Tf는 또한 함수 f의 뫼비우스 역함수라고도 불린다.

'뫼비우스 역변환 공식'을 쓰면 $g(n)$과 $f(n)$은 다음 관계를 만족하는 대수 함수이다.

$$g(n) = \sum_{d|n} f(d), \text{ 1 이상의 모든 정수에 대해}$$

그러면,

$$f(n) = \sum_{d|n} g(d)\mu(\frac{n}{d}), \text{ 1 이상의 모든 정수에 대해}$$

이다. 여기서 μ는 통상의 뫼비우스 함수이고, $d|n$은 d로 n을 나눌 수 있다는 것을 뜻한다.

3차원 공간에 대한 '뫼비우스의 쌍대성'에 따르면, 각각의 점은 어떤 한 평면에, 각각의 평면은 어떤 한 점에 대응된다.(쌍대성(duality)은 여러 가지 분야에서 다양한 의미로 쓰이는데, 기하학에서 말하는 쌍대성이란 어떤 한 영역에서의 수학적 원리가 다른 영역에서도 그대로 적용됨을 말한다. — 옮긴이) 제레미 그레이는 『뫼비우스와 그의 띠』에서 다음과 같이 언급한다. "반대칭(anti-symmetric)이라는 개념은 새로운 내용이자 뫼비우스가 이룬 멋진 발견 가운데 하나이다. 홀수 차원 공간에서 2차 곡선과 관계없는 새로운 유형의 쌍대성이 존재한다는 발견은 뫼비우스가 역학적 기하학을 연구하는 중에 일어났다."

www.wikipedia.org 혹은 http://mathworld.wolfram.com에 가보면 이 공식에 관한 여러 가지 용어들을 만날 수 있다. 독자들이 이러한 뫼비우스 개념들에 대한 새로운 성질과 응용 사례들을 발견해 나감에 따라 웹 사이트 내용은 자주 갱신된다. 포벨, 플러드, 윌슨 공저의 『뫼비우스와 그의 띠』에는 이 주제와 관련된 더 깊은 의미들이 담겨 있다.

뫼비우스 다발에 대한 참고 문헌을 찾다 보면 웹상에서 아찔할 정도로 복잡한 인용문들을 뽑아 낼 수도 있다. 이번 장의 시작 부분에 나왔던 인용문과 더불어 아래의 주옥같은 내용도 소개하고자 한다.

뫼비우스의 띠의 톰 복소면(Thom Complex)은 사영 평면이며 MD는 그의 확장 스펙트럼, 즉 SZ_2이다. 변환 $\theta_D : MD \to HZ_2$는 (안정된) 1- 스켈레톤(skeleton), 즉 모드 2 후레비츠 지도(mod 2 Hurewicz map)임이 드러난다……. ρ/I로 표시되는 '뫼비우스 다발'은 1차원 벡터 다발로서 트리비얼(trivial) 다발들을 $[0, \frac{1}{2}]$ 및 $[\frac{1}{2}, 1]$ 위로 접합시키고 섬유 속에 있는 -1을 $\frac{1}{2}$ 위로 곱함으로써 구성된다. 그러므로, 비록 ρ/I가 트리비얼 다발이기는 하지만, *I*의 두 절반 영역에 서로 대립되는 트리비얼라이제이션(trivialization) 을 갖추고 있다. ρ/*I*라는 표시는 안정된 사양을 나타낸다. (안정된) 뫼비우 스의 띠는 ρ̂/*I* 로 표시한다.

— 로저 펜(Roger Fenn), 콜린 루어크(Colin Rourke), 브라이언 샌더슨(Brian Sanderson), 「제임스 번들스(James Bundles)」(2003년)

여러 독자들이 공간상에 떠돌아다니는 뫼비우스 세계에서 만들어 진 독창적인 미로들을 보내 주고 있다. **그림 R.5**는 미로 만들기의 대가 인 데이브 필립스가 만든 보석 같은 작품이다. 그는 내게 다음과 같이 말했다. "4마리의 파리가 택할 경로를 찾아보세요. 단 4마리 모두 서 로 만나는 일 없이 같은 경로를 지나야 하고, 원래 자리로 돌아오기 전 에는 뒤로 물러서면 안 됩니다. 길의 어느 쪽 면을 지나고 있는지 잘 살 펴야 하고요."

그림 R.5 데이브 필립스의 뫼비우스 파리 미로. 4마리의 파리가 택할 경로를 찾아보자. 단 4마리 모두 서로 만나는 일 없이 같은 경로를 지나야 하고, 원래 자리로 돌아오기 전에 는 뒤로 물러서면 안 된다. 길의 어느 쪽 면을 지나고 있는지 잘 살펴야 한다.

직선적으로 이루어진다고 여겼던 발전도 사실은 일종의 뫼비우스의 띠였다. 라스코 동굴에서 시작되었던 미술의 발전도 그 후 1만 5000년이 지나 막바지에 이르고 보니 동굴 벽화 그리기를 갈망하는 미술가들이 나타났다. 자, 이제 미술의 종말이 지나갔으니 아무것이나 그려도 된다.

— 나타샤 드겐(Natasha Degen),
「미술의 철학: 아서 댄토와 나눈 대화
(The Philosophy of Art: A Conversation with Arthur C. Danto)」,
《더 네이션(The Nation)》

그 음식은 양쪽에 손잡이가 있는 쇠로 만든 작은 냄비에 담겨져 나오는데, 재료들이 일본식으로 우아한 대칭을 이루고 있다. 크림 빛깔의 상아색 두부가 얇게 썰려 냄비의 절반가량 부채 모양으로 담겨 있으며, 뫼비우스의 띠 모양의 약간 끈적끈적한 생선튀김말이도 곁들여져 있다. 또한 둥근 일본식 무 조각들이 마치 가느다란 고리 모양으로 깎은 사과처럼 놓여 있고 마지막으로 작고 뾰족한 옥수수 꼭지가 장식되어 있었다.

— 로래인 젱고(Lorraine Gengo),
「스키야키를 찾아 떠난 여행(My Travels With Sukiyaki)」,
《파필드 컨트리 위클리(Farfield Country Weekly)》

참고 문헌

여행을 시작하며

Fauvel, John, Raymond Flood, and Robin Wilson. *Möbius and His Band: Mathematics and Astronomy in Nineteen-Century Germany.* New York: Oxford University Press, 1993.

Gardner, Martin. *Hexaflexagons and Other Mathematical Diversions: The First Scientific American Book of Mathematical Puzzles and Games.* 1959. Reprint, Chicago: University of Chicago Press, 1988.

Smith, Bruce. "Brewer marketing new energy beer." *Columbia (SC) State*, November 21, 2004. http://www.thestate.com/mld/thestate/news/local/10240117.htm. (On Möbius beer.)

1장 | 뫼비우스 마술 쇼

Gardner, Martin. *Mathematics, Magic and Mystery.* New York: Dover, 1956.

Reamer, Eric. "Ministry Trick of the Month: Möbius Madness." Eric Reamer's Illustrated Illusions. http://www.illustratedillusions.com/trick26.htm.

Regling, Dennis. "Make It Yourself Magic Loops." Bella Online. http://

www.bellaonline.com/articles/art5655.asp.

2장 | 매듭과 문명

Adams, Colin. "Why knot: knots, molecules and stick numbers." Plus.
   http://plus.maths.org/issue15/features/knots/.
Bows, Alice. "Non-collapsing knots could reveal secrets of the Universe."
   Institute of Physics. http://www.innovations-report.com/html/
   reports/physics_astronomy/report-8726.html. (다음을 참고하라. http://
   physics.iop.org/IOP/Press/PR3002.html.)
Haken, Wolfgang. "Theorie der Normalflachen." *Acta Mathematica* 105
   (1961): 245-375.
Gardner, Martin. *Mathematical Magic Show: More Puzzles, Games,
   Diversions, Illusions and Other Mathematical Sleight-of-Mind from
   Scientific American.* New York: Vintage, 1978.
Kornbluth, Cyril. "The Unfortunate Topologist" (limerick). *Magazine
   of Fantasy and Science Fiction.* Reprinted in *Fantasia Mathematica.*
   Edited by Clifton Fadiman. New York: Simon and Schuster, 1958.
   (1958년에 시릴 콘블러스(Cyril M. Kornbluth)는 35세의 나이에 심장 마비로
   사망했다. 그는 프레데릭 폴(Frederik Pohl)과 함께 쓴 『우주 상인(*The Space
   Merchants*)』(1953년), 『하늘을 찾아서(*Search the Sky*)』(1954년), 『볼프바네
   (*Wolfbane*)』(1959년에 유작으로 출간)와 같은 과학 소설로 유명하다.)
Leys, Jos. "Computer generation of Celtic Knots." Fractals by Jos Leys.
   http://www.josleys.com/creatures36.htm.
Leys, Jos. "Klein Bottles, Trefoil Knots, and Beyond." Fractals by Jos
   Leys. http://www.josleys.com/creatures48.htm.
Menasco, William W. "A Circular History of Knot Theory." William
   Menasco's Home Page. http://www.math.buffalo.edu/~menasco/

Nyhart, Lynn K. "Economic and Civic Zoology in Late Nineteenth-Century Germany: The 'Living Communities' of Karl Möbius." *Isis* 89 (1998): 605-630. (아, 내가 니하르트 박사(Dr. Nyhart)에게 카를 뫼비우스 (Karl Mobius)가 수학자 뫼비우스와 관련이 있냐고 물어보니, 그녀는 그렇지 않다고 대답했다.)

Perko, Kenneth A., Jr. "On the classification of knots." *Preceedings of the American Mathematical Society* 45, no. 2 (August 1974): 262-266.

Peterson, Ivars. *Islands of Truth*: A Mathematical Mystery Cruise. New York: Freeman, 1990.

Robinson, John "Symbolic Sculpture." http://www.bangor.ac.uk/cpm/ SculMath/main.htm.

Scharein, Robert G. "Perko Pair Knots." Center for Experimental and Constructive Mathematics. http://www.cecm.sfu.ca/~scharein/ projects/perko/

Sossinsky, Alexei. *Knots: Mathematics with a Twist*. Cambridge: Harvard University Press, 2002.

Taylor, William. "A deeply knotted protein structure and how it might fold," *Nature* 406 (2000): 916-919. (다음을 참고하라. Eric Martz, "Knots in Proteins," http://www.umass.edu/microbio/chime/knots/. 미리보기 로 다음 웹 사이트도 권한다. *Nature's* Web site, http://www.nature.com/ cgi-taf/DynaPage.taf?file=/nature/journal/v406/n6798/abs/406916a0_ fs.html.)

"U. S. Navy *Bluejacket's Manual*," http://usselectra.org/bjm/bjmie.html. The knot images come from the 1943 edition published by the U.S. Navy Institute, Annapolis, Maryland. A more recent edition, which is more easily acquired, it Thomas J. Cutler, *The Bluejacket's Manual* (Centennial Edition) (Annapolis, Maryand: Naval Institute Press, 2002)

3장 | 뫼비우스의 생애

잠깐 한마디: 야노스 보여이와 니콜라이 로바체프스키가 쌍곡선 기하학을 동시에 독
자적으로 개척한 듯이 보이기는 하지만, 어떤 전설에 따르면 둘 다 이 분야를 연구
하고 있던 카를 프리드리히 가우스에게서 간접적으로 배웠다고 한다. 비록 가우스
가 살아 있는 동안에 자신의 연구 자료를 발표한 적은 없지만, 보여이의 아버지와
로바체프스키의 동료들에게 자신이 발견한 내용을 알려 주었다는 이야기가 있다.
내가 이야기해 본 대부분의 수학자들이 말하기를, 이 전설은 가우스가 베셀에게
보낸 달랑 두 장의 편지를 근거로 삼고 있는데, 그나마 그 편지 내용도 그리 분명치
가 않다고 한다.

Abbott, David, ed. *Mathematicians (The Biographical Dictionary of Scientists)*. New York: Peter Bedrick Books, 1985.

Crowe, Michael. "August Ferdinand Möbius." In *Dictionary of Scientific Biography*. Edited by Charles Gillispie. New York: Charles Scribner, 1974.

Fauvel, John, Raymond Flood, and Robin Wilson. *Möbius and His Band: Mathematics and Astronomy in Nineteenth-Century Germany*. New York: Oxford University Press, 1993.

Fritsch, Rudolph. "Möbius Biography." http://www.mathematik.uni-muenchen.de/~fritsch/Moebius.pdf.

Katz, Eugenii. "The Charles Martin Hall and Aluminum." http:www.geocities.com/bioelectrochemistry/hall.htm.

Möbius, August. *Gesammelte Werke*. Edited by Richard Baltzer, Felix Klein, and Wilhelm Scheibner. 4 vols. Leipzig: reprinted, Dr. Martin Sändig oHg, Wisbaden, 1967.

O'Connor, John J., and Edmund F. Robertson. August Ferdinand Möbius. http://www-history.mcs.st-andrews.ac.uk/Mathematicians/Möbius.html.

Pickover, Clifford. *Calculus and Pizza: A Math Cookbook for the Hungry Mind*. New York: Wiley, 2003.

Pickover, Clifford. *A Passion for Mathematics: Numbers, Puzzles, Madness, Religion, and the Quest for Reality*. New York: Wiley, 2005.

Querner, Hans. "Karl August Möbius." In *Dictionary of Scientific Biography*. Edited by Charles Gillispie. New York: Charles Scribner, 1974.

Weisstein, Eric. "Möbius, August Ferdinand." Eric Weisstein's World of Scientific Biography. http://scienceworld.wolfram.com/biography/Moebius.html. (이 참고 자료에는, 뫼비우스의 무게 중심 계산법의 멋진 계산 결과에 따르면, 사영 평면상에 무작위적으로 선택된 5개의 점이 쌍곡선 위에 놓여 있을 확률은 그 점들이 타원 위에 놓여 있을 확률보다 엄청나게 크다고 한다.)

Yaglom, Isaak Moiseevich. *Felix Klein and Sophus Lie: Evolution of the Idea of Symmetry in the Nineteenth-Century*. P.39. Boston: Birkhauser, 1988.

4장 | 장난감과 특허에 이르기까지

Ajami, D., O. Oeckler, A. Simon, and R. Herges. "Synthesis of a Möbius aromatic hydrocarbon." *Nature* 426 (December 18, 2003) 819-821.

Albrecht-Gary, A. M., C. O. Dietrich-Buchecker, J. Guilhem, M. Meyer, C. Pascard, J. P. Sauvage. "Dicopper (I) Trefoil Knots: Demetallation Kinetic Studies and Molecular Structures." *Recueil des Travaux Chimiques des Pays-Bas* 112 no. 6 (1993): 427-428.

Beavon, Rod. "Chirality." http://www.rod.heavon.clara.net/chiralit.htm

Billingsley, Patrick. "Prime numbers and Brownian motion." *American Mathematical Monthly* 80, no. 1099 (1973). http://www.maths.ex.ac.uk/~mwatkins/zeta/wolfgas.htm (양자장 이론에서 뫼비우스 함수가 어떻게

사용되는지 다루고 있다.)

"The Cost of Ideas." *Economist* 313, no. 8401 (November 13, 2004): 71.
http://economist.com/opinion/displayStory.cfm?Story_id=3388936.
(On the state of patents in the twenty-first century.)

Dietrich-Buchecker, C. O., J. Guilham, C. Pascard, J.-P. Sauvage,
"Structure of a Synthetic Trefoil Knot Coordinated to Two Copper(I)
Centers," *Angewandte Chemie* (International Edition English) 29, no.
1154 (1990).

Dietrich-Buchecker, C. O., and J.-P. Sauvage. "A Synthetic Molecular
Trefoil Knot." *Angewandte Chemie* (International Edition English) 28
(1989): 189-192.

Dietrich-Buchecker, C. O., J.-P. Sauvage, J.-P. Kintzinger, P. Maltese, C.
Pascard, J. Guilhem. "A Di-copper(I) Trefoil Knot and Its Parent Ring
Compounds: Synthesis, Solution Studies and X-ray Structures." *New
Journal of Chemistry* 16 (1992): 931-942.

Dietrich-Buchecker, C. O., J.-F. Nierengarten, J.-P. Sauvage, N. Armaroli,
V. Balzani, L. De Cola. "Dicopper(I) Trefoil Knots and Related
Unknotted Molecular Systems Influence of Ring Size and Structural
Factors on their Synthesis and Electrochemical and Excited-state
Properties." *Journal of the American Chemical Society* 115 (1993):
11237-11244.

Dietrich-Buchecker, C. O., J.-P. Sauvage, A. De Cian, J. Fischer.
"High-yield Synthesis of a Dicopper(I) Trefoil Knot Containing
1,3-phenylene Groups as Bridges Between the Chelate Units."
Chemical Society, Chemistry Communications 19 (1994): 2231-2232.

Du, S. M. and N. C. Seeman. "The Construction of a Trefoil Knot from a
DNA Branched Junction Motif." *Biopolymers* 34 (1994): 31-37.

Hoffman, Paul. *Archimedes' Revenge: The Joys and Perils of Mathematics.*
New York: Norton, 1988.

Joy, Linda. "Knot to be Undone, Researchers Discover Unusual Protein Structure." National Institute of Health. http://www.nih.gov/news/pr/nov2002/nigms-26.htm.

Martín-Santamaría, Sonsoles, and Henry S. Rzepa. "Twist Localisation in Single, Double and Triple Twisted Möbius Cyclacenes." *Journal of the Chemical Society.* 2, no. 12 (2000): 2378-2381. http://www.rsc.org/suppdata/P2/B0/B005560N/b005560n.htm.

Möbius, August. *Gesammelte Werke.* Edited by Richard Baltzer, Feliz Klein, and Wilhelm Scheibner. 4 vols. Leipzig: reprinted, Dr. Martin Sändig oHg, Wisbaden, 1967.

Rzepa, Henry S. "Molecular Möbius Strips and Trefoil Knots." http://www.ch.ic.ac.uk/motm/trefoil/

Sauvage, Jean-Pierre. "Interlocking Rings and Knots at the Molecular Level." *Leonardo* 30, no. 4, (August 1997): 276-277. http://mitpress.mit.edu/catalog/item/default.asp?tid=5005&ttype=6

Spector, Donald. "Supersymmetry and the Möbius Inversion Function." *Communications in Mathematical Physics* 127 (1990): 239.

Tanda, Satoshi, Tsuneta Taku, Okajima Yoshitoshi, Inagaki Katsuhiko, Yamaya Kazuhiko, and Hatakenaka Noriyuki. "A Möbius Strip of Single Crystals." *Nature* 417, no. 6887 (May 23, 2002): 397-398.

Walba, David, Rodney Richards, and R. Curtis Haltiwanger. "Total Synthesis of the First Molecular Möbius Strip." *Journal of the American Chemical Society* 104 (1982): 3219-3221.

Walba, D. M., T. C. Homan, R. M. Richards, and R. C. Haltiwanger. "Topological Stereochemistry. 9. Synthesis and Cutting in Half of a Molecular Möbius Strip." *New Journal of Chemistry* 17 (1993): 661-681.

Walba, David. "A Topological Hierarchy of Molecular Chirality and other Tidbits in Topological Sterochemistry." In *New Developments in Molecular Chirality.* Vol. 5. Edited by P. Mezey, 119-129. Boston:

Kluwer Academic Publishers, 1991.

Wolf, Marek. "Applications of Statistical Mechanics in Prime Number Theory," a preprint paper which is summarized by Matthew R. Watkins in his Web page devoted to Marek Wolf. http://www.maths. ex.ac.uk/~mwatkins/zeta/supersymmetry.htm. 다음을 참고하라. Marek Wolf, "Applications of Statistical Mechanics in number Theory," *Physica A274* (1999): 149-157.

Zarembinski, Thomas I., Youngchang Kim, Kelly Peterson, Dinesh Christendat, Akil Dharamsi, Cheryl H. Arrowsmith, Aled M. Edwards, and Andrzej Joachimiak. "Deep Trefoil Knot Implicated in RNA Binding Found in an Archaebacterial Protein." *Proteins* 50 (2002): 177-183.

5장 | 신성한 위상 기하학, 그리고 그 너머

솔레노이드를 만드는 프로그램 코드

아래에 나오는 유사 코드는 솔레노이드 구조 내의 포개진 튜브 형태의 중심 좌표 (x, y, z)를 계산하는 과정이다.

- level: nesting level
- circlepts: number of steps aroud longitudinal circle
- zr, zi: longitudinal angle, as a complex number pair
- wr, wi: location inside the cross-sectional disk, as a complex number pair.

circlepts = 36;
pi = 3.14159;

```
for i = 0 to circlepts do
begin
angle = 2*pi*i/circlepts;
x = cos[angle]; [*initial longitudinal*]
y = sin[angle]; [*angular position*]
zr = x; zi = y; [*as a complex number*]
wr = 0; wi = 0; [*cross-section location*]
    for j = 1 to level do
    begin
    wr = wr + zr / 4;
    wi = wi + zi / 4;
    zx = zr*zr-zi*zi; [*complex squaring*]
    zy = 2*zr*zi; [*of z*]
    zr = zx; zi = zy;
    end;
x = zr * [1+wr];
y = zi * [1+wr];
z = wi;
[* The radius of the cross-sectional disk centered at the point [x,y,z] is
1/[2**level+1]]*]
    end;
```

잠깐 한마디: 1872년에 『역설의 예산(Budget of Paradox)』에서 드모르간은 π 값이 들어 있는 방정식을 보험 영업 사원에게 설명한다. 저자는 이항식의 근삿값을 π 값을 필요로 하는 정규 분포 계산을 통해 얻는 방법에 대해 논했다. 로버트 브라운(Robert L. Brown)은《미국 실상 협회 잡지(*American Actualities Association Magazine*)》의 2002년 11~12월호에 「우발적인 현상」이라는 기사를 실었다. (다음을 참고하라. http://www.contingencies.org/novdec02.

letters.pdf)

단체 속의 어느 개인에 대해서도 생존(혹은 사망) 확률은 이항적이다. 하지만 단체 (다수의 개인이 모인)에 대해서는 중앙 한계 정리에 따라 다수의 이항식을 정규 분포를 통해 근사할 수 있다. 그리고 물론 정규화에는 π라는 상수가 필요하다. 나도 물론 동의하는데, 원과 주어진 시기 이후의 생존 확률과는 아무런 관계가 없다.

Alexander, J. W. "An Example of a Simply Connected Surface Bounding a Region Which Is Not Simply Connected." *Proceedings of the National Academy of Sciences* 10 (1924): 8-10. (On Alexander's horned sphere.)

Biggs, Norman. "The Development of Topology," In *Möbius and His Band: Mathematics and Astronomy in Nineteenth-Century Germany.* Edited by Fauvel, J., R. Flood, and R. Wilson. Oxford, England: Oxford University Press, 1993.

Boas, Ralph. P., Jr. "Möbius Shorts." *Mathematics Magazine* 68, no. 2 (April 1995): 127.

Bogomolny, Alexander. "Barycentric coordinates." Cut the Knot. http://www.cut-the-knot.org/triangle/barycenter.shtml.

Bouwkamp, C. J. and A. J. W. Duijvestijn. "Catalogue of Simple Perfect Squared Squares of Orders 21 Through 25." Eindhoven University of Technology, Dept. of Math. Report 92-WSK-03, November 1992.

Bouwkamp, C. J. and A. J. W. Duijvestijn. "Album of Simple Perfect Squared Squares of Order 26." Eindhoven University of Technology, Faculty of Mathematics and Computing Science, EUT Report 94-WSK-02, December 1994.

Brooks, R. L., C. A. B. Smith, A. H. Stone, and W. T. Tutte. "The Dissection of Rectangles into Squares." *Duke Mathematics Journal* 7, no. 1 (1940): 312-340.

Browne, Cameron. Cameron's Art Page. http://members.optusnet.com.

au/cameronb/art-1.htm. (On Alexander's horned sphere.)

Crowe, Michael. "August Ferdinand Möbius." In *Dictionary of Scientific Biography*. Edited by Charles Gillispie. New York: Charles Scribner, 1974. (이 참고 문헌에서는 4차원 공간에서 회전하는 정육면체에 대한 뫼비우스의 설명을 인용했다.)

Deléglise, Marc, and Joöl Rivat. "Computing the Summation of the Möbius Function." *Experimental Mathematics* 5, no. 4 (1996): 291-295.

Devlin, Keith. "The Mertens Conjecture," *Bulletin of the Irish Math Society* 17 (1986): 29-43.

Earls, Jason. Jason Earls's Store. http://www.lulu.com/JasonEarls.

Fay, Temple. "The Butterfly Curve." *American Mathematical Monthly* 96, no. 5 (1989): 442-443.

Gardner, Martin. *The Colossal Book of Mathematics: Classic Puzzles, Paradoxes, and Problems*. New York: Norton, 2001. (Describes the cannibal torus.)

Gardner, Martin. "The Island of Five Colors." In *Fantasia Mathematica*. Edited by Clifton Fadiman. New York: Simon and Schuster, 1958.

Gardner, Martin. *Hexaflexagons and Other Mathematical Diversions: The First Scientific American Book of Mathematical Puzzles and Games*. 1959. Reprint, Chicago: University of Chicago Press, 1988. (토러스 안팎을 바꾸는 방법이 소개되어 있다.)

Gardner, Martin. *Mathematical Magic Show: More Puzzles, Games, Diversions, Illusions and other Mathematical Sleight-of-Mind from Scientific America*. New York: Vintage, 1978.

Gardner, Martin. "Squaring the Square." In *The Second Scientific American Book of Mathematical Puzzles and Diversions*. Reprint, Chicago: University of Chicago Press, 1987.

Gray, Jeremy. "Möbius's Geometrical Mechanics." In *Möbius and his Band: Mathematics and Astronomy in Nineteenth-Century Germany*.

Edited by J. Fauvel, R. Flood, and R. Wilson. Oxford, England: Oxford
University Press, 1993. (여기에 뫼비우스 무게 중심 계산법에 대한 탁월한 설명
이 나와 있다. 그림 5.33과 비슷한 그림도 있다.)

Hart, George W. "The Millennium Bookball." http://www.mi.sanu.ac.yu/
vismath/hart/.

Mackenzie, Dana. "What is the name of Euclid is Going on Here?"
Science 307, no 5714, (March 4, 2005): 1402.

Mandelbrot, Benoit. "A Fractal Life: Interview with Valerie Jamieson."
New Scientist 184, no. 2473 (November 13, 2004): 50-52.

Möbius, F. A. "Kann von zwei dreiseitigen Pyramiden eine jede in Bezug
auf die andere um- und eingeschrieben zugleich heissen?" *Journal für
die Reine und Angewandte Mathematik* 3 (1828): 273-278.

Ninham, Barry, and Barry Hughs. "Möbius, Mellin, and Mathematical
Physics." *Physica A* 18 (1992): 441-481. (Discusses the Möbius function
and other examples of number theory with application to the real
world, particularly in the area of physics.)

Odlyzko, A. M. and to Riele, H. J. J. "Disproof of the Mertens Conjecture."
Journal für die Reine und Angewandte Mathematik 357 (1985): 138-
160.

Pegg, Ed, Jr. "The Möbius Function (and Squarefree Number)."
Mathematic Association of America Online. http://www.maa.org/
editorial/mathgames/mathgames_11_03_03.html.

Peterson, Ivars. "Surreal Films: A Soapy Solution to the Math Puzzle of
Turning a Sphere Inside Out." *Science News* 154, no. 15 (October 10,
1998): 232. http://www.sciencenews.org/pages/sn_arc98/10_10_98/
bob1.htm.

Pickover, Clifford. *Surfing Through Hyperspace: Understanding Higher
Universe in Six Easy Lessons*. New York: Oxford, University Press,
1999.

Pickover, Clifford. *Computers and the Imagination: Visual Adventures Beyond the Edge.* New York: St. Martin's Press, 1991. (솔레노이드에 대한 설명이 있다.)

Pintz, J. "An Effective Disproof of the Mertens Conjecture." *Astérique* 147/148 (1987): 325-346.

Rucker, Rudy. *The Fourth Dimension: A Guided Tour of the Higher Universes.* Reprint, New York: Houghton Mifflin, 1985.

Schofield, Alfred Taylor. *Another World; or, The Fourth Dimension.* 2nd ed. London: Swan Sonnenschein, 1897.

Smale, Stephen. "Differentiable Dynamical Systems." *Bulletin of the American Math Society* 73 (1967): 748-817. (끌개와 솔레노이드에 관해)

Stewart, Ian. *Math Hysteria: Fun and Games with Mathematics.* New York: Oxford University Press, 2004. ("squaring the square"에 관한 몇 가지 참고 자료가 있다.)

Stover, Jason, H. "A Rate of Convergence for a Particular Estimate of a Noise-Contaminated Chaotic Time Series." http://www.lisp-p.org/ctfs/. (솔레노이드에 관해)

Stølum, Hans-Henrik. "River Meandering as a Self-Organization Process." *Science* 271, no. 5256 (March 22, 1996): 1710-1713. (다음을 참고하라. Simon Singh, *Fermat's Enigma*, New York: Anchor, 1998, 파이(π)와 강 길이에 관한 정보가 있다.)

te Riele, H. J. J. "Some Historical and Other Notes About the Mertens Conjecture and Its Recent Disproof." *Nieuw Archief voor Wiskunde* (Vierde Serie) 3, no. 2 (1985): 237-243.

von Sterneck, R. D. "Die Zahlentheoretische Funktion (p/n) bis zur Grenze 500000." *Akad. Wiss. Wien Math.-Natur. Kl. Sitzungsber, IIa,* 121 (1912): 1083-1096.

Weisstein, Eric. MathWorld, a Wolfram Web Resource, s.v. "Möbius Strip." http://mathworld.wolfram.com/MoebiusStrip.html.

Weisstein, Eric. MathWorld, a Wolfram Web Resource, s.v. "Mertens Conjecture." http://mathworld.wolfram.com/MerstensConjecture. html.

Weisstein, Eric. MathWorld, a Wolfram Web Resource, s.v. "Möbius Function." http://mathworld.wolfram.com/MoebiusFunction.html.

Weisstein, Eric. MathWorld, a Wolfram Web Resource, s.v. "Möbius Shorts." http://mathworld.wolfram.com/MoebiusShorts.html.

Wikipedia Encyclopedia, s.v. "Homeomorphism." http://en.wikipedia. org/wiki/Homeomorphism.

Wikipedia Encycolpedia, s.v. "Möbius Strip." http://en.wikipedia.org/ wiki/M%F6bius_strip.

Wikipedia Encyclopedia, s.v. "Möbius Function (Talk)." http:// en.wikipedia.org/wiki/Talk:M%F6bius_function.

Weisstein, Eric, Margherita Barile, et al. MathWorld, a Wolfram Web Resource, s.v. "Möbius Tetrahedra." http://mathworld.wolfram.com/ MoebiusTetrahedra.html.

Weisstein, Eric. MathWorld, a Wolfram Web Resource, s.v. "Möbius Triangles." http://mathworld.wolfram.com/MoebiusTriangles.html.

6장 | 우주, 실제, 초월

잠깐 한마디:

보이는 우주 2004년에 측정된 자료에 따르면, 보이는 우주의 반지름은 780억 광년, 나이는 137억 년이라고 한다.(우주의 반지름이 137억 년인 것은 아니다. 왜냐하면 우주는 끊임없이 팽창 중이며, 우주 탄생 초기에 가장 큰 팽창이 있었기 때문이다.)

구면 위에 있는 선들 어떤 과학자들은 위도 선을 구면 위에 있는 평행한 '선'이라고 여기지 않는다. 적도를 제외하고는 위도 '선'은 두 점 사이의 최단 거리가 아니다. 지구상에 있는 점들 사이의 최대 원형 경로를 '측지선'이라고 하는데, 여기서 최대 원이란 구상에 있는 원으로서 구의 지름과 같은 크기의 지름을 갖는 원을 말한다. 직관적으로 생각해 볼 때, 측지선이 아닌 경로를 휘감고 있는 고무 밴드는 에너지를 절약하기 위해 길이를 줄이면서 주위에 있는 더 짧은 경로로 옮겨 갈 것이다.

당신의 복사판은 얼마만큼 존재할까? 연구자들이 말하기로는 만약 우주에 있는 물질과 에너지가 우주 팽창 이론에서 말하는 대로 무작위적인 양자 역학 요동으로 인해 창조되었다면, 보이는 우주에 존재하는 물질과 에너지로 인해 구성되는 유한개의 존재들에 대해 무한개의 복사판이 있게 되며, 이 복사판들은 지름이 1000억 광년인 구 안에 별 어려움 없이 다 포함되어 있을 수 있다. 유한한 구 안에 갇혀 있는 물질과 에너지 덩어리는 '홀로그래피 경계'라는 제약 조건 때문에 유한개의 구성만 취할 수밖에 없다. 찰리 사이프의 「물리학이 경계 불분명 지역에 들어서다 (Physics Enters the Twilight Zone)」라는 기사에 더 자세한 내용이 나와 있다.

알고리듬: 반초프 클라인 병 만들기

```
for[u=0; u < 6.28; u = u + .2]{
for[v=0; v < 6.28; v = v + .05{
    x = cos[u]*[sqrt[2]+cos[u/2]*cos[v]+sin[u/2]*sin[v]*cos[v]];
    y = sin[u]*[sqrt[2]+cos[u/2]*cos[v]+sin[u/2]*sin[v]*cos[v]];
    z = -sin[u/2]*cos[v]+cos[u/2]*sin[v]*cos[v];
    DrawSphereCenteredAt[x,y,x]
    }
}
```

Adams, Colin, and Joey Shapiro. "The Shape of the Universe: Ten Possibilities." *American Scientist* (September/October, 2001): 443-453.

Adams, Fred, and Greg Laughlin. *The Five Ages of the Universe: Inside the Physics of Eternity.* 202-203; Lee Smolin, 1997, *Life of the Cosmos* New

York: Oxford University Press: 1997). (로저 펜로즈와 스티븐 호킹은 다음과 같이 말했다. 블랙홀 붕괴 방정식과 동일한 방정식으로 팽창 우주를 기술할 수도 있지만, 다만 그때 시간이 반대 방향으로 진행된다는 점만이 다르다. 블랙홀이 다른 우주를 탄생시키는 씨앗일지도 모른다. 존 그리빈(John Gribbin)의 『스타더스트(*Stardust*)』에 따르면, 아기 우주의 수는 부모 우주의 부피에 비례한다고 한다.)

Banchoff, Thomas. *Beyond the Third Dimension: Geometry, Computer Graphics, and Higher Dimensions*. 2nd ed. New York: Freeman, 1996.

Cowen, Ron. "Cosmologists in Flatland: Searching for the Missing Energy." *Science News* 153, no. 9 (February 28, 1998): 139-141.

Davies, Paul. "A Brief History of the Multiverse." *New York Times*, April 12, 2003, late edition final, sec. A. (다음을 참고하라. the Nick Bostrom Web page, www.simulation-argument.com.)

Egan, Greg. *Permutation City*. New York: HarperCollins, 1994.

Klarreich, Erica. "The Shape of Space." *Science News* 164, no. 19 (November 8, 2003): 296-297.

Moore, Alan, and Kevin O'Neill. "The New Traveller's Almanac." In *League of Extraordinary Gentlemen*, vol. 2. New York: DC Comics, 2003.

Overbye, Dennis. "Universe as Doughnut: New Data, New Dabate." *New York Times*, March 11, 2003, late edition final, sec. F.

Peterson, Ivars. "Circle in the Sky: Detecting the Shape of the Universe." *Science News* 153, no. 8 (February, 21, 1998): 123-135.

Pickover, Clifford. *The Paradox of God and the Science of Omniscience*. New York: St. Martin's Press/Palgrave, 2001.

Pickover, Clifford. *Surfing Through Hyperspace: Understanding Higher Universes in Six Easy Lessons*. New York: Oxford University Press, 1999.

Pickover, Clifford. *Time: A Traveler's Guide*. New York: Oxford University Press, 1998.

Rees, Martin. "In the Matrix." Edge. http://www.edge.org/3rd_culture/rees03/rees_p2.html.

Rees, Martin. "Living in a Multiverse." In *The Far Future Universe*. Edited by George Ellis, 65-88. West Conshohocken, Pennsylvania: Templeton Press, 2002.) (다음을 참고하라. the Nick Bostrum's Web site, www.simulation-argument.com.)

Rucker, Rudy. *Seek!* New York: Four Walls Eight Windows, 1999. 150-151. (「Goodbye Big Bang」에서 안드레이 린데(Andre Linde)의 아기 우주를 논한다.)

Seife, Charles. "Big Bang's New Rival Debuts with a Splash," *Science* 292, 189-191, (April 13, 2001): 5515.

Seife, Charles. "Physics Enters the Twilight Zone." *Science* 305, no. 5683 (July 23, 2004): 464-466. (이 기사는 우주 팽창 및 우주의 크기를 다루면서 물리학자 맥스 테그마크(Max Tegmark)의 다음 말을 인용하고 있다. "팽창 이론은 일반적으로 무한한 우주를 예상한다. 하지만 큰 우주란 뜻이 아니라 단지 한계가 없는 우주라는 말이다." 또한 다음 웹 사이트도 살펴보기 바란다. http://www.sciencemag.org/cgi/content/full/305/5683/464)

Seife, Charles. "Polyhedral Model Gives the Universe an Unexpected Twist." *Science* 302 (October 10, 2003): 209.

Stoll, Cliff. "Drinking Mug Klein Bottles-for the Thirsty Topologist." Acme Klein Bottle. http://www.kleinbottle.com/drinking_mug_klein_bottle.htm.

Stoll, Cliff, "Acme Klein Bottle," http://www.kleinbottle.com/meter_tall_klein_bottle.html.

Wells, David. *The Penguin Dictionary of Curious and Interesting Geometry*. New York: Penguin Books, 1992.

Wright, Edward, L. "How can the Universe be Infinite if It Was All Concentrated into a Point at the Big Bang?" http://www.astro.ucla.edu/~wright/infpoint.html.

7장 I 게임, 미로, 미술, 음악, 건축

Albert, Don. "Möbius heart." http://home.earthlink.net/~donaldwalbert/ Pages/DAGAdesignPrint.html.

Boittin, Margaret, Erin Callahan, David Goldberg, and Jacob Remes, (Yale University), "Math that Makes You Go Wow." http://www.math. ohio-state.edu/~fiedorow/math655/yale/random.htm.

Gardner, Martin. *Mathematical Magic Show: More Puzzles, Games, Diversions, Illusions and other Mathematical Sleight-of-Mind for Scientific America.* New York: Vintage, 1978.

Key Curriculum Press. "Torus and Klein Bottle Games." http://www. geometrygames.org/TorusGames/.

Krasek, Teja. Teja's S. http://tejakrasek.tripol.com/.

Krawczyk, Robert J., and Jolly Thulaseedas. "Möbius Concepts in Architecture." http://www.iit.edu/~krawczyk/jtbrdg03.pdf.

Lipson, Andrew. Andrew Lipson's LEGO® Page. http://www.lipsons. pwp.blueyonder.co.uk/.

Miller, George. "Moby Maze" The Puzzle Palace catalogue. http://www. puzzlepalace.com/puzzle.php?catalogNum=200405.

Miller, Jeff. Images of Mathematicians on Postage Stamps. http://jeff560. tripod.com/.

Wikipedia Encyclopedia, s.v. "Penrose tiling." http://en.wikipedia.org/ wiki/Penrose_tiling.

Peterson, Ivars. "Möbius at Fermilab." *Science News* 158, no. 10 (September 2, 2000). http://www.sciencenews.org/articles/20000902/ mathtrek.asp.

Pickover, Clifford. *The Zen of Magic Squares, Circles, and Stars: An Exhibition of Surprising Structures across Dimensions.* Princeton, New Jersey: Princeton University Press, 2002. (이 책에는 '나이트의 여행'

에 관한 많은 사례가 나온다.)

Rogger, Andre. "Away with the Alps, Open Up the View to the Mediterranean." DB Artmag. http://www.deutsche-bank-kunst. com/art/2003/15/e/1/153.php. (Discusses Max Bill's Kontinuität, 1986. For a more general discussion, see "Deutsche Bank's Art," http://www.deutsche-bank-kunst.com/beta30/english/ ie1024/100xdunst/100xkunst_1986.htm.)

Scharein, Robert. "Complex Knots" and "Möbius Strip Knots." http:// www.cecm.sfu.ca/~scharein/KnotPlot/complex/. (다음을 참고하 라. http://www.cecm.sfu.ca/~scharein/projects/moebius/와 http:// hypnagogic.net/.)

Shoulson, Mark E. "Möbius strip." Meson.org. http://web.meson.org/ topology/mobius.html.

Stewart, Ian. *Another Fine Math You've Got Me Into*. New York: Freeman, 1992. (여러 가지 다양한 체스판에서 일어나는 나이트의 여행에 대해서 설명하고 있다.)

Tanton, James. *Solve This: Math Activities for Students and Clubs*. Washington, D.C.: The Mathematical Association of America, 2001.

Watkins, John J. *Across the Board: The Mathematics of Chessboard Problems*. Princeton, New Jersey: Princeton University Press, 2004.

8장 | 예술로 승화된 뫼비우스의 띠

잠깐 한마디: 원고를 읽어 본 이들 중에 존 바스의 『도깨비 집에서 길을 잃다』의 머리 말에 나오는 단어인 '비코니안'이 무슨 뜻인지 묻는 분들이 여럿 있었다. 이 단어는 나폴리의 철학자 잠바티스타(조반니 바티스타) 비코(Giambattista(Giovanni Battista) Vico, 1688~1744년)가 내놓은 문화의 순환적 속성에 관한 이론에서 나온 말이다. 특별히 비코는 역사는 순환적이며 각 순환 주기는 황금의 시기, 영웅

의 시기, 인간의 시기라는 세 단계로 구분된다고 주장했다. 각 단계들 사이에는 다음 단계를 시작시키는 짧은 과도기가 존재한다.

Barth, John. "Art of the Story: Interview with John Barth." By Elizabeth Farnsworth. *NewsHour with Jim Lehrer* (November 18, 1998). http://www.pbs.org/newshour/bb/entertainment/july-dec98/barth_11-18.html.

Kasman, Alex. "Geometry, Trigonometry, and Topology in Math Fiction." Mathematical Fiction: A List Compiled by Alex Kasman, College of Charleston. http://math.cofc.edu/faculty/kasman/MATHFICT/search.php?orderby=title&go=yes&topics=gtt.

Pickover, Clifford. *Sex, Drugs, Einstein, and Elves: Sushi, Phychedelics, Parallel Universes, and the Quest for Transcendence.* Petaluma, California: Smart Publications, 2005.

Sorrentino, Christopher. "Reading Coleman Dowell's *Island People.*" Center for Book Culture. http://centerforbookculture.org/context/no3/sorrentino.html.

여행을 마치며

Boittin, Margaret, Erin Callahan, David Goldberg, and Jacob Remes. "Math that Makes You Go Wow." http://www.math.ohio-state.edu/~fiedorow/math655/yale/random.htm.

Gardner, Martin. *Order and Surprise.* Buffalo, New York: Prometheus Books, 1983. (이 책의 「스타니스와프 울람의 모험」이라는 장을 읽어 보면 된다.)

Mandelbert, Benoit. "A Fractal Life: Interview with Valerie Jamieson." *New Scientist* 184, no. 2473 (November 13, 2004): 50-52.

Pickover, Clifford. *Wonders of Numbers: Adventures in Mathematics,*

Mind, and Meaning. New York: Oxford University Press, 2001. (아마추어 수학자들이 의미심장한 발견을 한 사례들이 더 들어 있다.)

Wallace, Jonathan. "Proust's Ruined Mirror." *The Ethical Spectacle 5*, no. 2 (February, 1999). http://www.spectacle.org/299/main.html.

기타 참고 문헌

Alexander, Neil. "Magic tricks." Conjuror. http://www.conjuror.com/. (아프간 밴드 기술을 어떻게 구사하는지 설명해 준다.)

Ball, W. W. R. and H. S. M. Coxeter. *Mathematical Recreations and Essays.* 13th ed. New York: Dover, 1987. (127-128)

Bogomolny, A. "Möbius Strip." Interactive Mathematics Miscellany and Puzzles. http://www.cut-the-knot.org/do_you_know/moebius.shtml.

Boittin, Margaret, Erin Callahan, David Goldberg, and Jacob Remes. "Math that Makes You Go Wow." http://www.math.ohio-state.edu/~fiedorow/math655/yale/random.htm

Bondy, John Adrian and U. S. R. Murty. *Graph Theory with Applications.* New York: North Holland, 1976. (243)

Bool, F. H., J. R. Kist, J. L. Locher, and F. Wierda. *M. C. Escher: His Life and Complete Graphic Work.* New York: Abrams, 1982.

Crowe, Michael. "August Ferdinand Möbius." In *Dictionary of Scientific Biography.* Edited by Charles Gillispie. New York: Charles Scribner, 1974.

Derbyshire, J. *Prime Obsession: Bernhard Riemann and the Greatest Unsolved Problem in Mathematics.* New York: Penguin, 2004.

Fauvel, John, Raymond Flood, and Robin Wilson. *Möbius and His Band: Mathematics and Astonomy in Nineteenth-Century Germany.* New York: Oxford University Press, 1993.

Gardner, Martin. *Mathematics, Magic and Mystery.* New York: Dover, 1956.

Gardner, Martin. *Mathematical Magic Show: More Puzzles, Games, Diversions, Illusions and other Mathematical Sleight-of-Mind for Scientific America.* New York: Vintage, 1978.

Gardner, Martin. *The Sixth Book of Mathematical Games from Scientific American.* Chicago: University of Chicago Press, 1984. (10)

Geometry Center. "The Möbius Band." http://www.geom.umn.edu/zoo/features/möbius/.

Gray, Alfred. "The Möbius Strip," Chapter 14 in *Modern Differential Geometry of Curves and Surfaces with Mathematica.* 2nd ed. Boca Raton, Florida: CRC Press, 1997. (325-326)

Hunter, J. A. H., and J. S. Madachy. *Mathematical Diversions.* New York: Dover, 1975. 41-45

Isaksen, D. C., and A. P. Petrofsky. "Möbius knitting." In *Bridges: Mathematical Connections in Art, Music, and Science Conference Proceedings.* Edited by R. Sarhangi. 1999. Winfield, Kansas: Southwestern College Bridges (다음을 참고하라. http://www.sckans.edu/~bridges/.)

Kasman, Alex. Math Fiction. A List Compiled by Alex Casman, College of Charleston. http://math.cofc.edu/faculty/kasman/MATHFICT.

Madachy, Joseph S. *Madachy's Mathematical Recreations.* New York: Dover, 1979. (7)

M. C. Escher Foundation. M. C. Escher: The Official Website. http://www.mcescher.com.

Pappas, Theoni. *The Joy of Mathematics.* San Carlos, California: Wide World Publishing/Tetra, 1989.

Möbius, August. *Gesammelte Werke.* Edited by Richard Baltzer, Felix Klein, and Wilhelm Scheibner. 4 vols. Leipzig: reprinted, Dr. Martin

Sändig oHg, Wisbaden, 1967.

O'Connor, John J., and Edmund F. Robertson. August Ferdinand Möbius. (Biographical sketch), http://www-history.mcs.st-andrews.ac.uk/history/Mathematicians/Mobius.html.

Peterson, Ivars. "Möbius in the Playground." Ivars Peterson's Math Trek. *Science News Online* (May 22, 1999). http://www.sciencenews.org/sn_arc99/5_22_99/mathland.htm.

Peterson, Ivars. "More than Just a Plane Game." Ivars Peterson's Math Trek. *Science News Online* (March 14, 1998). http://www.sciencenews.org/sn_arc98/3_14_98/mathland.htm.

Peterson, Ivars. "Recycling topology." Ivars Peterson's Math Trek. *Science News Online* (September 28, 1996). http://www.sciencenews.org/sn_arch/9_28_96/mathland.htm.

Peterson, Ivars. "Möbius and his Band." *Science News Online* 158, no. 2 (July 8, 2000). http://www.sciencenews.org/articles/20000708/mathtrek.asp.

Weisstein, Eric W. MathWorld, a Wolfram Web Resource, s.v. "Polyhedral Formula." http://mathworld.wolfram.com/PolyhedralFormula.html. (오일러의 다면체 공식에 대한 정의를 소개하고 있다.)

Wells, David. *The Penguin Dictionary of Curious and Interesting Geometry*. London: Penguin, 1991.

Wikipedia Encylopedia. s.v. "Möbius Strip." http://en.wikipedia.org/wiki/M%F6bius_strip.

저자 소개

클리퍼드 픽오버는 예일 대학교에서 분자 생체 물리학 및 생화학 박사 학위를 받았다. 그 전에는 4년제인 학부 과정을 3년 만에 마치며 프랭클린 앤드 마셜 대학을 졸업했다. 픽오버가 지은 많은 책들은 한국어를 비롯해 이탈리아 어, 프랑스 어, 그리스 어, 독일어, 일본어, 중국어, 포르투갈 어, 터키 어, 폴란드 어로 번역되었다. 여러 주제를 다작하는 작가로 유명한 픽오버의 저서 중 대표 작품은 다음과 같다. 『수학에의 열정(*A Passion for Mathematics*)』(2005년), 『섹스, 마약, 아인슈타인, 꼬마 요정』(2005년), 『피자 가게에서 만드는 미적분(*Calculus and Pizza*)』(2003년), 『신과 절대 진리를 추구하는 과학의 모순(*The Paradox of God and the Science of Omniscience*)』(2002년), 『천국의 별(*The Stars of Heaven*)』(2001년), 『마방진, 원, 그리고 별에 관한 선(*The Zen of Magic Squares, Circles and Stars*)』(2001년), 『미래를 꿈꾸며(*Dreaming the Future*)』(2001년), 『구골 박사의 수학 X-파일(*Wonders of Numbers*)』(2000년), 『토끼를 낳은 소녀(*The Girl Who Gave Birth to Rabbits*)』(2000년), 『하이퍼스페이스(*Surfing Through Hyperspace*)』(1999년), 『시간여행 가이드(*Time: A Traveler's Guide*)』(1998년), 『이상한 뇌와 천재: 괴짜 과학자와 광인의 비밀스러운 생활(*Strange Brains and Genius: The Secret Lives of Eccentric Scientists and Madmen*)』(1997년), 『외

계인 IQ 테스트(*Alien IQ Test*)』(1997년), 『신의 베틀(*The Loom of God*)』(1997
년), 『블랙홀: 여행자의 안내서(*Black Holes: A Traveler's Guide*)』(1996년), 『무
한에 이르는 열쇠(*Keys to Infinity*)』(1995년). 저자는 이 책들 외에도 다음과 같
은 많은 역작들을 발표했다. 『경이로움 속의 혼돈: 프랙털 세계로 떠나는 탐험
(*Chaos in Wonderland: Visual Adventures in a Fractal World*)』(1994년), 『의
식을 위한 미로: 컴퓨터와 예기치 못한 것(*Mazes for the Mind: Computers and
the Unexpected*)』(1992년), 『컴퓨터와 상상력(*Computers and Imagination*)』
(1991년), 『컴퓨터, 패턴, 혼돈, 그리고 아름다움(*Computers, Pattern, Chaos,
and Beauty*)』(1990년). 저자는 과학, 예술, 수학을 주제로 한 200편 이상의 기
사를 기고했다. 또한 반스앤노블의 온라인 서점에서 한때 판매 순위 2위를 기록
한 적이 있던 소설 『거미 다리(*Spider Legs*)』를 피어스 앤서니(Piers Anthony)와
공동으로 썼다. 픽오버는 과학 잡지 《컴퓨터스 앤드 그래픽스(*Computers and
Graphics*)》의 편집 위원이며 《오디세이(*Odyssey*)》, 《레오나르도(*Leonardo*)》, 《아
일럼(*YLEM*)》의 편집 자문 위원이다.

　다음 책들의 편집을 맡기도 했다. 『혼돈과 프랙털: 컴퓨터 그래픽 여행(Chaos
and Fractals: A Computer Graphical Journey)』(1998년), 『패턴 책: 프랙털, 예
술, 그리고 자연(*The Pattern Book : Fractals, Art, and Nature*)』(1995년), 『미래
전망: 다음 세기의 예술, 기술 및 컴퓨팅(*Vision of the Future : Art, Technology,
and Computing in the Next Century*)』(1993년), 『프랙털 지평선(*Fractal
Horizons*)』(1996년), 『생물학 정보를 시각화하기(*Visualizing Biological
Information*)』(1995년). 또한 『나선형 대칭(*Spiral Symmetry*)』(1992년)과 『과학
적인 시각화 기법의 선구자들(*Frontiers in Scientific Visualization*)』(1994년)의
공동 편집을 담당했다. 픽오버는 예술, 과학, 수학 및 이질적으로 보이는 여러 탐

구 영역을 융합해 의식의 지평을 확장시키는 새로운 길을 개척하는 일에 관심이 많다. 그는 또한 대중적인 네오리얼리티(Neoreality) 공상 과학 소설 시리즈인 『액체 지구(*Liquid Earth*)』, 『스시는 결코 잠들지 않는다(*Sushi Never sleeps*)』, 『로보토미 클럽(The Lobotomy Club)』, 『계란 퐁당 수프(*Egg Drop Soup*)』를 썼다. 이 작품 속의 등장인물들은 기이한 현상을 겪게 된다.

《로스앤젤레스 타임스》는 최근 기사에서, "픽오버는 컴퓨터, 예술 및 사고의 한계를 확장시키는 책을 거의 매년 한 권씩 출간하고 있다."라고 픽오버의 업적을 평했다. 픽오버는 미국 물리학회가 후원하는 물리학 사진 공모전에서 최우수상을 받았다. 많은 대중 잡지의 표지에 그의 컴퓨터 그래픽 작품이 실렸으며 픽오버가 근래에 한 연구들은 CNN의 「주간 과학과 기술」, 「디스커버리 채널」, 「사이언스 뉴스」, 《워싱턴 포스트》, 《와이어드》, 《크리스천 사이언스 모니터》 등의 언론 및 국제 전시회와 박물관 등에서 주목을 받았다. 《옴니(*OMNI*)》는 픽오버를 "20세기의 안톤 판 레이우엔훅(Anton Van Leeuwenhoek, 현미경을 발명해 미생물을 최초로 관찰한 네덜란드 과학자. — 옮긴이)"라고 평했다. 《사이언티픽 아메리칸》은 픽오버의 컴퓨터 그래픽 작품들을 여러 차례 실으면서, "기이하고 아름다우면서도 놀라울 정도로 사실적이다."라고 평가했다. 《와이어드》는 "버크민스터 풀러(Buckminster Fuller, 발명, 건축, 시, 공학, 수학 등 여러 분야에서 독창적인 업적을 이룬 20세기의 미국인. — 옮긴이)는 생각의 스케일이 컸고, 작가 아서 클라크는 생각의 스케일이 크지만, 픽오버는 이 둘을 뛰어넘었다."라는 평가를 실었다. 픽오버는 컴퓨터 관련 독창적인 특허를 50개 이상 보유하고 있다.

픽오버는 IBM T. J 왓슨 연구소에서 일하고 있는데, 그곳에서 발명 업적에 관한 상을 40개, 그리고 연구 업적에 관한 상을 3개 받았다. 오랫동안 픽오버 박사는 《디스커버》에 「브레인 보글러(Brain Boggler)」라는 칼럼을 연재했으며, 요즘에는《오디세이》에 「브레인 스트레인(Brain Strain)」이라는 칼럼을 연재 중이다. 그가 만든 아동과 성인 공용 퍼즐 달력 및 카드는 수십만 부가 팔렸다.

그의 취미는 태극권과 소림 쿵후, 대형 아마존 물고기 기르기, 피아노 연주(대부분 재즈)이다. 픽오버는 또한 외계 생명체 탐색을 목적으로 하는 체계적인 천체 관측 및 신호 처리 전문가 모임인 세티(SETI)의 회원이기도 하다. 수백만 명의 방문객이 픽오버의 개인 홈페이지 http://www.pickover.com을 찾고 있다. 저자의 주소는 P. O. Box 549, Millwood, New York 10546-0549, USA이다.

옮긴이 후기

뫼우 비밀스러운 우주의 스타일
뫼사 비틀리는 우리 삶의 스토리

사행시 두 줄로 이 책을 모두 담아 본다. 이 두 구절은 안과 밖, 생성과 소멸, 시작과 끝이 따로 없는 영원한 순환의 상징인 뫼비우스의 띠, 그리고 이 띠의 비밀을 처음 세상에 내놓은 뫼비우스에게 바치는 나의 헌사이다. 아울러 이 단일 주제로 우주의 본질과 우리의 삶, 즉 존재의 바깥쪽 면과 안쪽 면을 매끄럽게 비틀어 하나의 통찰 곡면을 완성한 이 책과 저자에게 바치는 옮긴이의 찬사이기도 하다.

저자 클리퍼드 픽오버는 참으로 박학다식하다. 몇 년 전 뫼비우스의 띠라는 이 책의 번역을 처음 제안받았을 때 나는 의아했다. 달랑 그 띠만으로 무슨 책 한 권이 나온단 말인가? 내 의문에 빙그레 편집자가 해 준 답은, 뫼비우스의 띠 형태로 만든 컨베이어 벨트의 특허가 있다는 것이었다. 나는 무릎을 탁 쳤다. 책을 받아들 때 호기심의 미세한 전율이 일었다. 책장을 넘겨 나갔다. 마술, 매듭, 문명, 장난감, 분자, 특허, 고차원 우주, 게임, 미로, 미술, 음악, 건축, 문학과 영화……. 마치 뫼비우스의 띠라는 누에고치에서 형형색색의 실들이 마구 뽑아져 나오는 듯했다. 아니 한술 더 뜨자면, 뫼비우스의 띠라는 조그만 만두 찜통의 뚜껑을 무심코 열었더니 온갖 종류의 만두들이 제각각 맛난 향기와 색깔을 뿜내며 끝도 없이 쏟아져 나오는 형국이었다. 나는 잠시 혓바닥과 입안을 미끈한 액체로 적시고 있었다. 문득, 우리나라 독자에게도 이 푸짐하면서도 독특한 만두를 맛보여 주어야지! 나는 흔쾌히 번역 의뢰를 수락했다.

집으로 돌아와 더 꼼꼼히 읽어 보니 저자의 열정이 정말로 감탄스러웠다. 무심코 지나칠 수 있는 띠 하나에 우주와 인생의 거의 모든 지식과 지혜를 녹여 내다니. 그리고 뫼비우스의 띠가 안과 밖이 없이 하나로 이어져 있듯이, 저자가 소개하는 우주의 신비와 인생의 지혜도 서로 교묘하게 비틀리며 이어져 있다는 저자의 말에 나는 거듭 고개를 끄덕였다. 하지만 번역은 순탄치 않았다. 저자는 호기심과 흥미가 흘러넘치다 보니, 가끔씩은 뫼비우스 곡면을 벗어나 엉뚱한 곡면의 미끄럼틀을 타고 있는 듯 보였다. 그래도 뫼비우스의 띠를 바탕으로 한 마술, 세잎 매듭, 미술, 조각, 뫼비우스 분자, 뫼비우스의 띠로 본격화된 고차원 세계에 대한 위상 기하학의 발견들, 이를 통해 드러나는 우주의 실제 등을 하나씩 음미하다 보니 자연의 오묘한 비밀이 단순한 듯 복잡한 이 띠 하나에 오롯이 담겨 있었다.

이러한 감동은 책 후반부의 뫼비우스의 띠를 통해 본 문학과 영화에서 불꽃놀이처럼 작렬한다. 예를 들어 다음 대목들이다. "이것은 뫼비우스의 띠란다. 기하학에서 아주 중요한 것이지. 그리고 인생살이에서도 마찬가지로 중요한 거고. 살다 보면 바깥쪽이 안쪽으로 바뀌고 안쪽이 바깥쪽으로 바뀌지. 인생이란 그런 거야."라는 어느 소설 속 인용문. 프루스트의 『잃어버린 시간을 찾아서』나 스티븐 킹의 유명 소설이 지닌 내밀한 뉘앙스를 뫼비우스의 띠에 빗대어 설명하는 부분. 영화 「이터널 선샤인」에서 만남과 헤어짐이 반복되는 영원히 비틀린 고리 속에서 참된 사랑을 추구해 나가는 이야기를 통해 뫼비우스의 띠가 우리 인생에 갖는 근원성과 보편성 그리고 미묘함을 설명하는 저자의 깊은 혜안이 드러난 장면들. 이 책의 첫부분을 읽다 보면 저자가 단지 아는 것이 많아 온갖 지식을 뽐내는 공간이 아닐까 하는 의구심도 든다. 하지만 문학과 영화, 즉 우리 삶의 이야기에 깃든 뫼비우스의 띠의 근원성과 신비를 통찰하는 대목들에서 우리의 우려는 감탄과 환희로 바뀐다.

세상은 그리고 인생은 단순하면서도 복잡하다. 시작인 듯한 곳이 끝이고 끝인 듯한 곳이 시작이다. 탄생이 소멸로, 만남이 이별로, 기쁨이 절망으로 뒤틀리며 미끄러지다 다시 소멸에서 탄생이, 이별에서 만남이, 절망에서 기쁨이 비틀리며 미끄러져 나온다. 결국 이 우주란 그리고 그 속의 삶이란 하나의 뫼비우스의 띠가 아닐까! 이 놀라운 형태에 관한 흥미로운 이야기를 저자의 해박한 설명과 함께 따라가 보자. 그러면 어느 순간, 우리 영혼의 생김새도 근원의 지혜가 깃든 뫼비우스의 띠를 닮아 있을지 모를 일이다.

끝으로 부족한 옮긴이에게 훌륭한 책을 선뜻 맡겨 주고 편집을 맡아 정성스레 다듬어 준 ㈜사이언스북스 편집부에 감사의 말을 전한다.

찾아보기

옮긴이 노태복

환경과 생명 운동 관련 시민 단체에서 해외 교류 업무를 맡던 중 번역의 길로 들어섰다. 과학과 인문의 경계에서 즐겁게 노니는 책들, 그리고 생태적 감수성을 일깨우는 책들에 관심이 많다. 옮긴 책으로 『동물에 반대한다』, 『생각하는 기계』, 『꿀벌 없는 세상, 결실 없는 가을』, 『생태학 개념어 사전』, 『신에 도전한 수학자』, 『진화의 무지개』, 『19번째 아내』 등이 있다.

수학과 예술을 잇는 마법의 고리

뫼비우스의 띠

1판 1쇄 펴냄 2011년 12월 30일
1판 6쇄 펴냄 2021년 10월 30일

지은이 클리퍼드 픽오버
옮긴이 노태복
펴낸이 박상준
펴낸곳 (주)사이언스북스

출판등록 1997. 3. 24.(제16-1444호)
(06027) 서울특별시 강남구 도산대로1길 62
대표전화 515-2000, 팩시밀리 515-2007
편집부 517-4263, 팩시밀리 514-2329
www.sciencebooks.co.kr

한국어판 ⓒ (주)사이언스북스, 2011. Printed in Seoul, Korea.
ISBN 978-89-8371-299-8 03410

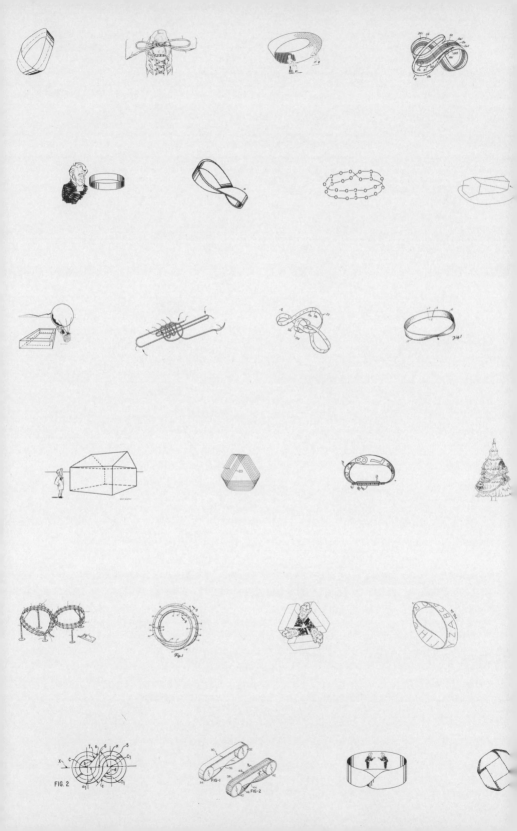

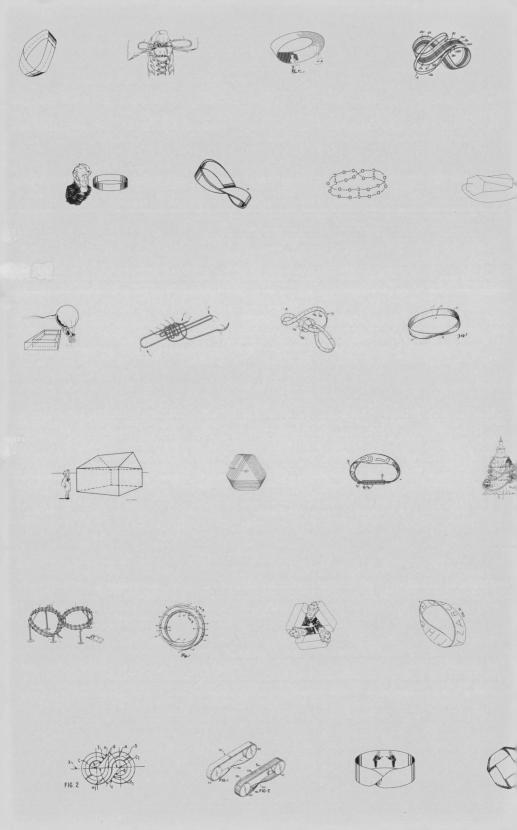